MyBatis 3 源码深度解析

江荣波 著

清華大学出版社
北 京

内 容 简 介

本书从 MyBatis 源码的角度分析 Mapper 绑定过程、SqlSession 操作数据库原理、插件实现原理等，同时介绍一些 MyBatis 的高级用法，并挖掘 MyBatis 源码中使用的设计模式。

本书共 13 章，分为 MyBatis 3 源码篇和 MyBatis Spring 源码篇。第 1~11 章介绍 MyBatis 核心源码，从源码的角度分析 MyBatis 的实现原理，并介绍一些 MyBatis 的高级用法。MyBatis 大多数情况下会与 Spring 整合使用，第 12~13 章介绍 MyBatis Spring 的实现原理，并分析 MyBatis Spring 模块的核心代码。

本书适合掌握了 MyBatis 的基本用法并希望了解 MyBatis 底层实现的 Java 开发人员、架构师以及对 Java 开源项目感兴趣的读者阅读。

图书在版编目（CIP）数据

MyBatis 3 源码深度解析/江荣波著. —北京：清华大学出版社，2019（2024.2重印）
ISBN 978-7-302-53561-4

Ⅰ.①M… Ⅱ.①江… Ⅲ.①JAVA 语言－程序设计 Ⅳ.①TP312.8

中国版本图书馆 CIP 数据核字（2019）第 179900 号

责任编辑： 夏毓彦
封面设计： 王 翔
责任校对： 闫秀华
责任印制： 沈 露

出版发行： 清华大学出版社
网　　址： https：//www.tup.com.cn，https：//www.wqxuetang.com
地　　址： 北京清华大学学研大厦 A 座　　**邮　　编：** 100084
社 总 机： 010-83470000　　**邮　　购：** 010-62786544
投稿与读者服务： 010-62776969，c-service@tup.tsinghua.edu.cn
质 量 反 馈： 010-62772015，zhiliang@tup.tsinghua.edu.cn

印 装 者： 三河市龙大印装有限公司
经　　销： 全国新华书店
开　　本： 190mm×260mm　　**印　　张：** 16.5　　**字　　数：** 423 千字
版　　次： 2019 年 10 月第 1 版　　**印　　次：** 2024 年 2 月第 4 次印刷
定　　价： 69.00 元

产品编号：081258-01

前　言

在写作本书时，SSM（Spring、Spring MVC 和 MyBatis）框架已经成为很多互联网公司的标配。笔者最早接触 MyBatis 框架是在 2014 年，当时接手的是一个非常成熟的网上银行系统，项目中使用的持久层框架就是 MyBatis 的前身——iBatis 框架。后来换了两份工作，新的公司也都选择 MyBatis 作为持久层框架。从 iBatis 过渡到 MyBatis 框架几乎不需要任何学习成本，MyBatis 延续了 iBatis 简单易用的特点，优化了 SQL 配置方式，引用 OGNL 表达式来支持动态 SQL 配置，使得动态 SQL 配置更加优雅，而且更容易理解。在笔者看来，MyBatis 相对于 iBatis 框架最大的创新是引入了 SQL Mapper 的概念。我们可以将 XML 文件中的 SQL 配置与一个 Java 接口进行绑定，SQL 配置的命名空间对应 Java 接口的完全限定名，而具体的每个 SQL 语句的配置对应 Java 接口中的一个方法，建立绑定后，可以通过调用 Java 接口中定义的方法来执行 XML 文件中配置的 SQL 语句。

MyBatis 作为持久层框架，以其小巧轻便、SQL 可配置、使用简单等特点深受广大 Java 开发者喜爱。然而大多数开发人员对 MyBatis 框架的理解仅局限于使用，并不理解框架底层的实现原理。作为一名开发人员，阅读开源框架的源码，可以学习源码中对设计模式及面向对象设计原则的应用，有助于提升自身编码能力。笔者在工作之余，深入研究了 MyBatis 框架的源码，本书将会从源码的角度分析 MyBatis 框架各个特性的实现原理。

阅读准备

在阅读本书之前，读者需要准备如下开发环境：

- JDK1.8 或以上版本
- Apache Maven 构建工具
- IntelliJ IDEA 开发工具
- Git 版本控制工具

内容概要

本书主要分为两篇：第 1 篇为 MyBatis 3 源码篇（第 1~11 章），主要介绍 MyBatis 框架各个特性的源码实现；第 2 篇章为 MyBatis Spring 源码篇（第 12~13 章），主要介绍 MyBatis 框架与 Spring 框架整合的原理及 MyBatis Spring 模块的实现细节。下面是本书的内容大纲。

第 1 章　搭建 MyBatis 源码环境

主要介绍如何搭建 MyBatis 源码调试环境，包括 MyBatis 框架源码获取途径、如何导入集成开发工具以及如何运行 MyBatis 源码中的测试用例。

第 2 章　JDBC 规范详解

MyBatis 框架是对 JDBC 轻量级的封装，熟练掌握 JDBC 规范有助于理解 MyBatis 框架实现原理。本章将详细介绍 JDBC 规范相关细节，已经全面掌握 JDBC 规范的读者可以跳过该章。

第 3 章　MyBatis 常用工具类

介绍 MyBatis 框架中常用的工具类，避免读者因对这些工具类的使用不熟悉而导致对框架主流程理解的干扰，这些工具类包括 MetaObject、ObjectFactory、ProxyFactory 等。

第 4 章　MyBatis 核心组件介绍

介绍 MyBatis 的核心组件，包括 Configuration、SqlSession、Executor、MappedStatement 等，包括这些组件的作用及 MyBatis 执行 SQL 语句的核心流程。

第 5 章　SqlSession 的创建过程

主要介绍 SqlSession 组件的创建过程，包括 MyBatis 框架对 XPath 方式解析 XML 封装的工具类、MyBatis 主配置文件解析生成 Configuration 对象的过程。

第 6 章　SqlSession 执行 Mapper 过程

本章介绍 Mapper 接口注册的过程、SQL 配置转换为 MappedStatement 对象并注册到 Configuration 对象的过程。除此之外，本章还将介绍 SqlSession 对象执行 Mapper 的过程。

第 7 章　MyBatis 缓存

本章首先介绍 MyBatis 一级缓存和二级缓存的使用细节，接着介绍一级缓存和二级缓存的实现原理，最后介绍 MyBatis 如何整合 Redis 作为二级缓存。

第 8 章　MyBatis 日志实现

基于 Java 语言的日志框架比较多，比较常用的有 Logback、Log4j 等，本章介绍 Java 的日志框架发展史，并介绍这些日志框架之间的关系，最后介绍 MyBatis 自动查找日志框架的实现原理。

第 9 章　动态 SQL 实现原理

本章主要介绍 MyBatis 动态 SQL 的使用、动态 SQL 配置转换为 SqlSource 对象的过程以及动态 SQL 的解析原理，最后从源码的角度分析动态 SQL 配置中#{}和${}参数占位符的区别。

第 10 章　MyBatis 插件原理及应用

本章介绍 MyBatis 插件的实现原理，并以实际的案例介绍如何自定义 MyBatis 插件。在本章中将会实现两个 MyBatis 插件，分别为分页查询插件和慢 SQL 统计插件。

第 11 章　MyBatis 级联映射与懒加载

本章介绍 MyBatis 中一对一、一对多级联映射和懒加载机制的使用细节，并介绍级联映射和懒加载的源码实现。

第 12 章　MyBatis 与 Spring 整合案例

在介绍 MyBatis 框架与 Spring 整合原理之前，需要了解 MyBatis 整合 Spring 的基本配置，本章以一个用户注册 RESTful 接口案例作为 MyBatis 框架与 Spring 框架整合的最佳实践。

第 13 章　MyBatis Spring 的实现原理

首先介绍 Spring 框架中的一些核心概念和 Spring IoC 容器的启动过程，接着介绍 MyBatis 和 Spring 整合后动态代理产生的 Mapper 对象是如何与 Spring Ioc 容器进行关联的，最后介绍 MyBatis 整合 Spring 事务管理的实现原理。

随书源码

本书相关源码托管在 Github 上，读者可以从 Github 仓库获取随书源码。

源码地址：https://github.com/rongbo-j/mybatis-book。

图书勘误

由于个人能力有限，书中可能有表述不到位或者对知识点理解欠妥的地方，欢迎读者批评指正。若有任何疑问，均可以在随书源码 Github 仓库上提交。

勘误地址：https://github.com/rongbo-j/mybatis-book/issues。

致谢

本书从写作到完稿用了一年多时间，这个过程对于笔者来说是一个极大的考验。作为一名程序员，只有不断地提升，才会觉得充实。把大量的时间用在写作上，时常会因为没有摄入新知识而恐慌，感谢在本书写作过程中家人对我精神上的支持。另外，特别感谢夏毓彦老师和清华大学出版社的工作人员，有你们的帮助才有本书的顺利出版。

著 者

2019 年 5 月

目　录

第1篇　MyBatis 3源码

第2篇 MyBatis Spring源码

第 1 篇　MyBatis 3 源码

第 1 章

搭建 MyBatis 源码环境

1.1 MyBatis 3 简介

MyBatis 源于 Apache 的一个开源项目 iBatis。2002 年，Clinton Begin 开发了 iBatis 框架，并引入了 SQL 映射作为持久化层开发的一种方法，不久后 Clinton Begin 将 iBatis 捐献给 Apache 软件基金会。2010 年，这个项目由 Apache 迁移到了 Google Code，并改名为 MyBatis。2013 年 11 月，MyBatis 迁移到目前最大的源代码托管平台 Github。

MyBatis 是一款在持久层使用的 SQL 映射框架，可以将 SQL 语句单独写在 XML 配置文件中，或者使用带有注解的 Mapper 映射类来完成数据库记录到 Java 实体的映射。与另一款主流的 ORM 框架 Hibernate 不同，MyBatis 属于半自动的 ORM 框架，它虽然不能将不同数据库的影响隔离开，仍然需要自己编写 SQL 语句，但是可以灵活地控制 SQL 语句的构造，将 SQL 语句的编写和程序的运行分离开，使用更加便捷。

目前，Java 实现的持久化框架比较多，名气相对较大的有 Hibernate、Speedment、Spring Data JPA、ActiveJPA 等。总结一下，MyBatis 能够流行起来的主要原因有以下几点：

（1）消除了大量的 JDBC 冗余代码，包括参数设置、结果集封装等。

（2）SQL 语句可控制，方便查询优化，使用更加灵活。

（3）学习成本比较低，对于新用户能够快速学习使用。

（4）提供了与主流 IoC 框架 Spring 的集成支持。

（5）引入缓存机制，提供了与第三方缓存类库的集成支持。

MyBatis 这些优秀的特性使它成为目前最受欢迎的 ORM 框架之一。读者在阅读本书时可能已经熟练掌握了 MyBatis 的基本使用，本书将从源码的角度介绍 MyBatis 框架的底层实现。

1.2 环境准备

搭建 MyBatis 源码调试环境，我们首先需要安装 JDK、Maven、Eclipse（或 IntelliJ IDEA）、Git、MySQL（可选）等常用工具。需要注意的是，mybatis-spring 源码中用到了 Java 8 的新特性，例如 Lambda 表达式、Streams API 等，所以 JDK 的版本必须是 1.8 以上。MyBatis 源码使用 Maven 作为依赖管理和项目构建工具，我们需要安装 Maven 构建工具。另外，目前 MyBatis 源码托管在 Github 上，我们需要使用 Git 从远程仓库获取源码。最后，读者还需要安装一款自己比较熟悉的集成开发工具，例如 Eclipse 或者 IntelliJ IDEA 等。

注 意

JDK1.8 下载地址：http://www.oracle.com/technetwork/java/javase/downloads/jdk8-downloads-2133151.html。

Maven 地址：http://maven.apache.org/download.cgi。

Git 下载地址：https://git-scm.com/。

1.3 获取 MyBatis 源码

1.2 节介绍了搭建 MyBatis 源码调试环境需要的工具，这些工具的安装比较简单，而且本书面向的读者为 Java 开发人员，相信大部分读者的机器上本身就具备这样的环境。如果缺少这些工具，读者可以自行安装。准备工作完成后，我们就可以获取 MyBatis 的源码了。MyBatis 源码目前托管在 Github 上，源码地址为 https://github.com/mybatis/mybatis-3。

MyBatis 框架在 Github 上的仓库如图 1-1 所示，如果读者想为 MyBatis 项目贡献源码，可以注册 Github 账户，然后单击 Fork 按钮，在自己的仓库中创建 MyBatis 项目的副本，代码开发测试完毕后，向上游仓库提交 Pull Request 即可。当 MyBatis 源码维护者将我们提交的代码合并后，我们就可以成为 MyBatis 源码贡献者。关于 Github 的 Fork + Pull Request 工作流模式这里不做详细介绍，有兴趣的读者可以参考 Github 官方文档。

回归主题，我们的目的是获取 MyBatis 的源码，读者可以先单击图 1-1 中的 Clone or download 按钮再单击 Download Zip 按钮直接下载源码的压缩包。除了这种方式外，我们还可以使用 Git 客户端克隆一份代码到本地，具体操作如下：

打开 Git Bash 控制台，执行 git clone 命令：

```
git clone https://github.com/mybatis/spring.git
```

上面的命令执行结束后，MyBatis 源码项目就会克隆到本地。本书除了介绍 MyBatis 源码外，还会详细介绍 MyBatis 与 Spring 进行整合的原理，因此我们还需要获取 mybatis-spring 项目的源码，该项目同样托管在 Github 上，源码地址为 https://github.com/mybatis/spring。

图 1-1　MyBatis 源码 Github 仓库

我们同样可以使用 git clone 命令在本地克隆一份 mybatis-spring 项目源码，具体命令如下：

```
git clone https://github.com/mybatis/parent.git
```

需要注意的是，MyBatis 源码项目使用 Maven 作为项目构建工具，mybatis 和 mybatis-spring 项目都依赖于一个公共的 parent 项目，该项目中没有任何代码，只是定义了一些公共的属性及项目依赖的插件信息，我们还需要把 mybatis-parent 项目（地址为 https://github.com/mybatis/parent）克隆到本地。

我们依然使用 git clone 命令将 mybatis-parent 项目克隆到本地，具体如下：

```
git clone https://github.com/mybatis/parent.git
```

3 个项目全部克隆到本地后，需要放在同一个目录下。源码目录结构如下：

```
├─mybatis-3
│  ├─src
│  │  ├─main
│  │  │  └─java
│  │  │        ...
│  │  └─test
│  │      └─java
│  │      ...
├─parent
│  ├─src
└─spring
│  ├─src
│  │  ├─main
│  │  │  └─java
│  │  ...
│  └─test
```

```
|       ├─java
|     ...
|       └─resources
```

到此为止，我们获取了阅读本书所需要的 MyBatis 源码，一共 3 个项目，分别为 mybatis 源码项目、mybatis-spring 项目以及这两个项目依赖的 parent 项目。1.4 节介绍如何将这些源码导入集成开发工具中。

1.4 导入 MyBatis 源码到 IDE

MyBatis 源码获取完毕后，为了便于对源码进行调试，我们需要将源码导入集成开发工具中。对于 Java 开发人员来说，目前主流的集成开发工具有 Eclipse 和 IntelliJ IDEA。两者之间的优缺点本书不做比较，读者可根据个人偏好选择适合自己的开发工具。

接下来笔者以 IntelliJ IDEA 开发工具为例介绍如何将 MyBatis 源码导入 IDEA 中。

首先打开 IntelliJ IDEA 开发工具，单击 File→New→Project 菜单，如图 1-2 所示。

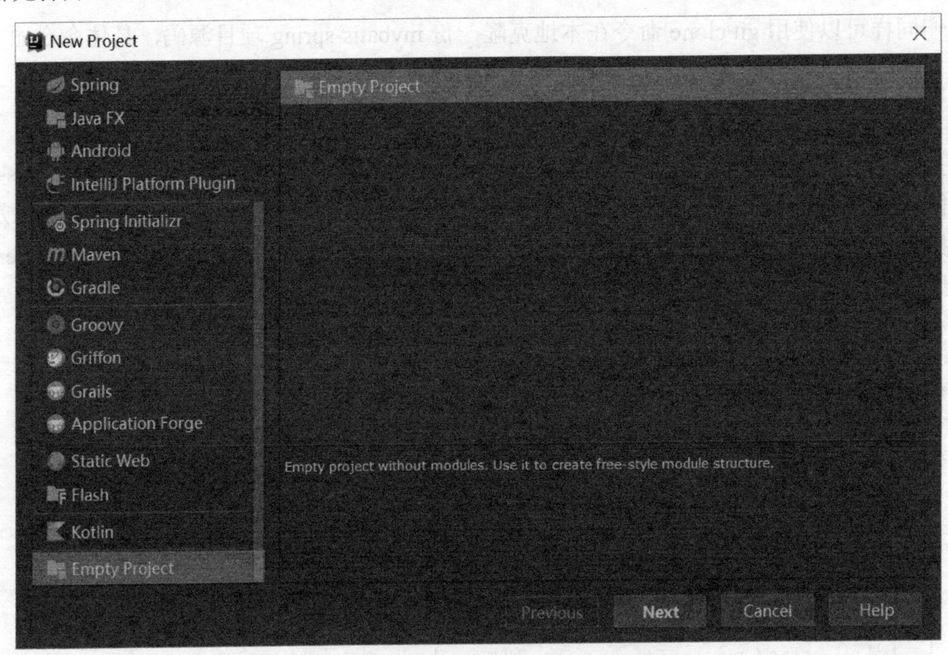

图 1-2 IntelliJ IDEA 开发工具新建项目

单击 Next 按钮，进入下一步，输入项目名称和项目路径，如图 1-3 所示。然后单击 Finish 按钮完成空项目的创建。

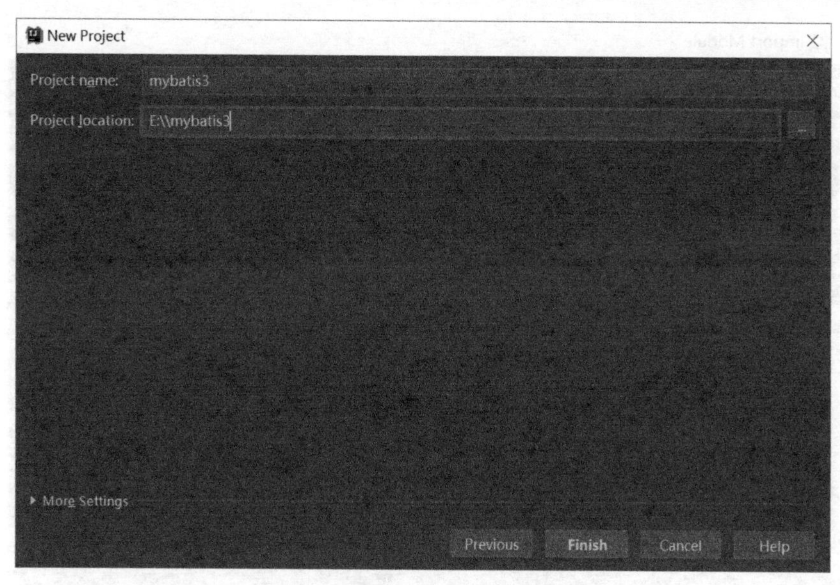

图 1-3 IDEA 新建项目对话框

到此为止，一个空项目已经创建完毕。接下来我们需要将 MyBatis 源码以模块（Module）的形式导入 IntelliJ IDEA 开发开发工具中，具体步骤如下：

单击 File→New→Module from Existing Sources...菜单，在对话框中选择 MyBatis 源码所在的路径，然后单击 OK 按钮，如图 1-4 所示。

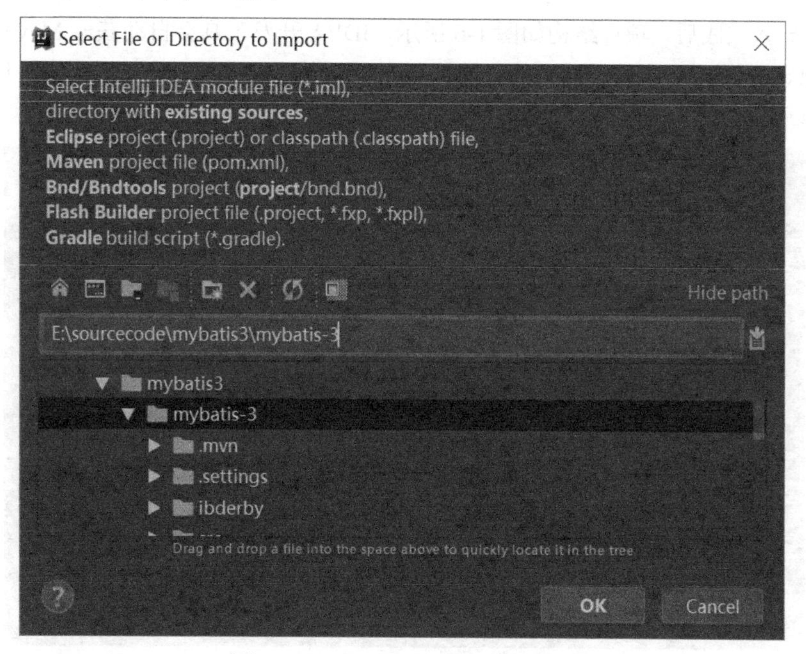

图 1-4 IDEA 导入 Module 对话框

由于 MyBatis 源码项目使用 Maven 作为构建工具，因此我们需要在如图 1-5 所示的对话框中选择 Maven 选项。然后单击 Next 按钮，在后面的对话框中，我们可以保持默认的选项，一直单击 Next 按钮。最后单击 Finish 按钮即可完成 MyBatis 源码项目的导入。

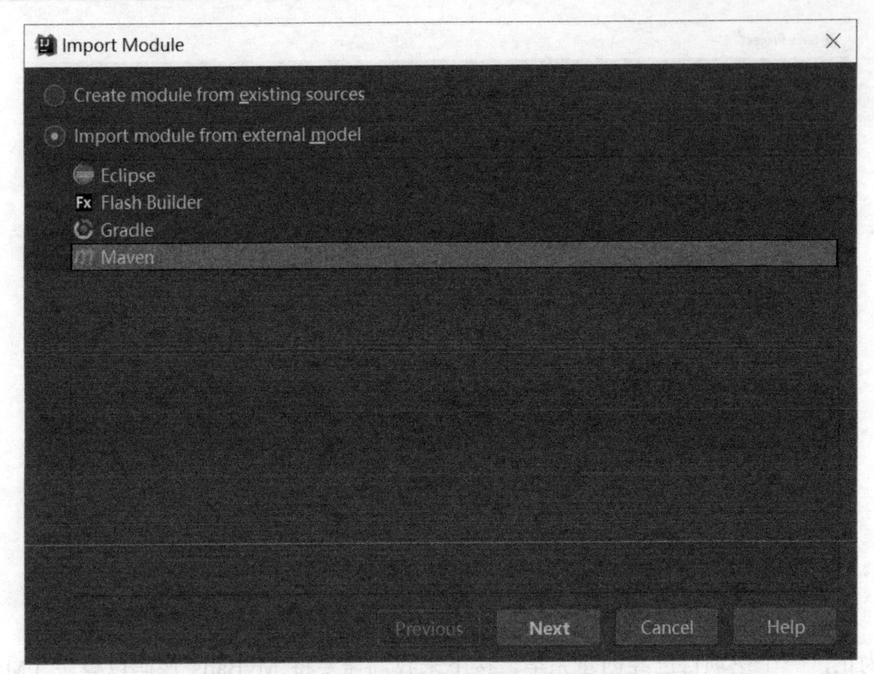

图 1-5 导入 MyBatis 源码构建工具选项对话框

接下来，我们需要按照相同的方式把 MyBatis 的 parent 项目和 mybatis-spring 项目都导入 IDEA 开发工具中。

3 个项目导入完成后，项目结构如图 1-6 所示，IDEA 开发工具会自动获取 Maven 依赖。如果由于网络问题导致 Maven 依赖更新失败，就需要同时选中这 3 个项目，然后右击，选择 Maven→Reimport 菜单重新更新 Maven 依赖即可。

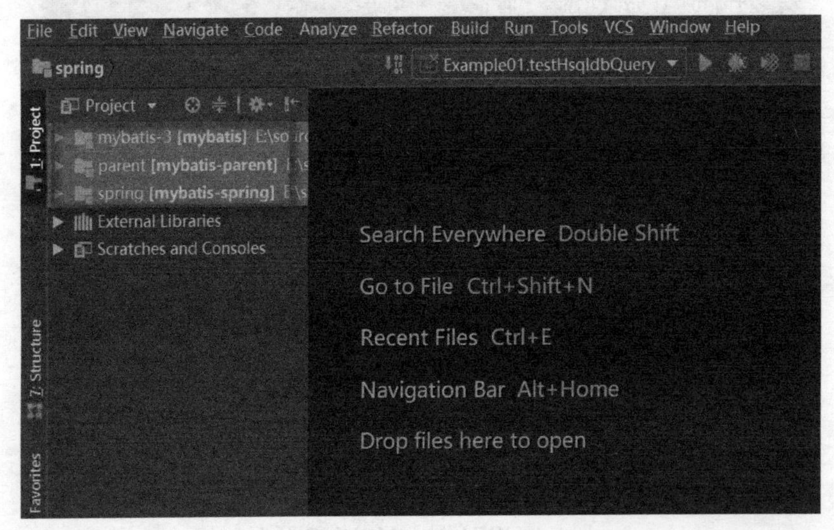

图 1-6 MyBatis 源码导入 IDEA 后的项目结构

到此为止，我们的 MyBatis 源码调试环境已经搭建完毕。比较方便的是，MyBatis 源码使用 HSQLDB 数据库的内存模式作为测试数据库，因此我们不需要额外安装数据库服务器。

1.5　HSQLDB 数据库简介

MyBatis 源码项目中使用 HSQLDB 的内存模式作为单元测试数据库，本节我们就来简单了解 HSQLDB 数据库的使用。

HSQLDB 是纯 Java 语言编写的关系型数据库管理系统，支持大部分 SQL-92、SQL:2008、SQL:2011 规范。它提供了一个小型的同时支持内存和磁盘存储表结构的数据库引擎，支持 Server 模式和内存模式两种运行模式。

HSQLDB 的 Server 模式是把 HSQLDB 作为一个单独的数据库服务运行，类似于我们常用的关系型数据库，例如 Oracle、MySQL 等。而内存模式则是把 HSQLDB 嵌入应用进程中，这种模式只能存储应用内部数据。由于 HSQLDB 能够很好地支持 JDBC 规范，因此我们可以使用它作为 Java 语言与关系型数据库交互的测试工具。

接下来以一个案例介绍 HSQLDB 内存模式的使用。HSQLDB 内存模式的特点是数据库所有信息都存放在内存中，当 HSQLDB 进程结束时，数据也会随之丢失，因此这种模式只适合做单元测试。我们需要在 HSQLDB 进程启动后，额外执行建表语句和数据初始化语句。

为了便于测试，笔者准备了两个 SQL 脚本文件，分别为 create-table.sql 和 init-data.sql，内容如下：

```sql
drop table user if exists;
create table user (
  id int generated by default as identity,
  create_time varchar(20) ,
  name varchar(20),
  password varchar(36),
  phone varchar(20),
  nick_name varchar(20),
  primary key (id)
);

insert into user (create_time, name, password, phone, nick_name)
values('2010-10-23 10:20:30', 'User1', 'test', '18700001111', 'User1');
insert into user (create_time, name, password, phone, nick_name)
values('2010-10-24 10:20:30', 'User2', 'test', '18700001111', 'User2');
...
```

如上面的代码所示，SQL 脚本创建了一张 user 表，并向 user 表中初始化了一些数据，SQL 脚本完整内容可参考本书随书源码 mybatis-common 项目中对应的文件。HSQLDB 数据库的使用案例可参考本书随书源码的 mybatis-chapter01 项目。

这里我们使用 Maven 来管理依赖，需要在项目的 pom.xml 文件中增加 HSQLDB 的依赖，配置如下：

```xml
<dependency>
    <groupId>hsqldb</groupId>
    <artifactId>hsqldb</artifactId>
```

```
        <version>1.8.0.7</version>
        <scope>test</scope>
    </dependency>
```

引入 HSQLDB 数据库依赖后，就可以在程序中访问 HSQLDB 数据库了，具体数据库操作代码如下：

```
    public class Example01 {
        private Connection conn = null;
        @Before
        public void initData() {
            try {
                // 加载 HSQLDB 驱动
                Class.forName("org.hsqldb.jdbcDriver");
                // 获取 Connection 对象
                conn = DriverManager.getConnection("jdbc:hsqldb:mem:mybatis","sa",
    "");
                // 使用 MyBatis 的 ScriptRunner 工具类执行数据库脚本
                ScriptRunner scriptRunner = new ScriptRunner(conn);
    scriptRunner.setLogWriter(null);

    scriptRunner.runScript(Resources.getResourceAsReader("create-table.sql"));

    scriptRunner.runScript(Resources.getResourceAsReader("init-data.sql"));
            } catch (Exception e) {
                e.printStackTrace();
            }
        }
        @Test
        public void testHsqldbQuery() {
            // SqlRunner 是 MyBatis 封装的操作数据库的工具类
            SqlRunner sqlRunner = new SqlRunner(conn);
            try {
                //调用 SqlRunner 类的 selectAll()方法查询数据
                List<Map<String, Object>> results = sqlRunner.selectAll("select *
    from user");
                results.forEach(System.out::println);
                sqlRunner.closeConnection();
            } catch (SQLException e) {
                e.printStackTrace();
            }
        }
    }
```

如上面的代码所示，笔者使用 JUIT4 作为单元测试工具。为了便于测试，上面的代码中使用 MyBatis 提供的 ScriptRunner 工具类执行 create-table.sql 和 init-data.sql 两个文件中的 SQL 脚本，进行数据初始化操作。

MyBatis 源码中提供了一个 SqlRunner 工具类，我们可以使用该工具类完成数据库的增删改查操作。在上面的案例中，笔者调用 SqlRunner 的 selectAll()方法进行数据查询，返回一个 List 对象。我们对 List 中的元素进行遍历，输入结果如下：

```
{PASSWORD=test, PHONE=18705182249, ID=0, CREATE_TIME=2010-10-23 10:20:30,
NICK_NAME=User1, NAME=User1}
{PASSWORD=test, PHONE=18705182249, ID=1, CREATE_TIME=2010-10-24 10:20:30,
NICK_NAME=User2, NAME=User2}
{PASSWORD=test, PHONE=18705182249, ID=2, CREATE_TIME=2010-10-25 10:20:30,
NICK_NAME=User3, NAME=User3}
...
```

可以看到，HSQLDB 中的数据全部被查询了出来。HSQLDB 内存模式的使用非常简单，只需要将 HSQLDB 的相关 Jar 包添加到项目的 classpath 中，然后在程序中加载 HSQLDB 数据库驱动即可。HSQLDB 数据库的使用就介绍这么多，有兴趣的读者可以参考 HSQLDB 的官方文档。

MyBatis 源码中提供了大量的单元测试用例，都使用了 HSQLDB 的内存模式，我们不需要额外安装其他数据库就可以运行 MyBatis 源码中的测试用例。

如图 1-7 所示，读者可以打开 MyBatis 源码中的 ScriptRunnerTest 单元测试类，然后在 shouldRunScriptsUsingConnection()方法中打上断点，右击，选择 Debug 菜单项就可以进行源码的调试。

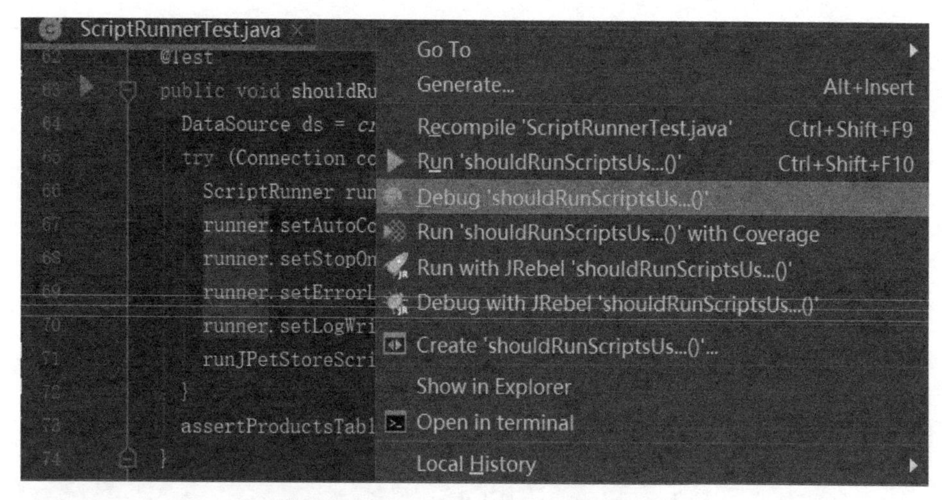

图 1-7　运行 MyBatis 源码中的测试用例

注意

HSQLDB 官方文档：http://hsqldb.org/doc/2.0/guide/index.html。

SQL-92 官方文档：http://www.contrib.andrew.cmu.edu/~shadow/sql/sql1992.txt。

1.6　本章小结

本章对 MyBatis 做了简单的介绍，分析了 MyBatis 相对于其他 ORM 框架的优势以及 MyBatis 框架能够流行起来的原因。然后介绍了如何获取 MyBatis 的源码以及如何将 MyBatis 源码导入集成开发工具中。需要注意的是，mybatis 和 mybatis-spring 项目都依赖于一个公共的 parent 项目，parent 项目中统一管理这两个项目依赖的第三方工具包的版本及 Maven 插件。为了能够运行 MyBatis 源码中的测试用例，我们需要同时获取 mybatis、mybatis-spring 和 mybatis-parent 这 3 个项目的源码，然后将这 3 个项目导入集成开发工具中。

由于 MyBatis 源码中使用 HSQLDB 作为测试数据库，因此在第 1.5 节简单地介绍了 HSQLDB 内存模式的使用。在这个案例中，我们使用了 MyBatis 提供的两个工具类 ScriptRunner 和 SqlRunner，分别用于批量执行数据库脚本和对数据库进行增删改查操作。ScriptRunner 和 SqlRunner 类的使用及源码实现将会在后面的章节中详细介绍。

第 2 章

JDBC 规范详解

第 1 章中，我们获取到 MyBatis 的所有源码，并搭建好了 MyBatis 源码的调试环境。MyBatis 框架对 JDBC 做了轻量级的封装，作为 Java 开发人员，我们对 JDBC 肯定不会陌生，但是要看懂 MyBatis 的源码，还需要熟练掌握 JDBC API 的使用。“磨刀不误砍柴工”，在开始学习 MyBatis 源码之前，我们有必要全面地了解 JDBC 规范的所有内容。

在写作本书时，JDBC 规范的最新版本为 4.2，所以本章我们就结合 JDBC 规范 4.2 版本的内容一起学习 JDBC API 的使用。如果读者已熟练掌握 JDBC 规范内容，可以跳过本章，从第 3 章开始阅读。

注 意
JDBC 4.2 规范文档：https://download.oracle.com/otndocs/jcp/jdbc-4_2-mrel2-spec/index.html。

2.1 JDBC API 简介

JDBC（Java Database Connectivity）是 Java 语言中提供的访问关系型数据的接口。在 Java 编写的应用中，使用 JDBC API 可以执行 SQL 语句、检索 SQL 执行结果以及将数据更改写回到底层数据源。JDBC API 也可以用于分布式、异构的环境中与多个数据源交互。

JDBC API 基于 X/Open SQL CLI，是 ODBC 的基础。JDBC 提供了一种自然的、易于使用的 Java 语言与数据库交互的接口。自 1997 年 1 月 Java 语言引入 JDBC 规范后，JDBC API 被广泛接受，并且广大数据库厂商开始提供 JDBC 驱动的实现。

JDBC API 为 Java 程序提供了访问一个或多个数据源的方法。在大多数情况下，数据源是关系型数据库，它的数据是通过 SQL 语句来访问的。当然，使用 JDBC 访问其他数据源（例如文件系统或者面向对象系统等）也是有可能的，只要该数据源提供 JDBC 规范驱动程序即可。

使用 JDBC 操作数据源大致需要以下几个步骤：

（1）与数据源建立连接。

（2）执行 SQL 语句。

（3）检索 SQL 执行结果。

（4）关闭连接。

后面的章节中会详细地介绍每个步骤以及需要使用到的 JDBC 接口和实现类。

2.1.1 建立数据源连接

JDBC API 中定义了 Connection 接口，用来表示与底层数据源的连接。JDBC 应用程序可以使用以下两种方式获取 Connection 对象。

（1）DriverManager：这是一个在 JDBC 1.0 规范中就已经存在、完全由 JDBC API 实现的驱动管理类。当应用程序第一次尝试通过 URL 连接数据源时，DriverManager 会自动加载 CLASSPATH 下所有的 JDBC 驱动。DriverManager 类提供了一系列重载的 getConnection()方法，用来获取 Connection 对象，例如：

```
Connection connection =
DriverManager.getConnection("jdbc:hsqldb:mem:mybatis","sa", "");
```

（2）DataSource：这个接口是在 JDBC 2.0 规范可选包中引入的 API。它比 DriverManager 更受欢迎，因为它提供了更多底层数据源相关的细节，而且对应用来说，不需要关注 JDBC 驱动的实现。一个 DataSource 对象的属性被设置后，它就代表一个特定的数据源。当 DataSource 实例的 getConnection()方法被调用后，DataSource 实例就会返回一个与数据源建立连接的 Connection 对象。在应用程序中修改 DataSource 对象的属性后，就可以通过 DataSource 对象获取指向不同数据源的 Connection 对象。同样，数据源的具体实现修改后，不需要修改应用程序代码。

需要注意的是，JDBC API 中只提供了 DataSource 接口，没有提供 DataSource 的具体实现，DataSource 具体的实现由 JDBC 驱动程序提供。另外，目前一些主流的数据库连接池（例如 DBCP、C3P0、Druid 等）也提供了 DataSource 接口的具体实现。

MyBatis 框架中提供了 DataSource 接口的实现。下面是一个使用 MyBatis 的 DataSource 实例获取 Connection 对象的案例：

```
// 创建 DataSource 实例
DataSource dataSource = new UnpooledDataSource("org.hsqldb.jdbcDriver",
      "jdbc:hsqldb:mem:mybatis", "sa", "");
// 获取 Connection 对象
Connection connection = dataSource.getConnection();
```

完整代码可参考随书源码 mybatis-chapter02 项目的 com.blog4java.jdbc.Example02 案例。

另外，MyBatis 框架还提供了 DataSource 的工厂，即 DataSourceFactory。我们可以使用工厂模式创建 DataSource 实例，例如：

```
// 创建 DataSource 实例
```

```
DataSourceFactory dsf = new UnpooledDataSourceFactory();
Properties properties = new Properties();
InputStream configStream =
Thread.currentThread().getContextClassLoader().getResourceAsStream("databas
e.properties");
properties.load(configStream);
dsf.setProperties(properties);
DataSource dataSource = dsf.getDataSource();
// 获取Connection对象
Connection connection = dataSource.getConnection();
```

完整代码可参考随书源码mybatis-chapter02项目的com.blog4java.jdbc.Example03案例。

JDBC API中定义了两个DataSource接口比较重要的扩展，用于支撑企业级应用。这两个接口分别为：

- **ConnectionPoolDataSource** 支持缓存和复用Connection对象，这样能够在很大程度上提升应用性能和伸缩性。
- **XADataSource** 该实例返回的Connection对象能够支持分布式事务。

注 意

JDBC 4.0之前的版本，创建Connection对象之前，应用程序需要显式地加载驱动类，具体代码如下：

```
Class.forName("org.hsqldb.jdbcDriver");
```

2.1.2 执行SQL语句

通过2.1.1节的学习，我们了解到Connection是JDBC对数据源连接的抽象，一旦建立了连接，使用JDBC API的应用程序就可以对目标数据源执行查询和更新操作。JDBC API提供了访问SQL:2003规范中常用的实现特性，因为不同的JDBC厂商对这些特性的支持程度各不相同，所以JDBC API中提供了一个DatabaseMetadata接口，应用程序可以使用DatabaseMetadata的实例来确定目前使用的数据源是否支持某一特性。JDBC API中还定义了转意语法，让我们使用JDBC应用程序能够访问JDBC厂商提供的非标准的特性。

获取到JDBC中的Connection对象之后，我们可以通过Connection对象设置事务属性，并且可以通过Connection接口中提供的方法创建Statement、PreparedStatement或者CallableStatement对象。

Statement接口可以理解为JDBC API中提供的SQL语句的执行器，我们可以调用Statement接口中定义的executeQuery()方法执行查询操作，调用executeUpdate()方法执行更新操作，另外还可以调用executeBatch()方法执行批量处理。当我们不知道SQL语句的类型时，例如编写一个通用的方法，既可以执行查询语句，又可以执行更新语句，此时可以调用execute()方法进行统一的操作，然后通过execute()方法的返回值来判断SQL语句类型。最后可以通过Statement接口提供的getResultSet()方法来获取查询结果集，或者通过getUpdateCount()方法来获取更新操作影响的行数。

下面是一个通过Statement执行查询操作的案例：

```
Statement statement = connection.createStatement();
ResultSet resultSet = statement.executeQuery("select * from user");
```

2.1.3 处理 SQL 执行结果

SQL 语句执行完毕后，通常我们需要获取执行的结果，例如执行一条 SELECT 语句后，我们需要获取查询的结果，执行 UPDATE 或者 INSERT 语句后，我们需要通过影响的记录数来确定是否更新成功。JDBC API 中提供了 ResultSet 接口，该接口的实现类封装 SQL 查询的结果，我们可以对 ResultSet 对象进行遍历，然后通过 ResultSet 提供的一系列 getXXX()方法（例如 getString）获取查询结果集。

2.1.4 使用 JDBC 操作数据库

前面介绍了使用 JDBC 操作数据库的几个关键步骤，本节我们以一个具体的案例来介绍 JDBC API 的使用，案例代码如下：

```
try {
    // 加载驱动
    Class.forName("org.hsqldb.jdbcDriver");
    // 获取 Connection 对象
    Connection connection =
DriverManager.getConnection("jdbc:hsqldb:mem:mybatis", "sa", "");
    Statement statement = connection.createStatement();
    ResultSet resultSet = statement.executeQuery("select * from user");
    // 遍历 ResultSet
    ResultSetMetaData metaData = resultSet.getMetaData();
    int columCount = metaData.getColumnCount();
    while (resultSet.next()) {
        for (int i = 1; i <= columCount; i++) {
            String columName = metaData.getColumnName(i);
            String columVal = resultSet.getString(columName);
            System.out.println(columName + ":" + columVal);
        }
        System.out.println("----------------------------------------");
    }
    // 关闭连接
    IOUtils.closeQuietly(statement);
    IOUtils.closeQuietly(connection);
} catch (Exception e) {
    e.printStackTrace();
}
```

完整代码读者可参考随书源码 mybatis-chapter02 项目的 com.blog4java.jdbc.Example01 类。如上面的代码所示，我们首先通过 JDBC API 中提供的 DriverManager 类获取一个表示数据库连接的 Connection 对象，然后调用 Connection 对象的 createStatement()方法获取用于执行 SQL 语句的 Statement 对象。Statement 对象是 SQL 语句的执行器，有了 Statement 对象后，我们就可以调用 Statement 对象的 executeQuery()方法执行一个 SQL 查询操作了。该方法会返回一个 ResultSet 对象，

ResultSet对象代表查询操作的结果集，我们可以调用ResultSet对象的getMetaData()方法获取结果集元数据信息。该方法返回一个ResultSetMetaData对象，我们可以通过ResultSetMetaData对象获取结果集中所有的字段名称、字段数量、字段数据类型等信息。在上面的案例代码中，我们通过ResultSetMetaData 对象获取结果集所有字段名称，然后对结果集进行遍历，在控制台中打印所有查询结果。

运行上面的代码，会查询出user表中的所有记录并输出到控制台，控制台输出结果如下：

```
ID:0
CREATE_TIME:2010-10-23 10:20:30
NAME:User1
PASSWORD:test
PHONE:18700001111
NICK_NAME:User1
--------------------------------------
ID:1
CREATE_TIME:2010-10-24 10:20:30
NAME:User2
PASSWORD:test
PHONE:18700001111
NICK_NAME:User2
--------------------------------------
...
```

到此为止，我们使用JDBC API完成了一个完整的数据库查询功能。JDBC API的使用比较简单，遵循上面几个特定的步骤即可。2.2节我们继续学习JDBC API中的一些类和接口。

2.2 JDBC API中的类与接口

通过前面几节的学习，我们了解了使用JDBC API操作数据源的步骤，并以一个案例介绍了如何使用JDBC API操作关系型数据库。JDBC API中的内容远不止这些，本节我们就来全面地学习JDBC API中的一些类和接口。JDBC API由java.sql和javax.sql两个包构成，接下来会分两个小节对这两个包的内容进行详细介绍。

2.2.1 java.sql包详解

java.sql包中涵盖JDBC最核心的API，下面是java.sql包中的所有接口、枚举和类：

```
#数据类型
java.sql.Array
java.sql.Blob
java.sql.Clob
java.sql.Date
java.sql.NClob
java.sql.Struct
java.sql.Time
```

```
java.sql.Timestamp
java.sql.SQLXML
java.sql.Ref
java.sql.RowId
java.sql.SQLOutput
java.sql.SQLData
java.sql.SQLInput

#枚举
java.sql.SQLType
java.sql.JDBCType
java.sql.Types
java.sql.RowIdLifeTime
java.sql.PseudoColumnUsage
java.sql.ClientinfoStatus
#API 相关
java.sql.Wrapper
java.sql.Connection
java.sql.Statement
java.sql.CallableStatement
java.sql.PreparedStatement
java.sql.DatabaseMetaData
java.sql.ParameterMetaData
java.sql.ResultSet
java.sql.ResultSetMetaData
#驱动相关
java.sql.Driver
java.sql.DriverAction
java.sql.DriverManager
java.sql.DriverPropertyInfo
java.sql.SQLPermission
java.sql.Savepoint
#异常
java.sql.BatchUpdateException
java.sql.DataTruncation
java.sql.SQLClientInfoException
java.sql.SQLDataException
java.sql.SQLException
java.sql.SQLFeatureNotSupportedException
java.sql.SQLIntegrityConstraintViolationException
java.sql.SQLInvalidAuthorizationSpecException
java.sql.SQLNonTransientConnectionException
java.sql.SQLNonTransientException
java.sql.SQLSyntaxErrorException
java.sql.SQLTimeoutException
java.sql.SQLTransactionRollbackException
java.sql.SQLTransientConnectionException
java.sql.SQLTransientException
java.sql.SQLWarning
```

如上面的列表所示，java.sql 包中的内容不多，大致可以分为数据类型接口、枚举类、驱动相关类和接口、异常类。

除这几部分外，剩下的就是作为 Java 开发人员需要掌握的 API，主要包括下面几个接口：

```
java.sql.Wrapper
java.sql.Connection
java.sql.Statement
java.sql.CallableStatement
java.sql.PreparedStatement
java.sql.DatabaseMetaData
java.sql.ParameterMetaData
java.sql.ResultSet
java.sql.ResultSetMetaData
```

这些接口都继承了 java.sql.Wrapper 接口。许多 JDBC 驱动程序提供超越传统 JDBC 的扩展，为了符合 JDBC API 规范，驱动厂商可能会在原始类型的基础上进行包装，Wrapper 接口为使用 JDBC 的应用程序提供访问原始类型的功能，从而使用 JDBC 驱动中一些非标准的特性。

java.sql.Wrapper 接口提供了两个方法，具体如下：

```
public interface Wrapper {
      <T> T unwrap(java.lang.Class<T> iface) throws java.sql.SQLException;
      boolean isWrapperFor(java.lang.Class<?> iface) throws
java.sql.SQLException;
}
```

其中，unwrap()方法用于返回未经过包装的 JDBC 驱动原始类型实例，我们可以通过该实例调用 JDBC 驱动中提供的非标准的方法。

isWrapperFor()方法用于判断当前实例是否是 JDBC 驱动中某一类型的包装类型。

下面是 unwrap()方法和 isWrapperFor()方法的一个使用案例：

```
Statement stmt = conn.createStatement();
Class clzz = Class.forName("oracle.jdbc.OracleStatement");
if(stmt.isWrapperFor(clzz)) {
   OracleStatement os = (OracleStatement)stmt.unwrap(clzz);
   os.defineColumnType(1, Types.NUMBER);
}
```

如上面的代码所示，Oracle 数据库驱动中提供了一些非 JDBC 标准的方法，如果需要使用这些非标准的方法，则可以调用 Wrapper 接口提供的 unwrap()方法获取 Oracle 驱动的原始类型，然后调用原始类型提供的非标准方法就可以访问 Oracle 数据库特有的一些特性了。

JDBC API 中的 Connection、Statement、ResultSet 等接口都继承自 Wrapper 接口，这些接口都提供了对 JDBC 驱动原始类型的访问能力。

Connection、Statement、ResultSet 之间的关系如图 2-1 所示。

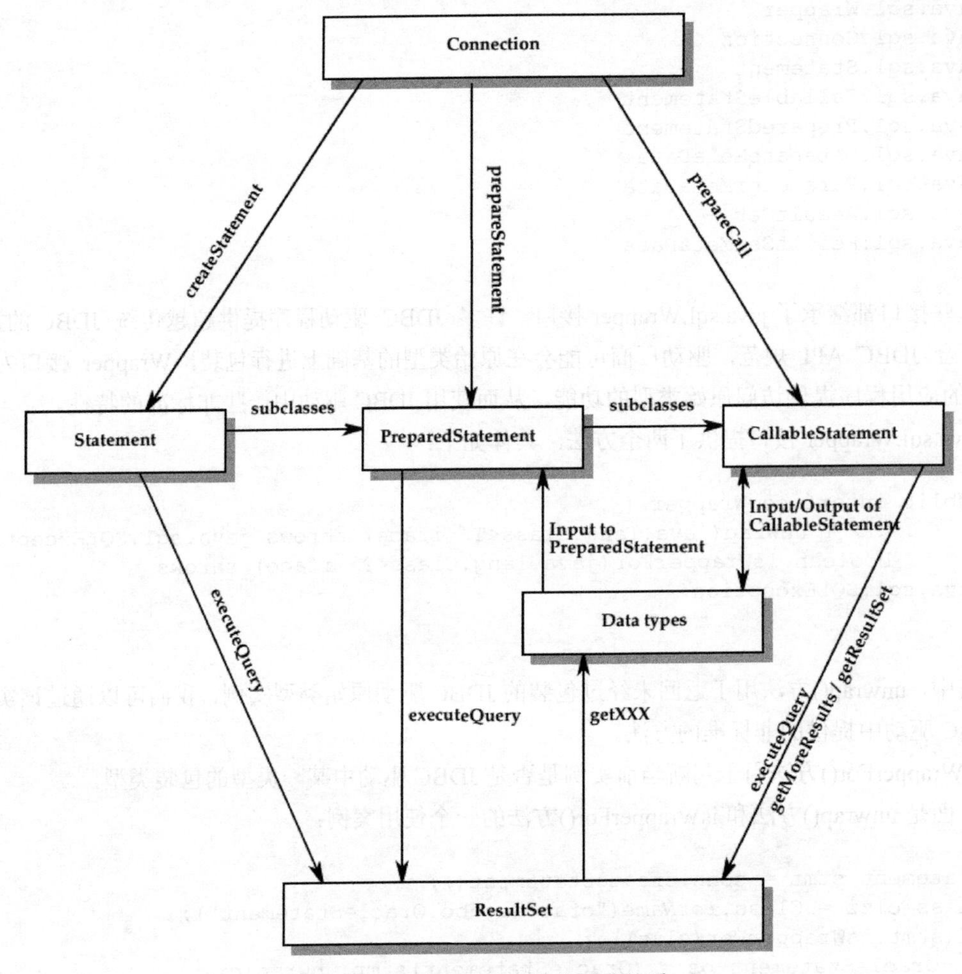

图 2-1 java.sql 包核心类之间的关系

2.2.2 javax.sql 包详解

javax.sql 包中的类和接口最早是由 JDBC 2.0 版本的可选包提供的，这个可选包最早出现在 J2SE 1.2 版本中，这个包中的内容不多，主要包括下面几个类和接口：

```
#数据源
javax.sql.DataSource
javax.sql.CommonDataSource
#连接池相关
javax.sql.ConnectionPoolDataSource
javax.sql.PooledConnection
javax.sql.ConnectionEvent
javax.sql.ConnectionEventListener
javax.sql.StatementEvent
javax.sql.StatementEventListener
#ResultSet 扩展
javax.sql.RowSet
```

```
javax.sql.RowSetEvent
javax.sql.RowSetInternal
javax.sql.RowSetListener
javax.sql.RowSetMetaData
javax.sql.RowSetReader
javax.sql.RowSetWriter
#分布式扩展
javax.sql.XAConnection
javax.sql.XADataSource
```

JDBC 1.0 中使用 DriverManager 类来产生一个与数据源连接的 Connection 对象。相对于 DriverManager，JDBC 2.0 提供的 DataSource 接口是一个更好的连接数据源的方式。

首先，应用程序不需要像使用 DriverManager 一样对加载的数据库驱动程序信息进行硬编码。开发人员可以选择通过 JNDI 注册这个数据源对象，然后在程序中使用一个逻辑名称来引用它，JNDI 会自动根据我们给出的名称找到与这个名称绑定的 DataSource 对象。然后我们就可以使用这个 DataSource 对象来建立和具体数据库的连接了。

其次，使用 DataSource 接口的第二个优势体现在连接池和分布式事务上。连接池通过对连接的复用，而不是每次需要操作数据源时都新建一个物理连接来显著地提高程序的效率，适用于任务繁忙、负担繁重的企业级应用。

javax.sql.DataSource 与 java.sql.Connection 之间的关系如图 2-2 所示。

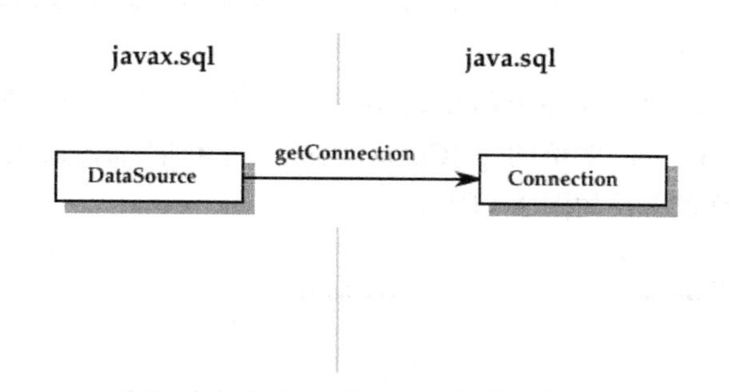

图 2-2　DataSource 与 Connection 之间的关系

javax.sql 包下还提供了一个 PooledConnection 接口。PooledConnection 和 Connection 的不同之处在于，它提供了连接池管理的句柄。一个 PooledConnection 表示与数据源建立的物理连接，该连接在应用程序使用完后可以回收而不用关闭它，从而减少了与数据源建立连接的次数。

应用程序开发人员一般不会直接使用 PooledConnection 接口，而是通过一个管理连接池的中间层基础设施使用。当应用程序调用 DataSource 对象的 getConnection() 方法时，它返回一个 Connection 对象。但是当我们使用数据库连接池时（例如 Druid），该 Connection 对象实际上是到 PooledConnection 对象的句柄，这是一个物理连接。连接池管理器（通常为应用程序服务器）维护所有的 PooledConnection 对象资源。如果在池中存在可用的 PooledConnection 对象，则连接池管理器返回作为到该物理连接的句柄的 Connection 对象。如果不存在可用的 PooledConnection 对象，则连接池管理器调用 ConnectionPoolDataSource 对象的 getConnection()方法创建新的物理连接。

连接池实现模块可以调用 PooledConnection 对象的 addConnectionEventListener()将自己注册成为一个 PooledConnection 对象的监听者，当数据库连接需要重用或关闭的时候会产生一个

ConnectionEvent 对象，它表示一个连接事件，连接池实现模块将会得到通知。

javax.sql.PooledConnection 与 java.sql.Connection 之间的关系如图 2-3 所示。

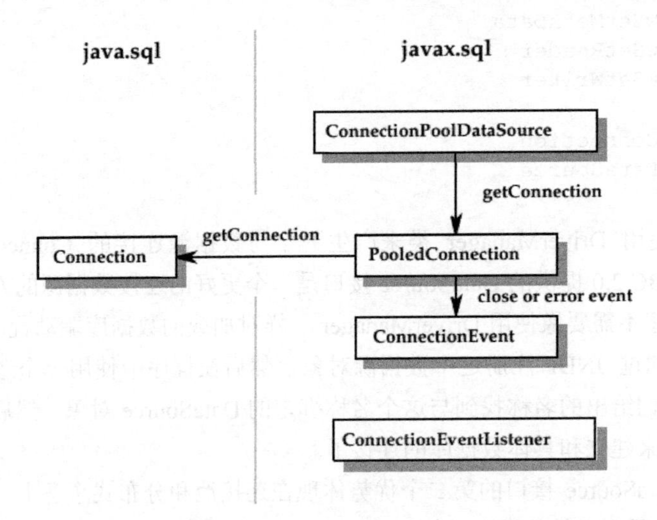

图 2-3　连接池调用关系

另外，javax.sql 包中还包含 XADataSource、XAResource 和 XAConnection 接口，这些接口提供了分布式事务的支持，具体由 JDBC 驱动来实现。更多分布式事务相关细节可参考 JTA（Java Transaction API）规范文档。

XAConnection 接口继承了 PooledConnection 接口，因此它具有所有 PooledConnection 的特性，我们可以调用 XAConnection 实例的 getConnection()方法获取 java.sql.Connection 对象，它们与 java.sql.Connection 之间的关系如图 2-4 所示。

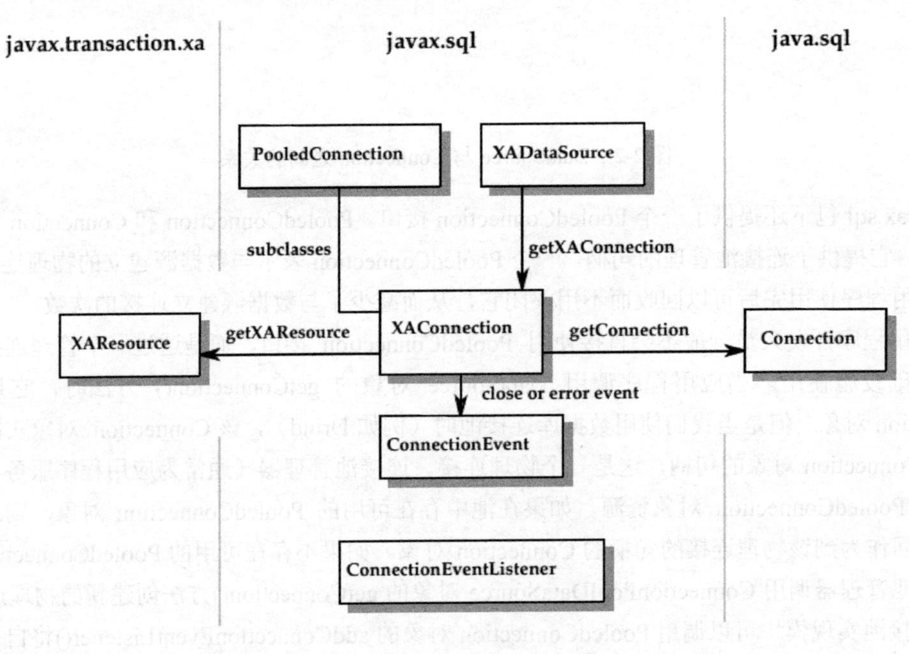

图 2-4　JDBC 分布式事务支持

JTA 规范文档：http://download.oracle.com/otndocs/jcp/jta-1.1-spec-oth-JSpec/?submit=Download。

javax.sql 包中还提供了一个 RowSet 接口，该接口继承自 java.sql 包下的 ResultSet 接口。RowSet 用于为数据源和应用程序在内容中建立一个映射。RowSet 对象可以建立一个与数据源的连接并在其整个生命周期中维持该连接，在这种情况下，该对象被称为连接的 RowSet。RowSet 对象还可以建立一个与数据源的连接，从其获取数据，然后关闭它，这种 RowSet 被称为非连接 RowSet。非连接 Rowset 可以在断开时更改其数据，然后将这些更改写回底层数据源，不过它必须重新建立连接才能完成此操作。

相较于 java.sql.ResultSet 而言，RowSet 的离线操作能够有效地利用计算机越来越充足的内存减轻数据库服务器的负担。由于数据操作都是在内存中进行的，然后批量提交到数据源，因此灵活性和性能都有了很大的提高。

RowSet 默认是一个可滚动、可更新、可序列化的结果集，而且它作为一个 JavaBean 组件，可以方便地在网络间传输，用于两端的数据同步。通俗来讲，RowSet 就相当于数据库表数据在应用程序内存中的映射，我们所有的操作都可以直接与 RowSet 对象交互。RowSet 与数据库之间的数据同步，作为开发人员不需要关注。

javax.sql.RowSet 与 java.sql.ResultSet 之间的关系如图 2-5 所示。

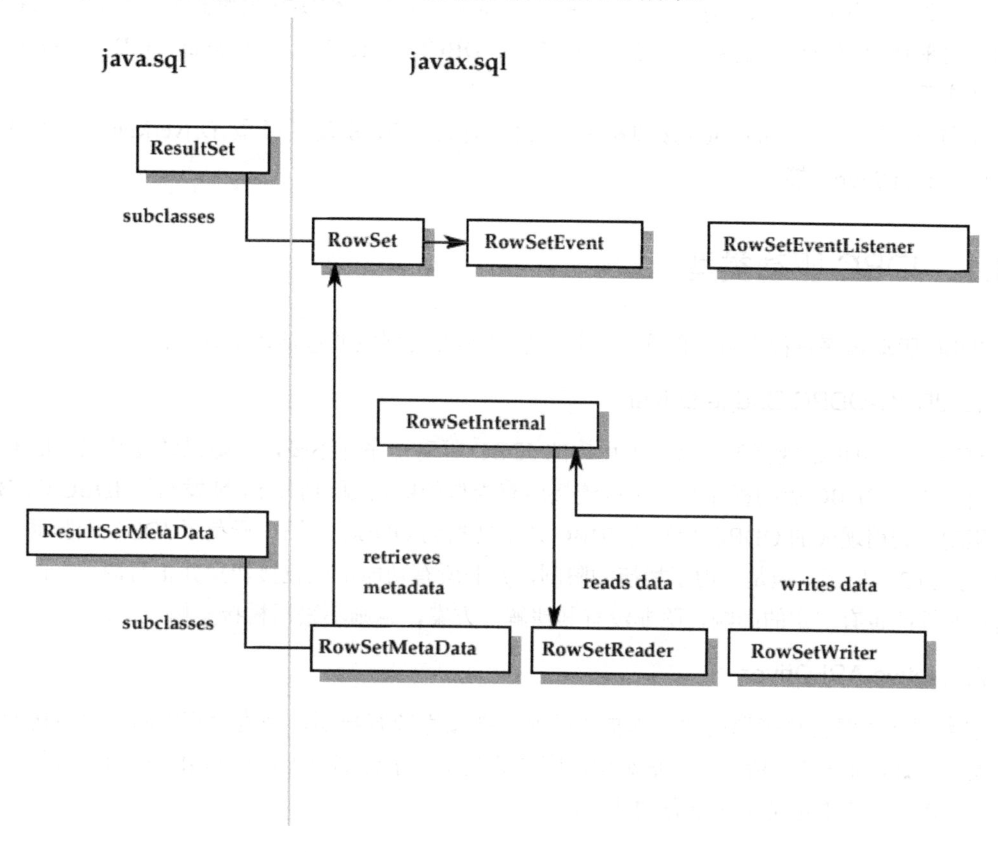

图 2-5　RowSet 与 ResultSet 之间的关系

2.3 Connection 详解

一个 Connection 对象表示通过 JDBC 驱动与数据源建立的连接，这里的数据源可以是关系型数据库管理系统（DBMS）、文件系统或者其他通过 JDBC 驱动访问的数据。使用 JDBC API 的应用程序可能需要维护多个 Connection 对象，一个 Connection 对象可能访问多个数据源，也可能访问单个数据源。

从 JDBC 驱动的角度来看，Connection 对象表示客户端会话，因此它需要一些相关的状态信息，例如用户 Id、一组 SQL 语句和会话中使用的结果集以及事务隔离级别等信息。

我们可以通过两种方式获取 JDBC 中的 Connection 对象：

（1）通过 JDBC API 中提供的 DriverManager 类获取。

（2）通过 DataSource 接口的实现类获取。

使用 DataSource 的具体实现获取 Connection 对象是比较推荐的一种方式，因为它增强了应用程序的可移植性，使代码维护更加容易，并且使应用程序能够透明地使用连接池和处理分布式事务。几乎在所有的 Java EE 项目中都是使用 DataSource 的具体实现来维护应用程序和数据库连接的。目前使用比较广泛的数据库连接池 C3P0、DBCP、Druid 等都是 javax.sql.DataSource 接口的具体实现。

本节会详细介绍 Connection 接口相关的内容，例如 JDBC 驱动的类型、DriverManager 类、Driver 接口以及 DataSource 接口等。

2.3.1 JDBC 驱动类型

JDBC 驱动程序有很多可能的实现，这些驱动实现类型主要包括以下几种：

1. JDBC-ODBC Bridge Driver

SUN 发布 JDBC 规范时，市场上可用的 JDBC 驱动程序并不多，但是已经逐渐成熟的 ODBC 方案使得通过 ODBC 驱动程序几乎可以连接所有类型的数据源。所以 SUN 发布了 JDBC-ODBC 的桥接驱动，利用现成的 ODBC 架构将 JDBC 调用转换为 ODBC 调用，避免了 JDBC 无驱动可用的窘境，如图 2-6 所示。但是，由于桥接的限制，并非所有功能都能直接转换并正常调用，而多层调用转换对性能也有一定的影响，除非没有其他解决方案，否则不采用桥接架构。

2. Native API Driver

这类驱动程序会直接调用数据库提供的原生链接库或客户端，因为没有中间过程，访问速度通常表现良好，如图 2-7 所示。但是驱动程序与数据库和平台绑定无法达到 JDBC 跨平台的基本目的。在 JDBC 规范中也是不被推荐的选择。

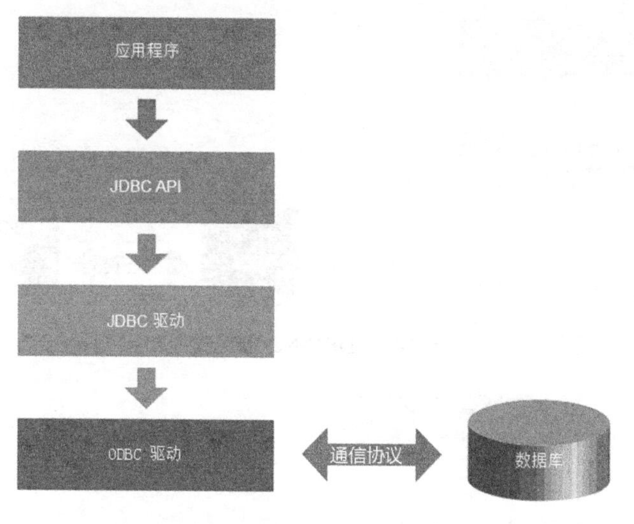

图 2-6 JDBC-ODBC 桥接驱动

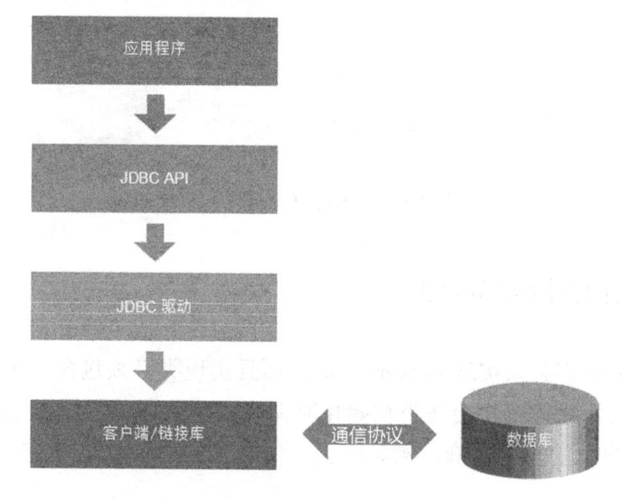

图 2-7 Native API 类型驱动

3. JDBC-Net Driver

这类驱动程序会将 JDBC 调用转换为独立于数据库的协议，然后通过特定的中间组件或服务器转换为数据库通信协议，主要目的是获得更好的架构灵活性，如图 2-8 所示。例如，更换数据库时可以通过更换中间组件实现。数据库厂商开发的驱动通常还提供额外的功能，例如高级安全特性等，而且通过中间服务器转换会对性能有一定影响。JDBC 领域这种类型驱动并不常见，而微软的 ADO.NET 是这种架构的典型。

4. Native Protocol Driver

这是最常见的驱动程序类型，开发中使用的驱动包基本都属于此类，通常由数据库厂商直接提供，例如 mysql-connector-java，驱动程序把 JDBC 调用转换为数据库特定的网络通信协议，如图 2-9 所示。使用网络通信，驱动程序可以纯 Java 实现，支持跨平台部署，性能也较好。

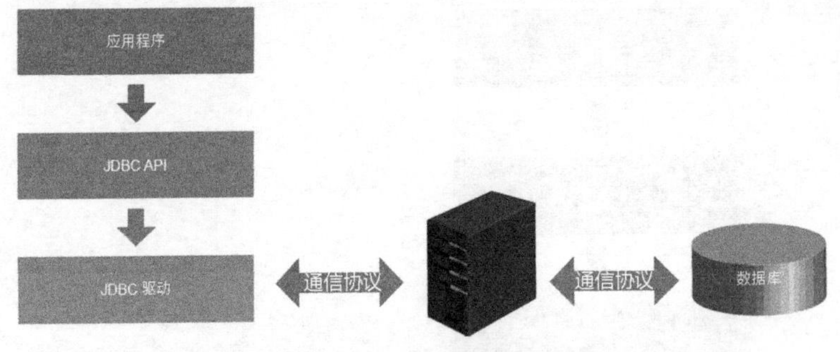

图 2-8　JDBC-Net 驱动类型

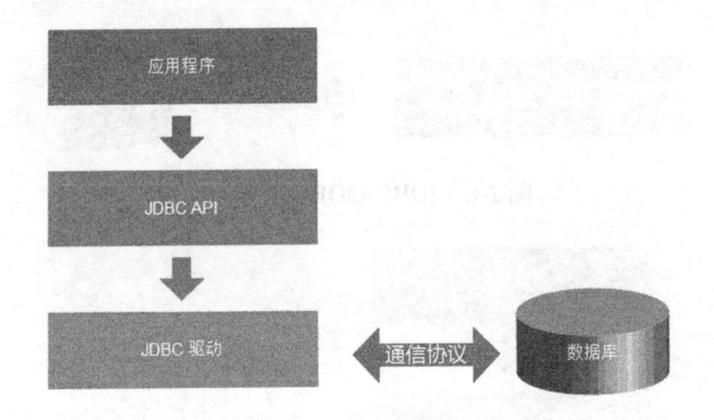

图 2-9　Native Protocol 驱动类型

2.3.2　java.sql.Driver 接口

所有的 JDBC 驱动都必须实现 Driver 接口，而且实现类必须包含一个静态初始化代码块。我们知道，类的静态初始化代码块会在类初始化时调用，驱动实现类需要在静态初始化代码块中向 DriverManager 注册自己的一个实例，例如：

```
public class AcmeJdbcDriver implements java.sql.Driver {
    static {
        java.sql.DriverManager.registerDriver(new AcmeJdbcDriver());
    }
    ...
}
```

当我们加载驱动实现类时，上面的静态初始化代码块就会被调用，向 DriverManager 中注册一个驱动类的实例。这就是为什么我们使用 JDBC 操作数据库时一般会先加载驱动，例如：

```
Class.forName("com.mysql.cj.jdbc.Driver");
```

为了确保驱动程序可以使用这种机制加载，Driver 实现类需要提供一个无参数的构造方法。

DriverManager 类与注册的驱动程序进行交互时会调用 Driver 接口中提供的方法。Driver 接口中提供了一个 acceptsURL()方法，DriverManager 类可以通过 Driver 实现类的 acceptsURL()来判断一个给定的 URL 是否能与数据库成功建立连接。当我们试图使用 DriverManager 与数据库建立连接时，会调用 Driver 接口中提供的 connect()方法，具体如下：

```
Connection connect(String url, java.util.Properties info)
```

该方法有两个参数：第一个参数为驱动能够识别的 URL；第二个参数为与数据库建立连接需要的额外参数，例如用户名、密码等。

当 Driver 实现类能够与数据库建立连接时，就会返回一个 Connection 对象，当 Driver 实现类无法识别 URL 时则会返回 null。

注　意

在 DriverManager 类初始化时，会试图加载所有 jdbc.drivers 属性指定的驱动类，因此我们可以通过 jdbc.drivers 属性来加载驱动，例如：

```
java -Djdbc.drivers=com.acme.jdbc.AcmeJdbcDriver Example01
```

JDBC 4.0 以上的版本对 DriverManager 类的 getConnection()方法做了增强，可以通过 Java 的 SPI 机制加载驱动。符合 JDBC 4.0 以上版本的驱动程序的 JAR 包中必须存在一个 META-INF/services/java.sql.Driver 文件，在 java.sql.Driver 文件中必须指定 Driver 接口的实现类。

2.3.3　Java SPI 机制简介

在 JDBC 4.0 版本之前，使用 DriverManager 获取 Connection 对象之前都需要通过代码显式地加载驱动实现类，例如：

```
Class.forName("com.mysql.cj.jdbc.Driver");
```

JDBC 4.0 之后的版本对此做了改进，我们不再需要显式地加载驱动实现类。这得益于 Java 中的 SPI 机制，本节我们就来简单地了解 SPI 机制。

SPI（Service Provider Interface）是 JDK 内置的一种服务提供发现机制。SPI 是一种动态替换发现的机制。 比如有一个接口，想在运行时动态地给它添加实现，只需要添加一个实现，SPI 机制在程序运行时就会发现该实现类，整体流程如图 2-10 所示。

图 2-10　Java SPI 机制

当服务的提供者提供了一种接口的实现之后，需要在classpath下的META-INF/services目录中创建一个以服务接口命名的文件，这个文件中的内容就是这个接口具体的实现类。当其他的程序需要这个服务的时候，就可以查找这个JAR包中META-INF/services目录的配置文件，配置文件中有接口的具体实现类名，可以根据这个类名加载服务实现类，然后就可以使用该服务了。

JDK中查找服务实现的工具类是java.util.ServiceLoader。接下来我们看一下ServiceLoader类的使用，代码如下：

```
public class SPIExample {
    @Test
    public void testSPI() {
        ServiceLoader<Driver> drivers =
ServiceLoader.load(java.sql.Driver.class);
        for (Driver driver : drivers ) {
            System.out.println(driver.getClass().getName());
        }
    }
}
```

ServiceLoader类提供了一个静态的load()方法，用于加载指定接口的所有实现类。调用该方法后，classpath下META-INF/services目录的java.sql.Driver文件中指定的所有实现类都会被加载。

最后我们再来了解一下DriverManager加载驱动实现类的过程。符合JDBC 4.0以上版本的JDBC驱动都会在META-INF/services目录的java.sql.Driver文件中指定驱动实现类的完全限定名。

DriverManager类中定义了静态初始化代码块，代码如下：

```
public class DriverManager {
    ...

    /**
     * Load the initial JDBC drivers by checking the System property
     * jdbc.properties and then use the {@code ServiceLoader} mechanism
     */
    static {
        loadInitialDrivers();
        println("JDBC DriverManager initialized");
    }
    ...
}
```

如上面的代码所示，DriverManager类的静态代码块会在我们调用DriverManager的getConnection()方法之前调用。静态代码块中调用loadInitialDrivers()方法加载驱动实现类，该方法的关键代码如下：

```
private static void loadInitialDrivers() {
    ...
    AccessController.doPrivileged(new PrivilegedAction<Void>() {
        public Void run() {

            ServiceLoader<Driver> loadedDrivers =
ServiceLoader.load(Driver.class);
```

```
            Iterator<Driver> driversIterator = loadedDrivers.iterator();
            try{
                while(driversIterator.hasNext()) {
                    driversIterator.next();
                }
            } catch(Throwable t) {
            // Do nothing
            }
            return null;
        }
    });
    ...
}
```

如上面的代码所示，在 loadInitialDrivers()方法中，通过 JDK 内置的 ServiceLoader 机制加载 java.sql.Driver 接口的实现类，然后对所有实现类进行遍历，这样就完成了驱动类的加载。驱动实现类会在自己的静态代码块中将驱动实现类的实例注册到 DriverManager 中，这样就取代了通过调用 Class.forName()方法加载驱动的过程。

2.3.4 java.sql.DriverAction 接口

前面我们了解到，Driver 实现类在被加载时会调用 DriverManager 类的 registerDriver()方法注册驱动。我们也可以在应用程序中显式地调用 DriverManager 类的 deregisterDriver()方法来解除注册。JDBC 驱动可以通过实现 DriverAction 接口来监听 DriverManager 类的 deregisterDriver()方法的调用。

JDBC 规范中不建议 DriverAction 接口的实现类在应用程序中被使用，因此 DriverAction 实现类通常会作为私有的内部类，从而避免被其他程序使用。

JDBC 驱动的静态初始化代码块可以调用 DriverManager.registerDriver(java.sql.Driver, java.sql.DriverAction)方法来确保 DriverManager 类的 deregisterDriver()方法调用被监听，例如：

```
public class AcmeJdbcDriver implements java.sql.Driver {
    static DriverAction da;
    static {
        java.sql.DriverManager.registerDriver(new AcmeJdbcDriver(), da);
    }
...
}
```

DriverAction 用于监听驱动类被解除注册事件，是驱动提供者需要关注的范畴，作为 JDBC 的使用者，我们只需要了解即可。

2.3.5 java.sql.DriverManager 类

DriverManager 类通过 Driver 接口为 JDBC 客户端管理一组可用的驱动实现，当客户端通过 DriverManager 类和数据库建立连接时，DriverManager 类会根据 getConnection()方法参数中的 URL

找到对应的驱动实现类，然后使用具体的驱动实现连接到对应的数据库。

DriverManager 类提供了两个关键的静态方法：

- **registerDriver():** 该方法用于将驱动的实现类注册到 DriverManager 类中，这个方法会在驱动加载时隐式地调用，而且通常在每个驱动实现类的静态初始化代码块中调用。
- **getConnection():** 这个方法是提供给 JDBC 客户端调用的，可以接收一个 JDBC URL 作为参数，DriverManager 类会对所有注册驱动进行遍历，调用 Driver 实现的 connect()方法找到能够识别 JDBC URL 的驱动实现后，会与数据库建立连接，然后返回 Connection 对象。

JDBC URL 的格式如下：

jdbc:<subprotocol>:<subname>

subprotocol 用于指定数据库连接机制由一个或者多个驱动程序提供支持，subname 的内容取决于 subprotocol。

常用的数据库驱动程序的驱动实现类名及 JDBC URL 如下：

（1）Oracle

驱动程序类名: oracle.jdbc.driver.OracleDriver。

JDBC URL: jdbc:oracle:thin:@//<host>:<port>/ServiceName 或 jdbc:oracle:thin:@<host>:<port>:<SID>。

例如：jdbc:oracle:thin:@localhost:1521:orcl。

（2）MySQL

驱动程序类名：com.mysql.jdbc.Driver。

JDBC URL：jdbc:mysql://<host>:<port>/<database_name>。

例如：jdbc:mysql://localhost/sample。

（3）IBM DB2

驱动程序类名：com.ibm.db2.jcc.DB2Driver。

JDBC URL：jdbc:db2://<host>[:<port>]/<database_name>。

例如：jdbc:db2://localhost:5000/sample。

注 意

JDBC URL 不需要完全遵循 RFC 3986, Uniform Resource Identifier (URI): Generic Syntax 文档中定义的 URI 语法规范。

下面是使用 DriverManager 获取 JDBC Connection 对象的案例代码：

```
// 加载驱动
Class.forName("org.hsqldb.jdbcDriver");
// 获取 Connection 对象
Connection connection =
DriverManager.getConnection("jdbc:hsqldb:mem:mybatis", "sa", "");
```

DriverManager 类还提供了两个重载的 getConnection 方法：

- **getConnection(String url):** 当数据库不需要用户名和密码时，我们可以调用该方法与数据库建立连接。
- **getConnection(String url, java.util.Properties prop):** 如果建立数据库连接除了需要用户名、密码外，还需要一些额外的信息，我们可以使用 Properties 类来描述建立连接需要的所有配置信息。

2.3.6 javax.sql.DataSource 接口

javax.sql.DataSource 接口最早是由 JDBC 2.0 版本扩展包提供的，它是比较推荐的获取数据源连接的一种方式，JDBC 驱动程序都会实现 DataSource 接口，通过 DataSource 实现类的实例，返回一个 Connection 接口的实现类的实例。

使用 DataSource 对象可以提高应用程序的可移植性。在应用程序中，可以通过逻辑名称来获取 DataSource 对象，而不用为特定的驱动指定特定的信息。我们可以使用 JNDI（Java Naming and Directory Interface）把一个逻辑名称和数据源对象建立映射关系。

DataSource 对象用于表示能够提供数据库连接的数据源对象。如果数据库相关的信息发生了变化，则可以简单地修改 DataSource 对象的属性来反映这种变化，而不用修改应用程序的任何代码。

DataSource 接口可以被实现，提供如下两种功能：

- 通过连接池提高系统性能和伸缩性。
- 通过 XADataSource 接口支持分布式事务。

注 意
DataSource 接口的实现必须包含一个无参构造方法。

JDBC API 中定义了一组属性来表示和描述数据源实现。具体有哪些属性，取决于 DataSource 对象的类型，包括 DataSource、ConnectionPoolDataSource 和 XADataSource。表 2-1 是 DataSource 所有标准属性及其描述。

表 2-1 DataSource 标准属性

属性名称	类型	描述
databaseName	String	数据库名称
dataSourceName	String	数据源名称，用于在连接池创建完成时为 XADataSource 或 ConnectionPoolDataSource 对象命名
description	String	数据源描述信息
networkProtocol	String	与数据库服务器交互的网络协议
password	String	数据库密码
portNumber	int	数据库服务器监听端口
roleName	String	角色名称
serverName	String	数据库服务器名称
user	String	用户名

DataSource 属性遵循 JavaBeans 1.01 规范中对 JavaBean 组件属性的约定，可以在这些属性的基础上增加一些特定的属性扩展（这些扩展的属性不能与标准属性冲突）。DataSource 实现类必须为支持的每个属性提供对应的 Getter 和 Setter 方法，而且这些属性需要在创建 DataSource 对象时初始化。

DataSource 对象的属性不建议被 JDBC 客户端直接访问，可以通过增强 DataSource 实现类的属性访问方法来实现，而不是在应用程序中使用 DataSource 接口时控制。此外，客户端所操作的对象可以是实现了 DataSource 接口的包装类，它的属性对应的 Setter 和 Getter 方法不需要暴露给客户端。一些管理工具如果需要访问 DataSource 实现类的属性，则可以使用 Java 的内省机制。

2.3.7 使用 JNDI API 增强应用的可移植性

JNDI（Java Naming and Directory Interface，Java 命名和目录接口）为应用程序提供了一种通过网络访问远程服务的方式。本节我们学习如何通过 JNDI API 注册和访问 JDBC 数据源对象。读者如果需要了解更多 JNDI 相关细节，则可参考 JNDI 规范文档。

JNDI API 的命名服务可以把一个逻辑名称和一个具体的对象绑定。使用 JNDI API，应用程序可以通过与 DataSource 对象绑定的逻辑名称来获取 DataSource 对象，这种方式在很大程度上提高了应用的可移植性，因为当 DataSource 对象的属性（例如端口号、服务器地址等）被修改时，不会影响 JDBC 客户端代码。实际上，当修改 DataSource 的配置，使它连接到其他数据库时，应用程序是没有任何感知的。

接下来我们就以一个实际的案例介绍如何使用 JNDI API 提供一个命名服务，然后使用 JNDI API 查找该命名服务，代码如下：

```
public class Example04 {
    @Before
    public void before() throws IOException {
        // 创建数据源工厂类
            DataSourceFactory dsf = new UnpooledDataSourceFactory();
            Properties properties = new Properties();
            InputStream configStream =
Thread.currentThread().getContextClassLoader().getResourceAsStream("databas
e.properties");
            properties.load(configStream);
            dsf.setProperties(properties);
        // 获取数据源对象
            DataSource dataSource = dsf.getDataSource();
            try {
                Properties jndiProps = new Properties();
                jndiProps.put(Context.INITIAL_CONTEXT_FACTORY,
"org.apache.naming.java.javaURLContextFactory");
                jndiProps.put(Context.URL_PKG_PREFIXES,
"org.apache.naming");
                Context ctx = new InitialContext(jndiProps);
                ctx.bind("java:TestDC", dataSource);
            } catch (NamingException e) {
                e.printStackTrace();
            }
```

```
        }

        @Test
        public void testJndi() {
            try {
                Properties jndiProps = new Properties();
                jndiProps.put(Context.INITIAL_CONTEXT_FACTORY,
"org.apache.naming.java.javaURLContextFactory");
                jndiProps.put(Context.URL_PKG_PREFIXES,
"org.apache.naming");
                Context ctx = new InitialContext(jndiProps);
                DataSource dataSource = (DataSource)
ctx.lookup("java:TestDC");
                Connection conn = dataSource.getConnection();
                Assert.assertNotNull(conn);
            } catch (Exception e) {
                e.printStackTrace();
            }
        }
    }
```

如上面的代码所示，在 MyBatis 源码中提供了 javax.sql.DataSource 接口的实现，分别为 UnpooledDataSource 和 PooledDataSource 类。UnpooledDataSource 未实现连接池功能，而 PooledDataSource 则采用装饰器模式对 UnpooledDataSource 功能进行了增强，增加了连接池管理功能。

上面的代码中，我们使用 UnpooledDataSourceFactory 创建了一个 UnpooledDataSource 实例，其中 database.properties 文件为数据源相关配置（读者可参考 mybatis-chapter02 项目中的 database.properties 文件内容），然后创建一个 javax.naming.InitialContext 实例，调用该实例的 bind() 方法创建命名服务，命名服务创建完成后就可以通过 javax.naming.InitialContext 实例的 lookup()方法来查找服务了。

需要注意的是，JDK 中只提供了 JNDI 规范，具体的实现由不同的厂商来完成。这里我们使用的是 Apache Tomcat 中提供的 JNDI 实现，因此需要在项目中添加相关依赖，例如：

```
<dependencies>
    <dependency>
        <groupId>tomcat</groupId>
        <artifactId>naming-java</artifactId>
        <version>5.0.28</version>
    </dependency>
    <dependency>
        <groupId>tomcat</groupId>
        <artifactId>naming-common</artifactId>
        <version>5.0.28</version>
    </dependency>
    <dependency>
        <groupId>commons-logging</groupId>
        <artifactId>commons-logging</artifactId>
        <version>1.1.1</version>
    </dependency>
</dependencies>
```

在实际的 Java EE 项目中，JNDI 命名服务的创建通常由应用服务器来完成。在应用程序中，我们只需要查找命名服务并使用即可。例如，在 Apache Tomcat 服务器中，我们可以通过如下代码配置 JNDI 数据源：

```
<Context docBase="WebApp" path="/WebApp" reloadable="true"
source="org.eclipse.jst.jee.server:WebApp">
    <Resource   name="jdbc/mysql"
                scope="Shareable"
                type="javax.sql.DataSource"
                factory="org.apache.tomcat.dbcp.dbcp.BasicDataSourceFactory"
                url="jdbc:mysql://localhost:3306/test"
                driverClassName ="com.mysql.jdbc.Driver"
                username="root"
                password="root"
                />
</Context>
```

注 意

JNDI 规范文档：https://docs.oracle.com/cd/E17802_01/products/products/jndi/javadoc/。

2.3.8 关闭 Connection 对象

当我们使用完 Connection 对象后，需要显式地关闭该对象。Connection 接口中提供了一个 close()方法，用于关闭 Connection 对象；还提供了一个 isClosed()方法，判断连接是否关闭；同时可以通过 isValid()方法判断连接是否有效。

下面详细介绍这几个方法。

- **java.sql.Connection#close()**：当应用程序使用完 Connection 对象后，应该显式地调用 java.sql.Connection 对象的 close()方法。调用该方法后，由该 Connection 对象创建的所有 Statement 对象都会被关闭。一旦 Connection 对象关闭后，调用 Connection 的常用方法（例如 createStatement()方法）将会抛出 SQLException 异常。
- **java.sql.Connection#isClosed()**：Connection 接口中提供的 isClosed()方法用于判断应用中是否调用了 close()方法关闭该 Connection 对象，这个方法不能用于判断数据库连接是否有效。

注 意

有些 JDBC 驱动实现厂商对 isClosed()方法做了增强，可以用它判断数据库连接是否有效。但是为了程序的可移植性，需要判断连接是否有效时还是建议使用 isValid()方法。

- **java.sql.Connection#isValid()**：Connection 接口提供的 isValid()方法用于判断连接是否有效，如果连接依然有效，则返回 true，否则返回 false。当该方法返回 false 时，调用除了 close()、isClosed()、isValid()以外的其他方法将会抛出 SQLException 异常。

2.4 Statement详解

本节我们来学习JDBC API中比较重要的部分——Statement接口及它的子接口PreparedStatement和CallableStatement。Statement接口中定义了执行SQL语句的方法，这些方法不支持参数输入，PreparedStatement接口中增加了设置SQL参数的方法，CallableStatement接口继承自PreparedStatement，在此基础上增加了调用存储过程以及检索存储过程调用结果的方法。

2.4.1 java.sql.Statement接口

Statement是JDBC API操作数据库的核心接口，具体的实现由JDBC驱动来完成。Statement对象的创建比较简单，需要调用Connection对象的createStatement()方法，例如：

```
Connection conn = dataSource.getConnection(user, passwd);
Statement stmt = conn.createStatement()
```

在应用程序中，每个Connection对象可以同时创建多个Statement对象，例如：

```
// 通过 DataSource 对象获取 Connection 对象
Connection conn = dataSource.getConnection(user, passwd);
// 创建两个 Statement 实例
Statement stmt1 = conn.createStatement();
Statement stmt2 = conn.createStatement();
```

此外，Connection接口中还提供了几个重载的createStatement()方法，用于通过Statement对象指定ResultSet（结果集）的属性，例如：

```
Connection conn = dataSource.getConnection(user, passwd);
Statement stmt = conn.createStatement(
        ResultSet.TYPE_SCROLL_INSENSITIVE,
        ResultSet.CONCUR_UPDATABLE,
        ResultSet.HOLD_CURSORS_OVER_COMMIT);
```

上面的代码中，我们创建了一个Statement对象，通过参数指定该Statement对象创建的ResultSet对象是可滚动的，而且是可以修改的，当修改提交时ResultSet不会被关闭。关于ResultSet的更多细节会在本书后面的章节中介绍。

Statement的主要作用是与数据库进行交互，该接口中定义了一些数据库操作以及检索SQL执行结果相关的方法，具体如下：

```
#批量执行 SQL
void addBatch(String sql)
void clearBatch()
int[] executeBatch()
#执行未知 SQL 语句
```

```
boolean execute(String sql)
boolean execute(String sql, int autoGeneratedKeys)
boolean execute(String sql, int[] columnIndexes)
boolean execute(String sql, String[] columnNames)
#执行查询语句
ResultSet executeQuery(String sql)
#执行更新语句，包括 UPDATE、DELETE、INSERT
int executeUpdate(String sql)
int executeUpdate(String sql, int autoGeneratedKeys)
int executeUpdate(String sql, int[] columnIndexes)
int executeUpdate(String sql, String[] columnNames)
#SQL 执行结果处理
long getLargeUpdateCount()
ResultSet getResultSet()
int getUpdateCount()
boolean getMoreResults()
boolean getMoreResults(int current)
ResultSet getGeneratedKeys()
#JDBC 4.2 新增，数据量大于 Integer.MAX_VALUE 时使用
long[] executeLargeBatch()
long executeLargeUpdate(String sql)
long executeLargeUpdate(String sql, int autoGeneratedKeys)
long executeLargeUpdate(String sql, int[] columnIndexes)
long executeLargeUpdate(String sql, String[] columnNames)
#取消 SQL 执行，需要数据库和驱动支持
void cancel()
#关闭 Statement 对象
void close()
void closeOnCompletion()
```

Statement 接口中提供的与数据库交互的方法比较多，具体调用哪个方法取决于 SQL 语句的类型。

如果使用 Statement 执行一条查询语句，并返回一个结果集（ResultSet 对象），则可以调用 executeQuery()方法。

如果 SQL 语句是一个返回更新数量的 DML 语句，则需要调用 executeUpdate()方法，该方法有几个重载的方法，下详细介绍。

- **int executeUpdate(String sql):** 执行一个 UPDATE、INSERT 或者 DELETE 语句，返回更新数量。
- **int executeUpdate(String sql, int autoGeneratedKeys):** 执行一个 UPDATE、INSERT 或者 DELETE 语句。当 SQL 语句是 INSERT 语句时，autoGeneratedKeys 参数用于指定自动生成的键是否能够被检索，取值为 Statement.RETURN_GENERATED_KEYS 或 Statement.NO_GENERATED_KEYS。当参数值为 Statement.RETURN_GENERATED_KEYS 时，INSERT 语句自动生成的键能够被检索。当我们向数据库中插入一条记录，希望获取这条记录的自增主键时，可以调用该方法，指定第二个参数值为 Statement.RETURN_GENERATED_KEYS。
- **int executeUpdate(String sql, int[] columnIndexes):** 执行一个 UPDATE、INSERT 或者

DELETE 语句，通过 columnIndexes 参数告诉驱动程序哪些列中自动生成的键可以用于检索。columnIndexes 数组用于指定目标表中列的索引，这些列中自动生成的键必须能够被检索。如果 SQL 语句不是 INSERT 语句，columnIndexes 参数将会被忽略。

- **int executeUpdate(String sql, String[] columnNames)**：这个方法的作用和 executeUpdate(String sql, int[] columnIndexes)相同，不同的是 columnNames 参数是一个 String 数组，通过字段名的方式指定哪些字段中自动生成的键能够被检索。如果 SQL 语句不是 INSERT 语句，columnNames 参数就会被忽略。

注　意

如果数据库支持返回的更新数量大于 Integer.MAX_VALUE，则需要调用 executeLargeUpdate()方法。

当我们在执行数据库操作之前，若不确定 SQL 语句的类型，则可以调用 excute()方法。该方法也有几个重载的方法，分别说明如下。

- **boolean execute(String sql):** 执行一个 SQL 语句，通过返回值判断 SQL 类型，当返回值为 true 时，说明 SQL 语句为 SELECT 语句，可以通过 Statement 接口中的 getResultSet()方法获取查询结果集；否则为 UPDATE、INSERT 或者 DELETE 语句，可以通过 Statement 接口中的 getUpdateCount()方法获取影响的行数。
- **boolean execute(String sql, int autoGeneratedKeys):** 该方法通过 autoGeneratedKeys 参数（只对 INSERT 语句有效）指定 INSERT 语句自动生成的键是否能够被检索。
- **boolean execute(String sql, int[] columnIndexes):** 通过 columnIndexes 参数告诉驱动程序哪些列中自动生成的键可以用于检索。columnIndexes 数组用于指定目标表中列的索引，这些列中自动生成的键必须能够被检索。如果 SQL 语句不是 INSERT 语句，则 columnIndexes 参数将会被忽略。
- **boolean execute(String sql, String[] columnNames):** columnNames 参数是一个 String 数组，通过字段名的方式指定哪些字段中自动生成的键能够被检索。如果 SQL 语句不是 INSERT 语句，则 columnNames 参数会被忽略。

注　意

当数据库支持返回影响的行数大于 Integer.MAX_VALUE 时，需要使用 getLargeUpdateCount()方法。

另外，execute()方法可能返回多个结果。我们可以通过 Statement 对象的 getMoreResults()方法获取下一个结果，当 getMoreResults()方法的返回值为 true 时，说明下一个结果为 ResultSet 对象；当返回值为 false 时，说明下一个结果为影响行数，或者没有更多结果。获取 Statement 对象所有 SQL 执行结果的案例代码如下：

```
Statement stmt = conn.createStatement();
boolean retval = stmt.execute(sql_queries);
do {
```

```
    if (retval == false) {
        int count = stmt.getUpdateCount();
        if (count == -1) {
            // no more results
            break;
        } else {
            // process update count
        }
    } else {
        ResultSet rs = stmt.getResultSet();
        // process ResultSet
    }
    retval = stmt.getMoreResults();
} while (true);
```

默认情况下，每次调用 getMoreResults()方法都会关闭上一次调用 getResultSet()方法返回的 ResultSet 对象。但是，我们可以通过重载 getMoreResults ()方法的参数指定是否关闭 ResultSet 对象。

Statement 接口中定义了 3 个常量可以用作 getMoreResults()的参数，具体如下。

- **CLOSE_CURRENT_RESULT**：表明当返回下一个 ResultSet 对象时，当前 ResultSet 对象应该关闭。
- **KEEP_CURRENT_RESULT**：表明当返回下一个 ResultSet 对象时，当前 ResultSet 对象不关闭。
- **CLOSE_ALL_RESULTS**：表明当返回下一个 ResultSet 对象时，当前所有未关闭的 ResultSet 对象都关闭。

如果当前结果是影响行数，而不是 ResultSet 对象，则 getMoreResults()方法的参数将会被忽略。为了确定 JDBC 驱动是否支持通过 getMoreResults()方法获取下一个结果，我们可以调用 DatabaseMetaData 接口提供的 supportsMultipleOpenResults()方法，DatabaseMetaData 的相关细节将会在后面的章节中介绍。

除此之外，Statement 接口中还提供了几个方法，用于批量执行 SQL 语句，分别为：

- **void addBatch(String sql):** 把一条 SQL 语句添加到批量执行的 SQL 列表中。
- **void clearBatch():** 清空批量执行的 SQL 列表。
- **int[] executeBatch():** 批量地执行 SQL 列表中的语句。

下面是使用 Statement 接口提供的方法批量执行 SQL 语句的一个案例，具体代码如下：

```
Connection connection = dataSource.getConnection();
Statement statement = connection.createStatement();
statement.addBatch("insert into  " +
        "user(create_time, name, password, phone, nick_name) " +
        "values('2010-10-24 10:20:30', 'User1', 'test', '18700001111',
'User1');");
statement.addBatch("insert into " +
```

```
        "user (create_time, name, password, phone, nick_name) " +
        "values('2010-10-24 10:20:30', 'User2', 'test', '18700002222',
'User2');");
statement.executeBatch();
```

上面的代码中，我们调用 addBatch()方法将两个 INSERT 语句添加到批量执行的 SQL 列表中，然后调用 executeBatch()方法批量执行 SQL 列表中的语句。

完整代码及运行结果可参考随书源码 mybatis-chapter02 项目中的 com.blog4java.jdbc.Example05 案例。

Statement 接口中除了提供操作数据库相关的方法外，还提供了一系列属性相关的方法，这些方法用于设置或获取 Statement 相关的属性，代码如下：

```
#Statement 属性相关
Connection getConnection()
int getFetchDirection()
int getFetchSize()
ResultSet getGeneratedKeys()
int getMaxFieldSize()
int getMaxRows()
boolean getMoreResults()
boolean getMoreResults(int current)
int getQueryTimeout()
int getResultSetConcurrency()
int getResultSetHoldability()
int getResultSetType()
boolean isClosed()
boolean isCloseOnCompletion()
boolean isPoolable()
void setCursorName(String name)
void setEscapeProcessing(boolean enable)
void setFetchDirection(int direction)
void setFetchSize(int rows)
void setLargeMaxRows(long max)
void setMaxFieldSize(int max)
void setMaxRows(int max)
void setPoolable(boolean poolable)
void setQueryTimeout(int seconds)
```

这些方法的含义可参考 JDBC API 文档，这里就不做过多介绍了。

2.4.2 java.sql.PreparedStatement 接口

PreparedStatement 接口继承自 Statement 接口，在 Statement 接口的基础上增加了参数占位符功能。PreparedStatement 接口中增加了一些方法，可以为占位符设置值。PreparedStatement 的实例表示可以被预编译的 SQL 语句，执行一次后，后续多次执行时效率会比较高。使用 PreparedStatement 实例执行 SQL 语句时，可以使用“?”作为参数占位符，然后使用 PreparedStatement 接口中提供的方法为占位符设置参数值。

PreparedStatement 对象的创建比较简单，与 Statement 类似，只需要调用 Connection 对象的

prepareStatement()方法。与创建 Statement 对象不同的是，prepareStatement()方法需要提供一个 SQL 语句作为参数，例如：

```
Connection conn = ds.getConnection(user, passwd);
PreparedStatement ps = conn.prepareStatement("INSERT INTO BOOKLIST" +
        "(AUTHOR, TITLE, ISBN) VALUES (?, ?, ?)");
```

前面的章节中有提到过，使用 createStatement()方法创建 Statement 对象时，可以通过参数指定 ResultSet 的特性。与 createStatement()方法类似，prepareStatement()也可以通过重载的方法指定 ResultSet 的特性，例如：

```
Connection conn = ds.getConnection(user, passwd);
PreparedStatement ps = conn.prepareStatement(
        "SELECT AUTHOR, TITLE FROM BOOKLIST WHERE ISBN = ?",
    ResultSet.TYPE_FORWARD_ONLY,
    ResultSet.CONCUR_UPDATABLE);
```

PreparedStatement 接口中定义了一系列的 Setter 方法，用于为 SQL 语句中的占位符赋值，这些 Setter 方法名称遵循 set<Type>格式，其中 Type 为数据类型。例如，setString()方法用于为参数占位符设置一个字符串类型的值。这些 Setter 方法一般都有两个参数，第一个参数为 int 类型，表示参数占位符的位置（从 1 开始）；第二个参数为占位符指定的值。下面是一个为 PreparedStatement 对象 SQL 占位符赋值的例子，具体如下：

```
PreparedStatement ps = conn.prepareStatement("INSERT INTO BOOKLIST" +
    "(AUTHOR, TITLE, ISBN) VALUES (?, ?, ?)");
ps.setString(1, "Zamiatin, Evgenii");
ps.setString(2, "We");
ps.setLong(3, 140185852L);
```

需要注意的是，在使用 PreparedStatement 对象执行 SQL 语句之前必须为每个参数占位符设置对应的值，否则调用 executeQuery()、executeUpdate()或 execute()等方法时会抛出 SQLException 异常。

PreparedStatement 对象设置的参数在执行后不能被重置，需要显式地调用 clearParameters()方法清除先前设置的值，再为参数重新设置值即可。

注 意

在使用 PreparedStatement 对象执行 SQL 时，JDBC 驱动通过 setAsciiStream()、setBinaryStream()、setCharacterStream()、setNCharacterStream()或 setUnicodeStream()等方法读取参数占位符设置的值。这些参数值必须在下一次执行 SQL 时重置掉，否则将会抛出 SQLException 异常。

对于一个给定的 Statement 对象，在 execute()、executeQuery()、executeUpdate()、executeBatch()或 clearParameters()方法调用之前，如果占位符已经使用 setXXX()方法设置值，应用程序不可以再次调用 setXXX()方法修改已经设置的值。但是应用程序可以在 execute()、executeQuery()、 executeUpdate()、executeBatch()或 clearParameters()方法调用后，再次调用 setXXX()方法覆盖先前设置的值。不遵循这一约束可能会导致不可预知的结果。

我们在使用 setXXX()方法为参数占位符设置值时存在一个数据转换过程。setXXX()方法的参数为 Java 数据类型，需要转换为 JDBC 类型（java.sql.Types 中定义的 SQL 类型），这一过程由 JDBC 驱动来完成。Java 类型与 JDBC 类型之间的对应关系如表 2-2 所示。

表 2-2 Java 类型与 JDBC 类型的对应关系

Java 类型	JDBC 类型
string	CHAR,VARCHAR,LONGVARCHAR,NCHAR,NVARCHAR,LONGNVARCHAR
java.math.BigDecimal	NUMERIC
boolean	BIT ,BOOLEAN
byte	TINYINT
short	SMALLINT
int	INTEGER
long	BIGINT
float	REAL
double	DOUBLE
byte[]	BINARY,VARBINARY,LONGVARBINARY
java.sql.Date	DATE
java.sql.Time	TIME
java.sql.Timestamp	TIMESTAMP
java.sql.Clob	CLOB
java.sql.Blob	BLOB
java.sql.Array	ARRAY
java.sql.Struct	STRUCT
java.sql.Ref	REF
java.net.URL	DATALINK
Java class	JAVA_OBJECT
java.sql.RowId	ROWID
java.sql.NClob	NCLOB
java.sql.SQLXML	SQLXML

PreparedStatement 接口中提供了一个 setObject()方法，可以将 Java 类型转换为 JDBC 类型。该方法可以接收三个参数，第一个参数为占位符位置，第二个参数为 Java 对象，第三个参数是要转换成的 JDBC 类型。如果 Java 对象与 JDBC 类型不兼容，就会抛出 SQLException 异常。

下面是使用 setObject()方法将 Java 中的 Integer 类型转换为 JDBC 中的 SHORT 类型的案例，具体代码如下：

```
Integer value = new Integer(15);
ps.setObject(1, value, java.sql.Types.SHORT);
```

另外，setObject()方法可以只接收两个参数，不用指定 JDBC 类型。这种情况下，JDBC 驱动会按照表 2-2 中的映射关系将 Java 类型隐式地转换为对应的 JDBC 类型，例如：

```
Integer value = new Integer(15);
// Integer 类型会转换为 java.sql.Types.INTEGER
ps.setObject(1, value);
```

PreparedStatement 接口中提供了一个 setNull()方法，可以将占位符参数设置为 JDBC 的 NULL。该方法接收两个参数，第一个参数为占位符的位置，第二个参数为 JDBC 类型。该方法的语法格式如下：

```
ps.setNull(2, java.sql.Types.VARCHAR);
```

如果接收 Java 对象的 setXXX()方法参数为 null，则该参数的占位符被设置为 JDBC 的 NULL。

JDBC API 中提供了一个 ParameterMetaData 接口，用于描述 PreparedStatement 对象的参数信息，包括参数个数、参数类型等。PreparedStatement 接口中提供了一个 getParameterMetaData()方法，用于获取 ParameterMetaData 实例。下面是使用 ParameterMetaData 获取参数信息的案例，代码如下：

```
Connection connection = dataSource.getConnection();
// 获取 Connection 对象
Connection connection = dataSource.getConnection();
PreparedStatement stmt = connection.prepareStatement("insert into " +
        "user(create_time, name, password, phone, nick_name) " +
          "values(?,?,?,?,?);");
stmt.setString(1,"2010-10-24 10:20:30");
stmt.setString(2,"User1");
stmt.setString(3,"test");
stmt.setString(4,"18700001111");
stmt.setString(5,"User1");
ParameterMetaData pmd = stmt.getParameterMetaData();
for(int i = 1; i <= pmd.getParameterCount(); i++) {
    String typeName = pmd.getParameterTypeName(i);
    String className = pmd.getParameterClassName(i);
    System.out.println("第" + i + "个参数，" + "typeName:" + typeName + ",
className:" + className);
}
```

上面的代码中，我们通过 getParameterMetaData()方法获取 PreparedStatement 对象相关的 ParameterMetaData 对象，然后通过 getParameterCount()方法获取参数数量，接着调用 getParameterTypeName()方法获取参数的类型，完整代码可参考随书源码 mybatis-chapter02 项目的 com.blog4java.jdbc.Example06 案例。运行上面的代码，控制台输出内容如下：

```
第 1 个参数，typeName:VARCHAR, className:java.lang.String
第 2 个参数，typeName:VARCHAR, className:java.lang.String
第 3 个参数，typeName:VARCHAR, className:java.lang.String
第 4 个参数，typeName:VARCHAR, className:java.lang.String
第 5 个参数，typeName:VARCHAR, className:java.lang.String
```

2.4.3 java.sql.CallableStatement 接口

CallableStatement 接口继承自 PreparedStatement 接口，在 PreparedStatement 的基础上增加了调用存储过程并检索调用结果的功能。

与 Statement、PreparedStatement 一样，CallableStatement 对象也是通过 Connection 对象创建的，我们只需要调用 Connection 对象的 prepareCall()方法即可，例如：

```
CallableStatement cstmt = conn.prepareCall(
      "{? = call validate(?, ?)}");
```

CallableStatement 对象可以使用 3 种类型的参数：IN、OUT 和 INOUT。可以将参数指定为序数参数或命名参数，必须为 IN 或 INOUT 参数的每个参数占位符设置一个值，必须为 OUT 或 INOUT 参数中的每个参数占位符调用 registerOutParameter()方法。存储过程参数的数量、类型和属性可以使用 DatabaseMetaData 接口提供的 getProcedureColumns()方法获取。需要注意的是，使用 setXXX()方法为参数占位符设置值时，下标必须从 1 开始。语句中的字面量参数值不会增加参数占位符的序数值，例如：

```
CallableStatement cstmt = con.prepareCall("{CALL PROC(?,
"Literal_Value", ?)}");
cstmt.setString(1, "First");
cstmt.setString(2, "Third");
```

命名参数可以用来指定特定的参数，这在存储过程有多个给定默认值的参数时特别有用，命名参数可以用于为那些没有默认值的参数设置值，参数名称可以通过 DatabaseMetaData 对象的 getProcedureColumns()方法返回的 COLUMN_NAME 字段获取。

例如，在下面的案例中，COMPLEX_PROC 存储过程可以接收 10 个参数，但是只有第 1 个和第 5 个参数（PARAM_1 和 PARAM_5）需要设置值。

```
CallableStatement cstmt = con.prepareCall(
      "{CALL COMPLEX_PROC(?, ?)}";
cstmt.setString("PARAM_1", "Price");
cstmt.setFloat("PARAM_5", 150.25);
```

CallableStatement 接口中新增了一些额外的方法允许参数通过名称注册和检索。

DatabaseMetaData 接口中提供了 supportsNamedParameters()方法，用于判断 JDBC 驱动是否支持指定命名参数。

注　意
为存储过程调用语句设置参数时，不能够将下标和名称混合使用，否则会抛出 SQLException 异常。

对于 IN 参数的设置，调用 CallableStatement 接口中提供的 setXXX()方法即可；但是对于 OUT

和 INOUT 参数，在 CallableStatement 执行之前，必须为每个参数调用 CallableStatement 接口中提供的 registerOutParameter()方法，例如：

```
CallableStatement cstmt = conn.prepareCall(
"{CALL GET_NAME_AND_NUMBER(?, ?)}");
cstmt.registerOutParameter(1, java.sql.Types.STRING);
cstmt.registerOutParameter(2, java.sql.Types.FLOAT);
cstmt.execute();
// 获取 OUT 参数值
String name = cstmt.getString(1);
float number = cstmt.getFloat(2);
```

与 Statement、PreparedStatement 类似，CallableStatement 也是使用 executeQuery()、executeUpdate()、execute()等方法执行存储过程的调用，返回结果可能是 ResultSet 对象或者影响的行数，存储过程调用结果的处理与 Statement 对象执行 SQL 结果的处理过程类似，这里就不重复介绍了。

2.4.4 获取自增长的键值

目前大多数数据库都支持自增长主键，当向表中插入数据时，数据库引擎可以自动生成自增长主键。Statement 接口中提供了 getGeneratedKeys()方法，用于获取数据库自动生成的值，该方法返回一个 ResultSet 对象，我们可以从 ResultSet 对象中获取数据库中所有自增长的键值。

Statement 接口中的 execute()、executeUpdate()和 Connection 接口的 prepareStatement()方法都可以接收一个可选的参数，该参数用于指定由数据库生成的值是否可以被检索，例如：

```
Statement stmt = conn.createStatement();
// Statement.RETURN_GENERATED_KEYS 表示数据库自动生成的值能够被检索
int rows = stmt.executeUpdate("INSERT INTO ORDERS " +
            "(ISBN, CUSTOMERID) " +
            "VALUES (195123018, 'BILLG')",
    Statement.RETURN_GENERATED_KEYS);
// 获取数据库自动生成的值
ResultSet rs = stmt.getGeneratedKeys();
boolean b = rs.next();
if (b == true) {
    // 获取下一个值
    ...
}
```

另外，Statement 接口中还提供了 execute()、executeUpdate()重载方法，能够通过下标或者字段名指定哪些字段中自动生成的值可以被检索，例如：

```
String keyColumn[] = {"ORDER_ID"};
Statement stmt = conn.createStatement();
int rows = stmt.executeUpdate("INSERT INTO ORDERS " +
            "(ISBN, CUSTOMERID) " +
            "VALUES (966431502, 'BILLG')", keyColumn);
```

```
ResultSet rs = stmt.getGeneratedKeys();
```

如上面的代码所示，通过 keyColumn 数组指定在所有自动生成的值中只有名称为 ORDER_ID 的字段可以被检索。

接下来我们看一个完整的获取数据库自增长主键的案例，代码如下：

```
Class.forName("org.hsqldb.jdbcDriver");
// 获取 Connection 对象
Connection conn = DriverManager.getConnection("jdbc:hsqldb:mem:mybatis",
        "sa", "");
Statement stmt = conn.createStatement();
String sql = "insert into user(create_time, name, password, phone, nick_name)
" +
        "values('2010-10-24
10:20:30','User1','test','18700001111','User1');";
stmt.executeUpdate(sql, Statement.RETURN_GENERATED_KEYS);
ResultSet genKeys = stmt.getGeneratedKeys();
if(genKeys.next()) {
    System.out.println("自增长主键：" + genKeys.getInt(1));
}
```

完整代码，读者可参考随书源码 mybatis-chapter02 项目中的 com.blog4java.jdbc.Example07 案例。

> **注 意**
>
> 使用 Statement 对象执行完 SQL 后也需要关闭。Statement 接口中提供了 close()方法，用于关闭 Statement 对象；另外还提供了 isClosed()方法，用于判断该 Statement 对象是否关闭。

2.5 ResultSet 详解

ResultSet 接口是 JDBC API 中另一个比较重要的组件，提供了检索和操作 SQL 执行结果相关的方法。

2.5.1 ResultSet 类型

ResultSet 对象的类型主要体现在两个方面：

（1）游标可操作的方式。

（2）ResultSet 对象的修改对数据库的影响。

后者称为 ResultSet 对象的敏感性。ResultSet 有 3 种不同的类型，分别说明如下。

（1）TYPE_FORWARD_ONLY

这种类型的 ResultSet 不可滚动，游标只能向前移动，从第一行到最后一行，不允许向后移动，即只能使用 ResultSet 接口的 next()方法，而不能使用 previous()方法，否则会产生错误。

（2）TYPE_SCROLL_INSENSITIVE

这种类型的 ResultSet 是可滚动的，它的游标可以相对于当前位置向前或向后移动，也可以移动到绝对位置。

当 ResultSet 没有关闭时，ResultSet 的修改对数据库不敏感，也就是说对 ResultSet 对象的修改不会影响对应的数据库中的记录。

（3）TYPE_SCROLL_SENSITIVE

这种类型的 ResultSet 是可滚动的，它的游标可以相对于当前位置向前或向后移动，也可以移动到绝对位置。

当 ResultSet 没有关闭时，对 ResultSet 对象的修改会直接影响数据库中的记录。

默认情况下，ResultSet 的类型为 TYPE_FORWARD_ONLY。DatabaseMetaData 接口中提供了一个 supportsResultSetType()方法，用于判断数据库驱动是否支持某种类型的 ResultSet 对象，如果支持，则返回 true，否则返回 false。如果 JDBC 驱动不支持某一类型的 ResultSet 对象，在调用 Connection 对象的 createStatement()、prepareStatement() 或 prepareCall()方法指定创建该类型的 ResultSet 对象时，会在 Connection 对象中产生一个 SQLWarning 对象，当 Statement 对象执行时，产生的 ResultSet 对象可以通过 ResultSet 对象的 getType()方法确定它的类型。

2.5.2 ResultSet 并行性

ResultSet 对象的并行性决定了它支持更新的级别，目前 JDBC 中支持两个级别，分别如下：

- **CONCUR_READ_ONLY:** 为 ResultSet 对象设置这种属性后，只能从 ResulSet 对象中读取数据，但是不能更新 ResultSet 对象中的数据。
- **CONCUR_UPDATABLE:** 该属性表明，既可以从 ResulSet 对象中读取数据，又能更新 ResultSet 中的数据。

ResultSet 对象默认并行性为 CONCUR_READ_ONLY。DatabaseMetaData 接口中提供了一个 supportsResultSetConcurrency()方法，用于判断 JDBC 驱动是否支持某一级别的并行性，如果支持就返回 true，否则返回 false。

如果 JDBC 不支持某一级别的并行性，则调用 createStatement()、prepareStatement()或 prepareCall()方法指定该级别时会在 Connection 对象中产生一个 SQLWarning 对象。在应用程序中，可以调用 ResultSet 对象的 getConcurrency()方法获取 ResultSet 的并行性级别。

2.5.3 ResultSet 可保持性

调用 Connection 对象的 commit()方法能够关闭当前事务中创建的 ResultSet 对象。然而，在某些情况下，这可能不是我们期望的行为。ResultSet 对象的 holdability 属性使得应用程序能够在 Connection 对象的 commit()方法调用后控制 ResultSet 对象是否关闭。

下面两个常量用于在调用 Connection 对象的 createStatement()、prepareStatement()或 prepareCall()

方法时指定ResultSet对象的可保持性。

- **HOLD_CURSORS_OVER_COMMIT:** 当调用Connection对象的commit()方法时，不关闭当前事务创建的ResultSet对象。
- **CLOSE_CURSORS_AT_COMMIT:** 当前事务创建的ResultSet对象在事务提交后会被关闭，对一些应用程序来说，这样能够提升系统性能。

ResultSet对象的默认可保持性取决于具体的驱动实现，DatabaseMetaData接口中提供了getResultSetHoldability()方法用于获取JDBC驱动的默认可保持性。如果JDBC驱动不支持某一级别的可保持性，则调用createStatement()、prepareStatement()或prepareCall()方法指定该级别时，会在Connection对象中产生一个SQLWarning对象，应用程序可以调用ResultSet对象的getHoldability()方法获取ResultSet的可保持性。

2.5.4 ResultSet属性设置

ResultSet的类型、并行性和可保持性等属性可以在调用Connection对象的createStatement()、prepareStatement()或prepareCall()方法创建Statement对象时设置，例如：

```
Connection conn = ds.getConnection(user, passwd);
Statement stmt = conn.createStatement(
       ResultSet.TYPE_SCROLL_INSENSITIVE,
       ResultSet.CONCUR_READ_ONLY,
       ResultSet.CLOSE_CURSORS_AT_COMMIT);
```

上面的代码中，创建Statement对象时，指定ResultSet对象可以滚动，ResultSet中的数据不可以修改，而且在调用Connection对象的commit()方法提交事务时当前事务创建的ResultSet对象自动关闭。Statement、PreparedStatement和CallableStatement接口中为这些属性提供了Getter方法，用于获取ResultSet的类型、并行性及可保持性等属性。

2.5.5 ResultSet游标移动

ResultSet对象中维护了一个游标，游标指向当前数据行。当ResultSet对象第一次创建时，游标指向数据的第一行。ResultSet接口中提供了一系列的方法，用于操作ResultSet对象中的游标，这些方法的作用如下。

- **next():** 游标向前移动一行，如果游标定位到下一行，则返回true；如果游标位于最后一行之后，则返回false。
- **previous():** 游标向后移动一行，如果游标定位到上一行，则返回true；如果游标位于第一行之前，则返回false。
- **first():** 游标移动到第一行，如果游标定位到第一行，则返回true；如果ResultSet对象中一行数据都没有，则返回false。

- **last()**：移动游标到最后一行，如果游标定位到最后一行，则返回 true；如果 ResultSet 不包含任何数据行，则返回 false。
- **beforeFirst()**：移动游标到 ResultSet 对象的第一行之前，如果 ResultSet 对象不包含任何数据行，则该方法不生效。
- **afterLast()**：游标位置移动到 ResultSet 对象最后一行之后，如果 ResultSet 对象中不包含任何行，则该方法不生效。
- **relative(int rows)**：相对于当前位置移动游标，如果参数 rows 为 0，则游标不会移动。如果 rows 为正数，则游标向前移动指定的行数，如果 rows 大于当前位置到最后一行的偏移量，则游标移动到最后一行之后。如果 rows 为负数，则游标向后移动，如果 rows 大于当前位置到第一行的偏移量，则游标移动到第一行之前的位置。当游标正确定位到某一行时，该方法返回 true，否则返回 false。如果参数 rows 值为 1，则该方法的效果和 next()方法相同；如果 rows 参数为-1，则该方法的效果和 previous()方法相同。
- **absolute(int row)**：游标定位到 ResultSet 对象中的第 row 行。如果 row 为正数，则游标移动到 ResultSet 对象的第 row 行。需要注意的是，这里行的序数从 1 开始。如果参数 row 大于 ResultSet 对象中的最大行数，则游标移动到最后一行之后。如果参数 row 为负数，游标从行尾开始移动。例如，row 值为-1 时，游标移动到最后一行；为-2 时，游标移动到倒数第二行；如果 row 的绝对值大于最大行，则游标移动到第一行之前。

> **注　意**
>
> 当 ResultSet 对象的类型为 TYPE_FORWARD_ONLY 时，游标只能向前移动，调用其他方法操作游标向后移动时将会抛出 SQLException 异常。

2.5.6 修改 ResultSet 对象

并行性为 CONCUR_UPDATABLE 的 ResultSet 对象可以使用 ResultSet 接口中提供的方法对其进行更新，包括更新行、删除行，在 JDBC 驱动支持的情况下，还可以插入新的行。

接下来我们就来了解一下如何使用 ResultSet 接口中提供的方法修改 ResultSet 对象。

首先来看一下如何更新 ResultSet 记录中的某一行，更新 ResultSet 对象中的某一行是一个两阶段的过程。首先需要为某一行的每个字段设置新的值，然后更新修改到具体的行。第一阶段完成后，底层数据库数据不会更新，第二阶段会把 ResultSet 对象的修改同步到数据库。ResultSet 接口针对所有 JDBC 类型，提供了两个更新方法，其中一个方法需要指定更新列的序数，另一个方法需要指定列的名称（大小写不敏感）。如果在并行性级别为 ResultSet.CONCUR_READ_ONLY 的 ResultSet 对象上调用更新方法，将会抛出 SQLException 异常。ResultSet 对象的 updateRow()方法用于将所有列的修改应用到当前行，并清除先前更新方法所做更改的记录。

下面是一个使用 ResultSet 接口提供的方法更新 ResultSet 对象的案例，代码如下：

```
Statement stmt = conn.createStatement(ResultSet.TYPE_FORWARD_ONLY,
    ResultSet.CONCUR_UPDATABLE);
ResultSet rs = stmt.executeQuery("select author from booklist " +
     "where isbn = 140185852");
```

```
rs.next();
rs.updateString("author", "Zamyatin, Evgenii Ivanovich");
rs.updateRow();
```

如上面的代码所示，执行查询SQL生成ResultSet对象后，调用next()方法将游标定位到第一行，然后调用updateString()方法更新第一行的author字段，接着调用ResultSet的updateRow()方法将ResultSet对象的修改应用到数据库。

DatabaseMetaData接口中的ownUpdatesAreVisible(int type)方法用于判断指定类型的ResultSet对象的更新是否对当前事务可见，如果可见，就返回true，否则返回false。DatabaseMetaData接口的othersUpdatesAreVisible(int type)方法用于判断指定类型的ResultSet对象的更新是否对其他事务可见，如果可见，就返回true，否则返回false。ResultSet对象可以调用rowUpdated()方法来判断是否调用了 updateRow()方法确认更新。对于任何给定的 ResultSet，应用程序不应该在调用updateXXX()方法之后以及在调用后续的 updateRow()或 cancelRowUpdates()方法之前修改通过updateXXX()方法设置的参数值，否则可能会产生不可预期的效果。

接下来了解如何删除 ResultSet 对象中的某一行。ResultSet 对象中的行可以调用 deleteRow()方法进行删除，例如：

```
rs.absolute(4);
rs.deleteRow();
```

将ResultSet对象的游标定位到某一行后，调用deleteRow()方法会删除数据库中对应的行。这种删除对于一个打开的ResultSet对象是可见的，它会反映到ResultSet对象的变化——ResultSet对象会移除对应的行，或者把对应的行设置为空或无效行。若如此，则调用 DatabaseMetaData 对象的ownDeletesAreVisible(int type)方法将返回true。如果调用deleteRow()方法删除行后ResultSet对象中仍然包含该行，那么调用DatabaseMetaData对象的ownDeletesAreVisible(int type)方法将返回false，意味着数据删除对当前ResultSet对象不可见。

DatabaseMetaData对象的othersDeletesAreVisible(int type)方法用于判断数据行的删除对其他事务中的ResultSet对象是否可见，如果返回值为true，就表明当前ResultSet行的删除对其他事务中的ResultSet对象是可见的，否则返回false。当前行被删除后，如果ResultSet对象能够检测到行被删除，那么ResultSet对象的rowDeleted()方法会返回true，否则返回false。

最后，我们来了解一下如何向ResultSet对象中插入行。

在JDBC驱动支持的情况下，可以调用ResultSet接口提供的方法向ResultSet对象中插入行。如果JDBC驱动不支持向ResultSet对象中插入行，就会抛出SQLFeatureNotSupportedException异常。

ResultSet对象中插入行需要以下几步：

（1）移动游标到待插入的位置。

（2）调用ResultSet接口提供的updateXXX()方法为每一个字段设置值。

（3）插入行到当前ResultSet对象中。

下面是通过ResultSet对象向booklist表中插入一行记录的案例，代码如下：

```
ResultSet rs = stmt.executeQuery("select author, title, isbn " +
      "from booklist");
```

```
rs.moveToInsertRow();
// 为每列设置值
rs.updateString(1, "Huxley, Aldous");
rs.updateString(2, "Doors of Perception and Heaven and Hell");
rs.updateLong(3, 60900075);
// 插入行
rs.insertRow();
// 移动游标到插入前的行
rs.moveToCurrentRow();
```

需要注意的是，插入行中的每一个字段不允许为null，必须使用合适的updateXXX()方法指定一个确定的值。如果updateXXX()方法指定的值与数据库字段类型不匹配，那么调用insertRow()方法会抛出SQLException异常。如果新插入的行对ResultSet对象可见，那么调用DatabaseMetaData对象的ownInsertsAreVisible(int type)方法时返回true，否则返回false。如果新插入的行对其他事务中的ResultSet对象可见，则调用DatabaseMetaData对象的othersInsertsAreVisible(int type)方法返回true。如果ResultSet对象能够识别新插入的行，那么调用DatabaseMetaData对象的insertsAreDetected(int type)方法将会返回true，意味着插入行对ResultSet对象可见。

对于一个给定的ResultSet对象，调用updateXXX()方法为每一个字段设置值后，在insertRow()方法调用前，应用程序不可以修改参数值，否则可能产生不可预料的结果。

2.5.7 关闭ResultSet对象

ResultSet对象在下面两种情况下会显式地关闭：

（1）调用ResultSet对象的close()方法。

（2）创建ResultSet对象的Statement或者Connection对象被显式地关闭。

在下面两种情况下ResultSet对象会被隐式地关闭：

（1）相关联的Statement对象重复执行时。

（2）可保持性为CLOSE_CURSORS_AT_COMMIT的ResultSet对象在当前事务提交后会被关闭。

> **注 意**
>
> 一些JDBC驱动实现，当ResultSet类型为TYPE_FORWARD_ONLY并且next()方法返回false时，也会隐式地关闭ResultSet对象。

一旦ResultSet对象被关闭，调用除isClosed()和close()之外的方法就会抛出SQLException异常，但是通过ResultSet创建的ResultSetMetaData实例仍然可以访问。

> **注 意**
>
> ResultSet对象关闭后，不会关闭由ResultSet对象创建的Blob、Clob、NClob或SQLXML对象，除非调用这些对象的free()方法。

2.6　DatabaseMetaData 详解

DatabaseMetaData 接口是由 JDBC 驱动程序实现的，用于提供底层数据源相关的信息。该接口主要用于为应用程序或工具确定如何与底层数据源交互。应用程序也可以使用 DatabaseMetaData 接口提供的方法获取数据源信息。

DatabaseMetaData 接口中包含超过 150 个方法，根据这些方法的类型可以分为以下几类：

（1）获取数据源信息。

（2）确定数据源是否支持某一特性或功能。

（3）获取数据源的限制。

（4）确定数据源包含哪些 SQL 对象以及这些对象的属性。

（5）获取数据源对事务的支持。

DatabaseMetaData 接口中有超过 40 个字段，这些字段都是常量，用于 DatabaseMetaData 接口中各个方法的返回值。

后面将会简单地介绍 DatabaseMetaData 接口，列举 DatabaseMetaData 各种类型的方法作用。关于 DatabaseMetaData 接口更详细的信息可参考 JDBC 规范文档。

2.6.1　创建 DatabaseMetaData 对象

DatabaseMetaData 对象的创建比较简单，需要依赖 Connection 对象。Connection 对象中提供了一个 getMetadata()方法，用于创建 DatabaseMetaData 对象。

一旦创建了 DatabaseMetaData 对象，我们就可以通过该对象动态地获取数据源相关的信息了。下面是创建 DatabaseMetaData 对象并使用该对象获取数据库表名允许的最大字符数的案例，代码如下：

```
// 其中 con 是一个 Connection 对象
DatabaseMetaData dbmd = con.getMetadata();
int maxLen = dbmd.getMaxTableNameLength();
```

2.6.2　获取数据源的基本信息

DatabaseMetaData 接口中提供了一些方法，用于获取数据源的基本信息，例如 URL、用户名等。这些方法如下。

- **getURL()**：获取数据库 URL。
- **getUserName()**：获取数据库已知的用户。
- **getDatabaseProductName()**：获取数据库产品名。
- **getDatabaseProductVersion()**：获取数据库产品的版本。
- **getDriverMajorVersion()**：获取驱动主版本。
- **getDriverMinorVersion()**：获取驱动副版本。

- **getSchemaTerm()**：获取数据库供应商用于 Schema 的首选术语。
- **getCatalogTerm()**：获取数据库供应商用于 Catalog 的首选术语。
- **getProcedureTerm()**：获取数据库供应商用于 Procedure 的首选术语。
- **nullsAreSortedHigh()**：获取 null 值是否高排序。
- **nullsAreSortedLow()**：获取 null 值是否低排序。
- **usesLocalFiles()**：获取数据库是否将表存储在本地文件中。
- **usesLocalFilePerTable()**：获取数据库是否为每个表使用一个文件。
- **getSQLKeywords()**：获取数据库 SQL 关键字。

下面是这些方法的使用案例，代码如下：

```
Class.forName("org.hsqldb.jdbcDriver");
// 获取 Connection 对象
Connection conn = DriverManager.getConnection("jdbc:hsqldb:mem:mybatis",
    "sa", "");
DatabaseMetaData dmd = conn.getMetaData();
System.out.println("数据库 URL:" + dmd.getURL());
System.out.println("数据库用户名:" + dmd.getUserName());
System.out.println("数据库产品名:" + dmd.getDatabaseProductName());
System.out.println("数据库产品版本:" + dmd.getDatabaseProductVersion());
System.out.println("驱动主版本:" + dmd.getDriverMajorVersion());
System.out.println("驱动副版本:" + dmd.getDriverMinorVersion());
System.out.println("数据库供应商用于 schema 的首选术语:" + dmd.getSchemaTerm());
System.out.println("数据库供应商用于 catalog 的首选术语:" + dmd.getCatalogTerm());
System.out.println("数据库供应商用于 procedure 的首选术语:" +
dmd.getProcedureTerm());
System.out.println("null 值是否高排序:" + dmd.nullsAreSortedHigh());
System.out.println("null 值是否低排序:" + dmd.nullsAreSortedLow());
System.out.println("数据库是否将表存储在本地文件中:" + dmd.usesLocalFiles());
System.out.println("数据库是否为每个表使用一个文件:" +
dmd.usesLocalFilePerTable());
System.out.println("数据库 SQL 关键字:" + dmd.getSQLKeywords());
```

完整代码，读者可参考随书源码 mybatis-chapter02 项目的 com.blog4java.jdbc.Example08 测试用例。运行后，控制台输出如下：

```
数据库 URL:jdbc:hsqldb:mem:mybatis
数据库用户名:SA
数据库产品名:HSQL Database Engine
数据库产品版本:2.4.0
驱动主版本:2
驱动副版本:4
数据库供应商用于 schema 的首选术语:SCHEMA
数据库供应商用于 catalog 的首选术语:CATALOG
数据库供应商用于 procedure 的首选术语:PROCEDURE
null 值是否高排序:false
null 值是否低排序:false
数据库是否将表存储在本地文件中:false
```

```
数据库是否为每个表使用一个文件:false
数据库 SQL 关键字:
```

> **注 意**
>
> 由于 HSQLDB 驱动对 DatabaseMetaData 接口的 getSQLKeywords()方法没有任何实现逻辑，只返回一个空字符串，因此上面的代码获取数据库 SQL 关键字内容为空。

2.6.3 获取数据源支持特性

DatabaseMetaData 接口中提供了大量的方法用于确定数据源是否支持某个或一组特定的特性。除此之外，有些方法用于描述数据源对某一特性的支持级别。例如，下面一些方法用于判断数据源是否支持某些特性。

- **supportsAlterTableWithDropColumn()**：检索此数据源是否支持带有删除列的 ALTER TABLE 语句。
- **supportsBatchUpdates()**：检索此数据源是否支持批量更新。
- **supportsTableCorrelationNames()**：检索此数据源是否支持表相关名称。
- **supportsPositionedDelete()**：检索此数据源是否支持定位的 DELETE 语句。
- **supportsFullOuterJoins()**：检索此数据源是否支持完整地嵌套外部连接。
- **supportsStoredProcedures()**：检索此数据源是否存储过程。
- **supportsMixedCaseQuotedIdentifiers()**：检索此数据源是否将用双引号引起来的大小写混合的 SQL 标识符视为区分大小写，并以混合大小写方式存储它们。

下面的方法用于判断数据库对某些特性支持的级别。

- **supportsANSI92EntryLevelSQL()**：检索此数据源是否支持 ANSI92 入门级 SQL 语法。
- **supportsCoreSQLGrammar()**：检索此数据源是否支持 ODBC 核心 SQL 语法。

DatabaseMetaData 接口中判断数据源特性的方法较多，这里就不一一介绍了，读者需要时可参考 JDBC API 文档。

2.6.4 获取数据源限制

DatabaseMetaData 接口中有一组方法用于获取数据源限制，下面列出其中的一些方法。

- **getMaxRowSize()**：获取最大行数。
- **getMaxStatementLength()**：获取此数据库在 SQL 语句中允许的最大字符数。
- **getMaxTablesInSelect()**：获取此数据库在 SELECT 语句中允许的最大表数。
- **getMaxConnections()**：获取此数据库支持的最大连接数。
- **getMaxCharLiteralLength()**：获取数据库支持的字符串字面量长度。

- **getMaxColumnsInTable()**：获取数据库表中允许的最大列数。

这些方法返回值为 int 类型，当返回值为 0 时，表示没有限制或限制未知。

2.6.5 获取 SQL 对象及属性

DatabaseMetaData 接口中的一些方法用于获取数据源有关 SQL 对象的信息，还提供了一些方法获取这些对象的属性信息。这些方法包括：

- **getSchemas()**：获取 Schema 信息。
- **getCatalogs()**：获取 Catalog 信息。
- **getTables()**：获取表信息。
- **getPrimaryKeys()**：获取主键信息。
- **getProcedures()**：获取存储过程信息。
- **getProcedureColumns()**：获取给定类别的存储过程参数和结果列的信息。
- **getUDTs()**：获取用户自定义数据类型。
- **getFunctions()**：获取函数信息。
- **getFunctionColumns()**：获取给定类别的函数参数和结果列的信息。

这些方法的返回值是一个 ResultSet 对象。该 ResultSet 对象的类型为 TYPE_FORWARD_ONLY，并行性为 CONCUR_READ_ONLY。可以调用 ResultSet 对象的 getHoldability()方法获取 ResultSet 对象的可保持性。

2.6.6 获取事务支持

DatabaseMetaData 还提供了一些方法用于判断数据源对事务的支持，主要包括：

- **supportsTransactionIsolationLevel(int level)**：是否支持某一事务隔离级别。
- **supportsTransactions()**：是否支持事务。
- **getDefaultTransactionIsolation()**：获取默认的事务隔离级别。
- **supportsMultipleTransactions()**：是否支持同时开启多个事务。

2.7 JDBC 事务

事务用于提供数据完整性、正确的应用程序语义和并发访问的数据一致性。所有遵循 JDBC 规范的驱动程序都需要提供事务支持。

JDBC API 中的事务管理符合 SQL:2003 规范，主要包含下面几个概念：

- 自动提交模式
- 事务隔离级别
- 保存点

本节只介绍单连接的事务，分布式事务不在本书讨论的范围内，读者可参考相关书籍。

2.7.1　事务边界与自动提交

何时开启一个新的事务是由 JDBC 驱动或数据库隐式决定的。虽然一些数据库实现了通过 begin transaction 语句显式地开始事务，但是 JDBC API 中没有对应的方法支持这样做。通常情况下，当 SQL 语句需要开启事务但是目前还没有事务时会开启一个新的事务。一个特定的 SQL 语句是否需要事务由 SQL:2003 规范指定。

Connection 对象的 autoCommit 属性决定什么时候结束一个事务。启用自动提交后，会在每个 SQL 语句执行完毕后自动提交事务。当 Connection 对象创建时，默认情况下，事务自动提交是开启的。Connection 接口中提供了一个 setAutoCommit()方法，可以禁用事务自动提交。此时，需要显式地调用 Connection 接口提供 commit()方法提交事务，或者调用 rollback()方法回滚事务。禁用事务自动提交适用于需要将多个 SQL 语句作为一个事务提交或者事务由应用服务器管理。

2.7.2　事务隔离级别

事务隔离级别用于指定事务中对数据的操作对其他事务的“可见性”。不同的事务隔离级别能够解决并发访问数据带来的不同的并发问题，而且会直接影响并发访问效率。数据并发访问可能会出现以下几种问题：

- 脏读　这种情况发生在事务中允许读取未提交的数据。例如，A 事务修改了一条数据，但是未提交修改，此时 A 事务对数据的修改对其他事务是可见的，B 事务中能够读取 A 事务未提交的修改。一旦 A 事务回滚，B 事务中读取的就是不正确的数据。
- 不可重复读　这种情况发生在如下场景：
  （1）A 事务中读取一行数据。
  （2）B 事务中修改了该行数据。
  （3）A 事务中再次读取该行数据将得到不同的结果。
- 幻读　这种情况发生在如下场景：
  （1）A 事务中通过 WHERE 条件读取若干行。
  （2）B 事务中插入了符合条件的若干条数据。
  （3）A 事务中通过相同的条件再次读取数据时将会读取到 B 事务中插入的数据。

JDBC 遵循 SQL:2003 规范，定义了 4 种事务隔离级别，另外增加了一种 TRANSACTION_NONE，表示不支持事务。这几种事务隔离级别如下。

- **TRANSACTION_NONE**：表示驱动不支持事务，这意味着它是不兼容 JDBC 规范的驱动程序。
- **TRANSACTION_READ_UNCOMMITTED**：允许事务读取未提交更改的数据，这意味着可能会出现脏读、不可重复读、幻读等现象。
- **TRANSACTION_READ_COMMITTED**：表示在事务中进行的任何数据更改，在提交之前对其他事务是不可见的。这样可以防止脏读，但是不能解决不可重复读和幻读的问题。
- **TRANSACTION_REPEATABLE_READ**：该事务隔离级别能够解决脏读和不可重复读问题，但是不能解决幻读问题。
- **TRANSACTION_SERIALIZABLE**：该事务隔离级别下，所有事务串行执行，能够有效解决脏读、不可重复读和幻读问题，但是并发效率较低。

Connection 对象的默认事务级别由 JDBC 驱动程序指定。通常它是底层数据源支持的默认事务隔离级别。Connection 接口中提供了一个 setTransactionIsolation()方法，允许 JDBC 客户端设置 Connection 对象的事务隔离级别。新设置的事务隔离级别会在之后的会话中生效。在一个事务中调用 setTransactionIsolation()方法是否对当前事务有效取决于具体的驱动实现。JDBC 规范建议在调用 setTransactionIsolation()方法后，下一个新的事务开始生效。另外，JDBC 驱动可能不完全支持除 TRANSACTION_NONE 之外的 4 个事务级别。

调用 Connection 对象的 setTransactionIsolation()方法时，如果参数是驱动不支持的事务隔离级别，则驱动程序应该使用更高的级别代替该参数指定的级别，如果驱动不支持更高的级别，就会抛出 SQLException 异常，可以调用 DatabaseMetaData 对象的 supportsTransactionIsolationLevel()方法判断是否支持某一事务隔离级别。

2.7.3 事务中的保存点

保存点通过在事务中标记一个中间的点来对事务进行更细粒度的控制，一旦设置保存点，事务就可以回滚到保存点，而不影响保存点之前的操作。DatabaseMetaData 接口提供了 supportsSavepoints()方法，用于判断 JDBC 驱动是否支持保存点。

Connection 接口中提供了 setSavepoint()方法用于在当前事务中设置保存点，如果 setSavepoint()方法在事务外调用，则调用该方法后会在 setSavepoint()方法调用处开启一个新的事务。setSavepoint()方法的返回值是一个 Savepoint 对象，该对象可作为 Connection 对象 rollback()方法的参数，用于回滚到对应的保存点。下面是将事务回滚到保存点的一个案例，代码如下：

```
Class.forName("org.hsqldb.jdbcDriver");
// 获取 Connection 对象
Connection conn = DriverManager.getConnection("jdbc:hsqldb:mem:mybatis", "sa",
"");
String sql1 = "insert into user(create_time, name, password, phone, nick_name)
" +
        "values('2010-10-24
10:20:30','User1','test','18700001111','User1')";
String sql2 = "insert into user(create_time, name, password, phone, nick_name)
" +
```

```
        "values('2010-10-24 
10:20:30','User2','test','18700001111','User2')";
conn.setAutoCommit(false);
Statement stmt = conn.createStatement();
stmt.executeUpdate(sql1);
// 创建保存点
Savepoint savepoint = conn.setSavepoint("SP1");
stmt.executeUpdate(sql2);
// 回滚到保存点
conn.rollback(savepoint);
conn.commit();
ResultSet rs  = conn.createStatement().executeQuery("select * from user ");
DbUtils.dumpRS(rs);
IOUtils.closeQuietly(stmt);
IOUtils.closeQuietly(conn);
```

如上面的代码所示，我们向表中插入两条数据，在第一条数据插入后创建保存点，在第二条数据插入后回滚到保存点，然后提交事务。最终事务回滚到保存点位置，所以数据库中只存在一条记录。完整代码，读者可参考随书源码 mybatis-chapter02 项目中的 com.blog4java.jdbc.Example09 案例。

保存点创建后，可以被手动释放。Connection 对象中提供了一个 releaseSavepoint()方法，接收一个 Savepoint 对象作为参数，用于释放当前事务中的保存点。该方法调用后，此保存点之后的保存点都会被释放。一旦保存点被释放，试图回滚到被释放的保存点时就将会抛出 SQLException 异常。

事务中创建的所有保存点在事务提交或完成回滚之后会自动释放，事务回滚到某一保存点后，该保存点之后创建的保存点会自动释放。

2.8　本章小结

MyBatis 框架是对 JDBC API 轻量级的封装。为了避免读者对 JDBC 部分细节不熟悉，导致阅读 MyBatis 源码过程中出现障碍，我们有必要对 JDBC 规范进行全面的了解，所以在介绍 MyBatis 源码之前，用一章对 JDBC 规范做了较全面的介绍。通过本章的学习，我们了解了如何使用 JDBC API 完成数据库的增删改查操作，并掌握了 JDBC API 中一些关键 API 的使用细节，包括 Connection、Statement、ResultSet 等。“磨刀不误砍柴工”，有了这些基础后，我们在阅读 MyBatis 源码时只需要把 MyBatis 中操作数据库的步骤往 JDBC API 上靠拢就行了。从第 3 章开始我们将学习 MyBatis 框架的源码。

第 3 章

MyBatis 常用工具类

第 2 章详细地介绍了 JDBC 规范的内容，有了这些基础后，我们就可以进入 MyBatis 源码的学习了。本章会介绍 MyBatis 中一些比较实用的工具类，例如 SQL、ScriptRunner、SqlRunner 及 MetaObject 等。这些工具类在 MyBatis 源码中出现的频率比较高，所以我们有必要了解一下这些工具类的作用。本章除了介绍这些工具类的用法外，还会简单地介绍一下它们的实现源码。

3.1 使用 SQL 类生成语句

使用 JDBC API 开发过项目的读者应该知道，当我们需要使用 Statement 对象执行 SQL 时，SQL 语句会嵌入 Java 代码中。SQL 语句比较复杂时，我们可能会在代码中对 SQL 语句进行拼接，查询条件不固定时，还需要根据不同条件拼接不同的 SQL 语句，拼接语句时不要忘记添加必要的空格，还要注意去掉列表最后一个列名的逗号。这个过程对于开发人员来说简直就是一场噩梦，而且代码可维护性级低，例如：

```
String orgSql = "SELECT P.ID, P.USERNAME, P.PASSWORD, P.FULL_NAME, P.LAST_NAME,
P.CREATED_ON, P.UPDATED_ON\n" +
                "FROM PERSON P, ACCOUNT A\n" +
                "INNER JOIN DEPARTMENT D on D.ID = P.DEPARTMENT_ID\n" +
                "INNER JOIN COMPANY C on D.COMPANY_ID = C.ID\n" +
                "WHERE (P.ID = A.ID AND P.FIRST_NAME like ?) \n" +
                "OR (P.LAST_NAME like ?)\n" +
                "GROUP BY P.ID\n" +
                "HAVING (P.LAST_NAME like ?) \n" +
                "OR (P.FIRST_NAME like ?)\n" +
                "ORDER BY P.ID, P.FULL_NAME";
```

为了解决这个问题，MyBatis 中提供了一个 SQL 工具类。使用这个工具类，我们可以很方便地在 Java 代码中动态构建 SQL 语句。上面的语句如果使用 SQL 工具类来构建，就会简单很多。下面是使用 MyBatis 中的 SQL 工具类动态构建 SQL 语句的案例：

```
String newSql =  new SQL() {{
        SELECT("P.ID, P.USERNAME, P.PASSWORD, P.FULL_NAME");
        SELECT("P.LAST_NAME, P.CREATED_ON, P.UPDATED_ON");
        FROM("PERSON P");
        FROM("ACCOUNT A");
        INNER_JOIN("DEPARTMENT D on D.ID = P.DEPARTMENT_ID");
        INNER_JOIN("COMPANY C on D.COMPANY_ID = C.ID");
        WHERE("P.ID = A.ID");
        WHERE("P.FIRST_NAME like ?");
        OR();
        WHERE("P.LAST_NAME like ?");
        GROUP_BY("P.ID");
        HAVING("P.LAST_NAME like ?");
        OR();
        HAVING("P.FIRST_NAME like ?");
        ORDER_BY("P.ID");
        ORDER_BY("P.FULL_NAME");
    }}.toString();
```

如上面的代码所示，创建了一个匿名的 SQL 类的子类，在匿名子类的初始化代码块中，调用 SELECT()、FROM()等方法构建 SQL 语句，这种方式能够很好地避免字符串拼接过程中缺少空格或者偶然间重复出现的 AND 关键字导致的 SQL 语句不正确。

除了 SELECT 语句外，SQL 工具类也可以用作构建 UPDATE、INSERT 等语句。下面是 SQL 工具类的一些使用案例：

```
@Test
public  void testInsertSql() {
    String insertSql = new SQL().
        INSERT_INTO("PERSON").
        VALUES("ID, FIRST_NAME", "#{id}, #{firstName}").
        VALUES("LAST_NAME", "#{lastName}").toString();
    System.out.println(insertSql);
}
@Test
public void  testDeleteSql() {
    String deleteSql =  new SQL() {{
        DELETE_FROM("PERSON");
        WHERE("ID = #{id}");
    }}.toString();
    System.out.println(deleteSql);
}
@Test
public void testUpdateSql() {
    String updateSql =  new SQL() {{
        UPDATE("PERSON");
        SET("FIRST_NAME = #{firstName}");
        WHERE("ID = #{id}");
    }}.toString();
    System.out.println(updateSql);
```

```
}
```

使用 SQL 工具类的另一个好处是可以很方便地在 Java 代码中根据条件动态地拼接 SQL 语句，例如：

```
public String selectPerson(final String id, final String firstName, final String
lastName) {
    return new SQL() {{
        SELECT("P.ID, P.USERNAME, P.PASSWORD");
        SELECT("P.FIRST_NAME, P.LAST_NAME");
        FROM("PERSON P");
        if (id != null) {
            WHERE("P.ID = #{id}");
        }
        if (firstName != null) {
            WHERE("P.FIRST_NAME = #{firstName}");
        }
        if (lastName != null) {
            WHERE("P.LAST_NAME = #{lastName}");
        }
        ORDER_BY("P.LAST_NAME");
    }}.toString();
}
```

关于 SQL 工具类的完整使用案例可参考随书源码 mybatis-chapter03 项目的 com.blog4java.mybatis.SQLExample 案例。

SQL 工具类中提供的所有方法及作用可参考表 3-1 中的内容。

表 3-1 SQL 工具类的方法及作用

方法	描述
SELECT(String) SELECT(String...)	开始一个 SELECT 子句或将内容追加到 SELECT 子句。方法可以被多次调用，参数也会添加到 SELECT 子句。参数通常是使用逗号分隔的列名或列的别名列表，也可以是数据库驱动程序接收的任意关键字
SELECT_DISTINCT(String) SELECT_DISTINCT(String...)	开始一个 SELECT 子句或将内容追加到 SELECT 子句。同时可以插入 DISTINCT 关键字到 SELECT 语句中。方法可以被多次调用，参数也会添加到 SELECT 子句。参数通常使用逗号分隔的列名或者列的别名列表，也可以是数据库驱动程序接收的任意关键字
FROM(String) FROM(String...)	开始或插入 FROM 子句。方法可以被多次调用，参数会添加到 FROM 子句。参数通常是表名或别名，也可以是数据库驱动程序接收的任意关键字
JOIN(String) JOIN(String...) INNER_JOIN(String) INNER_JOIN(String...) LEFT_OUTER_JOIN(String) LEFT_OUTER_JOIN(String...) RIGHT_OUTER_JOIN(String) RIGHT_OUTER_JOIN(String...)	根据不同的方法添加对应类型的 JOIN 子句，例如 INNER_JOIN()方法添加 INNER JOIN 子句，LEFT_OUTER_JOIN()方法添加 LEFT JOIN 子句。参数可以包含由列名和 JOIN ON 条件组合成的标准 JOIN

（续表）

方法	描述
WHERE(String) WHERE(String...)	插入新的 WHERE 子句条件，并通过 AND 关键字连接。方法可以多次被调用，每次都由 AND 来连接新条件。使用 OR()方法可以追加 OR 关键字
OR()	使用 OR 来分隔当前的 WHERE 子句条件。可以被多次调用，但在一行中多次调用可能生成错误的 SQL 语句
AND()	使用 AND 来分隔当前的 WHERE 子句条件。可以被多次调用，但在一行中多次调用可能会生成错误的 SQL 语句。这个方法使用较少，因为 WHERE() 和 HAVING() 方法都会自动追加 AND，只有必要时才会额外调用 AND()方法
GROUP_BY(String) GROUP_BY(String...)	插入新的 GROUP BY 子句，通过逗号连接。方法可以被多次调用，每次都会使用逗号连接新的条件
HAVING(String) HAVING(String...)	插入新的 HAVING 子句条件。由 AND 关键字连接。方法可以被多次调用，每次都由 AND 来连接新的条件
ORDER_BY(String) ORDER_BY(String...)	插入新的 ORDER BY 子句元素，由逗号连接。可以多次被调用，每次都由逗号连接新的条件
DELETE_FROM(String)	开始一个 DELETE 语句并指定表名。通常它后面都会跟着 WHERE 语句
INSERT_INTO(String)	开始一个 INSERT 语句并指定表名，后面都会跟着一个或者多个 VALUES()，或者 INTO_COLUMNS()和 INTO_VALUES()
SET(String) SET(String...)	针对 UPDATE 语句，插入 SET 子句中
UPDATE(String)	开始一个 UPDATE 语句并指定需要更新的表名。后面都会跟着一个或者多个 SET()方法，通常会有一个或多个 WHERE()方法
VALUES(String, String)	插入 INSERT 语句中，第一个参数是要插入的列名，第二个参数则是该列的值
INTO_COLUMNS(String...)	追加字段到 INSERT 子句中，该方法必须和 INTO_VALUES() 联合使用
INTO_VALUES(String...)	追加字段值到 INSERT 子句中，该方法必须和 INTO_COLUMNS()方法联合使用

在学习完 SQL 工具类的使用后，接下来我们简单地了解一下 SQL 工具类的实现源码。SQL 继承至 AbstractSQL 类，只重写了该类的 getSelf()方法，代码如下：

```
public class SQL extends AbstractSQL<SQL> {
  @Override
  public SQL getSelf() {
    return this;
  }
}
```

所有的功能由 AbstractSQL 类完成，AbstractSQL 类中维护了一个 SQLStatement 内部类的实例和一系列前面提到过的构造 SQL 语句的方法，例如 SELECT()、UPDATE()等方法。AbstractSQL 类的部分代码如下：

```
public abstract class AbstractSQL<T> {
  ...
   private final SQLStatement sql = new SQLStatement();

   public T UPDATE(String table) {
     sql().statementType = SQLStatement.StatementType.UPDATE;
     sql().tables.add(table);
     return getSelf();
   }
  public T SELECT(String columns) {
    sql().statementType = SQLStatement.StatementType.SELECT;
    sql().select.add(columns);
    return getSelf();
  }
  ...
  private SQLStatement sql() {
    return sql;
  }
  ...
}
```

SQLStatement 内部类用于描述一个 SQL 语句，该类中通过 StatementType 确定 SQL 语句的类型。SQLStatement 类中还维护了一系列的 ArrayList 属性，当调用 SELECT()、UPDATE()等方法时，这些方法的参数内容会记录在这些 ArrayList 对象中，SQLStatement 类中的属性如下：

```
private static class SQLStatement {
  // SQL 语句的类型
  public enum StatementType {
    DELETE, INSERT, SELECT, UPDATE
  }
  StatementType statementType;
  // 用于记录 SQL 实例 SELECT()、UPDATE()等方法调用参数
  List<String> sets = new ArrayList<String>();
  List<String> select = new ArrayList<String>();
  List<String> tables = new ArrayList<String>();
  List<String> join = new ArrayList<String>();
  List<String> innerJoin = new ArrayList<String>();
  List<String> outerJoin = new ArrayList<String>();
  List<String> leftOuterJoin = new ArrayList<String>();
  List<String> rightOuterJoin = new ArrayList<String>();
  List<String> where = new ArrayList<String>();
  List<String> having = new ArrayList<String>();
  List<String> groupBy = new ArrayList<String>();
  List<String> orderBy = new ArrayList<String>();
  List<String> lastList = new ArrayList<String>();
  List<String> columns = new ArrayList<String>();
  List<String> values = new ArrayList<String>();
  // 是否包含 distinct 关键字
  boolean distinct;
  ...
}
```

AbstrastSQL类重写了toString()方法，该方法中会调用SQLStatement对象的sql()方法生成SQL字符串，代码如下：

```
@Override
public String toString() {
  StringBuilder sb = new StringBuilder();
  // 调用SQLStatement对象的sql()方法生成SQL语句
  sql().sql(sb);
  return sb.toString();
}
```

SQLStatement对象的sql()方法实现代码如下：

```
public String sql(Appendable a) {
  ...
  switch (statementType) {
    case DELETE:
      answer = deleteSQL(builder);
      break;
    case INSERT:
      answer = insertSQL(builder);
      break;
    case SELECT:
      answer = selectSQL(builder);
      break;
    case UPDATE:
      answer = updateSQL(builder);
      break;
     ...
  }
```

如上面的代码所示，该方法中会判断SQL语句的类型，以UPDATE语句为例，会调用SQLStatement对象的updateSql()方法生成UPDATE语句。updateSql()方法代码如下：

```
private String updateSQL(SafeAppendable builder) {
  sqlClause(builder, "UPDATE", tables, "", "", "");// 追加UPDATE子句
  joins(builder);  // 追加JOIN子句
  sqlClause(builder, "SET", sets, "", "", ", "); // 追加SET子句
  sqlClause(builder, "WHERE", where, "(", ")", " AND "); // 追加WHERE子句
  return builder.toString();
}
```

如上面的代码所示，updateSql()方法中，最终会调用sqlCalause()方法完成SQL语句的拼接。sqlCalause()方法实现代码如下：

```
/**
 * SQL语句拼接
 * @param builder SQL字符串构建对象
 * @param keyword SQL关键字
 * @param parts SQL关键字子句内容
 * @param open SQL关键字后开始字符
```

```
   * @param close SQL 关键字后结束字符
   * @param conjunction SQL 连接关键字，通常为 AND 或 OR
   */
  private void sqlClause(SafeAppendable builder, String keyword, List<String>
parts, String open, String close,
                        String conjunction) {
    if (!parts.isEmpty()) {
      if (!builder.isEmpty()) {
        builder.append("\n");
      }
      // 拼接 SQL 关键字
      builder.append(keyword);
      builder.append(" ");
      // 拼接关键字后开始字符
      builder.append(open);
      String last = "________";
      for (int i = 0, n = parts.size(); i < n; i++) {
        String part = parts.get(i);
        // 如果 SQL 关键字对应的子句内容不为 OR 或 AND，则追加连接关键字
        if (i > 0 && !part.equals(AND) && !part.equals(OR) && !last.equals(AND)
&& !last.equals(OR)) {
          builder.append(conjunction);
        }
        // 追加子句内容
        builder.append(part);
        last = part;
      }
      // 追加关键字后结束字符
      builder.append(close);
    }
  }
```

这里对 SQL 工具类的实现做了简单的介绍，完整代码可参考 AbstractSQL 类的源码。

3.2 使用 ScriptRunner 执行脚本

ScriptRunner 工具类在前面的章节中我们已经使用过几次了，该工具类用于读取脚本文件中的 SQL 语句并执行，使用起来比较简单。下面是一个使用 ScriptRunner 执行 SQL 脚本的案例，代码如下：

```
public void testScriptRunner() {
    try {
        Connection connection =
DriverManager.getConnection("jdbc:hsqldb:mem:mybatis",
                "sa", "");
        ScriptRunner scriptRunner = new ScriptRunner(connection);

scriptRunner.runScript(Resources.getResourceAsReader("create-table.sql"));
    } catch (Exception e) {
        e.printStackTrace();
```

```
    }
}
```

如上面的代码所示，ScriptRunner 工具类的构造方法需要一个 java.sql.Connection 对象作为参数。创建 ScriptRunner 对象后，调用该对象的 runScript()方法即可，该方法接收一个读取 SQL 脚本文件的 Reader 对象作为参数。完整案例读者可以参考随书源码 mybatis-chapter03 项目的 com.blog4java.mybatis.ScriptRunnerExample 类。

ScriptRunner 工具类中提供了一些属性，用于控制执行 SQL 脚本的一些行为，代码如下：

```
public class ScriptRunner {

  // SQL 异常是否中断程序执行
  private boolean stopOnError;
  // 是否抛出 SQLWarning 警告
  private boolean throwWarning;
  // 是否自动提交
  private boolean autoCommit;
  // 属性为 true 时，批量执行文件中的 SQL 语句
  // 为 false 时逐条执行 SQL 语句，默认情况下，SQL 语句以分号分割
  private boolean sendFullScript;
  // 是否去除 Windows 系统换行符中的\r
  private boolean removeCRs;
  // 设置 Statement 属性是否支持转义处理
  private boolean escapeProcessing = true;
  // 日志输出位置，默认标准输入输出，即控制台
  private PrintWriter logWriter = new PrintWriter(System.out);
  // 错误日志输出位置，默认控制台
  private PrintWriter errorLogWriter = new PrintWriter(System.err);
  // 脚本文件中 SQL 语句的分隔符，默认为分号
  private String delimiter = DEFAULT_DELIMITER;
  // 是否支持 SQL 语句分割符，单独占一行
  private boolean fullLineDelimiter;
  ...
}
```

我们可以直接调用这些属性对应的 Setter 方法来控制 ScriptRunner 工具类执行 SQL 脚本的行为。ScriptRunner 类中仅提供了一个 runScript()方法用于执行 SQL 脚本文件。接下来我们简单地分析一下该方法的实现源码：

```
public void runScript(Reader reader) {
  // 设置事务是否自动提交
  setAutoCommit();
  try {
    // 是否一次性批量执行脚本文件中的所有 SQL 语句
    if (sendFullScript) {
      // 调用 executeFullScript()方法一次性执行脚本文件中的所有 SQL 语句
      executeFullScript(reader);
    } else {
      // 调用 executeLineByLine()方法逐条执行脚本中的 SQL 语句
      executeLineByLine(reader);
```

```
      }
    } finally {
      rollbackConnection();
    }
  }
```

如上面的代码所示，ScriptRunner 类的 runScript()方法的逻辑比较清晰，具体做了以下几件事情：

（1）调用 setAutoCommit()方法，根据 autoCommit 属性的值设置事务是否自动提交。

（2）判断 sendFullScript 属性值，如果值为 true，则调用 executeFullScript()方法一次性读取 SQL 脚本文件中的所有内容，然后调用 JDBC 中 Statement 对象的 execute()方法一次性执行脚本中的所有 SQL 语句。

（3）如果 sendFullScript 属性值为 false，则调用 executeLineByLine()方法逐行读取 SQL 脚本文件，以分号作为一条 SQL 语句结束的标志，逐条执行 SQL 语句。

接下来我们重点了解一下 executeLineByLine()方法的实现，代码如下：

```
private void executeLineByLine(Reader reader) {
  StringBuilder command = new StringBuilder();
  try {
    BufferedReader lineReader = new BufferedReader(reader);
    String line;
    while ((line = lineReader.readLine()) != null) {
      // 调用 handleLine()方法处理每行内容
          handleLine(command, line);
        }
        commitConnection();
        ...
}
```

如上面的代码所示，该方法中对脚本中的内容逐行读取，然后调用 handleLine()方法处理每行读取的内容。handleLine()方法内容如下：

```
private void handleLine(StringBuilder command, String line) throws SQLException
{
  String trimmedLine = line.trim();
  if (lineIsComment(trimmedLine)) {  // 1.判断该行是否是 SQL 注释
    Matcher matcher = DELIMITER_PATTERN.matcher(trimmedLine);
    if (matcher.find()) {
      delimiter = matcher.group(5);
    }
    println(trimmedLine);
  } else if (commandReadyToExecute(trimmedLine)) { // 2.判断该行是否包含分号
    command.append(line.substring(0, line.lastIndexOf(delimiter)));// 3.获取
该行中分号之前的内容
    command.append(LINE_SEPARATOR);
    println(command);
    executeStatement(command.toString()); // 执行该条完整的 SQL 语句
    command.setLength(0);
```

```
  } else if (trimmedLine.length() > 0) { // 4.该行中不包含分号，说明这条 SQL 语句
未结束，追加本行内容到之前读取的内容中
    command.append(line);
    command.append(LINE_SEPARATOR);
  }
}
```

如上面的代码所示，handleLine()方法的逻辑如下：

（1）调用 lineIsComment()方法判断本行内容是否为注释，如果为注释内容，则打印注释内容。

（2）调用 commandReadyToExecute()方法判断本行中是否包含分号。

（3）如果本行包含分号，则说明该行是一条完整 SQL 的结尾。需要截取分号之前的 SQL 内容，与前面读取到的不包含分号的行一起组成一条完整的 SQL 语句执行。

（4）若该行中不包含分号，则说明该条 SQL 语句未结束，追加本行内容到之前读取的内容中，继续读取下一行。

3.3　使用 SqlRunner 操作数据库

MyBatis 中提供了一个非常实用的、用于操作数据库的 SqlRunner 工具类，该类对 JDBC 做了很好的封装，结合 SQL 工具类，能够很方便地通过 Java 代码执行 SQL 语句并检索 SQL 执行结果。

SqlRunner 类提供了几个操作数据库的方法，分别说明如下。

- **SqlRunner#closeConnection():** 用于关闭 Connection 对象。
- **SqlRunner#selectOne(String sql, Object... args):** 执行 SELECT 语句，SQL 语句中可以使用占位符，如果 SQL 中包含占位符，则可变参数用于为参数占位符赋值，该方法只返回一条记录。若查询结果行数不等于一，则会抛出 SQLException 异常。
- **SqlRunner#selectAll(String sql, Object... args):** 该方法和 selectOne()方法的作用相同，只不过该方法可以返回多条记录，方法返回值是一个 List 对象，List 中包含多个 Map 对象，每个 Map 对象对应数据库中的一行记录。
- **SqlRunner#insert(String sql, Object... args):** 执行一条 INSERT 语句，插入一条记录。
- **SqlRunner#update(String sql, Object... args):** 更新若干条记录。
- **SqlRunner#delete(String sql, Object... args):** 删除若干条记录。
- **SqlRunner#run(String sql):** 执行任意一条 SQL 语句，最好为 DDL 语句。

接下来我们来看一下 SqlRunner 工具类的使用案例，代码如下：

```
@Test
public void testSelectOne() throws SQLException {
    SqlRunner sqlRunner = new SqlRunner(connection);
    String qryUserSql = new SQL() {{
        SELECT("*");
        FROM("user");
```

```
            WHERE("id = ?");
        }}.toString();
        Map<String, Object> resultMap = sqlRunner.selectOne(qryUserSql,
    Integer.valueOf(1));
        System.out.println(JSON.toJSONString(resultMap));
    }
```

除了查询外，我们还可以使用 SqlRunner 完成数据库的增删改操作，代码如下：

```
    @Test
    public void testDelete() throws SQLException {
        SqlRunner sqlRunner = new SqlRunner(connection);
        String deleteUserSql = new SQL(){{
            DELETE_FROM("user");
            WHERE("id = ?");
        }}.toString();
        sqlRunner.delete(deleteUserSql, Integer.valueOf(1));
    }
    @Test
    public void testUpdate() throws SQLException {
        SqlRunner sqlRunner = new SqlRunner(connection);
        String updateUserSql = new SQL(){{
            UPDATE("user");
            SET("nick_name = ?");
            WHERE("id= ?");
        }}.toString();
        sqlRunner.update(updateUserSql, "Jane", Integer.valueOf(1));
    }
    @Test
    public void testInsert() throws SQLException {
        SqlRunner sqlRunner = new SqlRunner(connection);
        String insertUserSql = new SQL(){{
            INSERT_INTO("user");
            INTO_COLUMNS("create_time,name,password,phone,nick_name");
            INTO_VALUES("?,?,?,?,?");
        }}.toString();
        String createTime =
    LocalDateTime.now().format(DateTimeFormatter.ofPattern("yyyy-MM-dd
    HH:mm:ss"));

    sqlRunner.insert(insertUserSql,createTime,"Jane","test","18700000000","J");
    }
```

完整案例代码可参考本书随书源码 mybatis-chapter03 项目的 com.blog4java.mybatis.SqlRunnerExample 类。

熟悉了 SqlRunner 工具类的使用后，接下来我们了解一下 SqlRunner 工具类的实现。以 selectAll() 方法为例，该方法代码如下：

```
    public List<Map<String, Object>> selectAll(String sql, Object... args) throws
    SQLException {
      PreparedStatement ps = connection.prepareStatement(sql);
      try {
```

```
      // 1.调用setParameters方法为SQL中的参数占位符赋值
      setParameters(ps, args);
      // 2.调用PreparedStatement的executeQuery()方法执行查询操作
      ResultSet rs = ps.executeQuery();
      // 3.将查询结果转换为List
      return getResults(rs);
      ...
    }
  }
```

如上面的代码所示，SqlRunner工具类的selectAll()逻辑如下：

（1）调用Connection对象的prepareStatement()方法获取PreparedStatement对象后，调用setParameters()方法为SQL中的参数占位符赋值。

（2）调用PreparedStatement的executeQuery()方法执行查询操作。

（3）调用getResults()方法，将ResultSet对象转换为List对象，其中List对象中的每个Map对象对应数据库中的一条记录。

接下来我们来看一下setParameters()方法的实现，代码如下：

```
private void setParameters(PreparedStatement ps, Object... args) throws
SQLException {
  for (int i = 0, n = args.length; i < n; i++) {
    if (args[i] == null) {
      throw new SQLException("SqlRunner requires an instance of Null to represent
typed null values for JDBC compatibility");
    } else if (args[i] instanceof Null) {
      ((Null) args[i]).getTypeHandler().setParameter(ps, i + 1, null, ((Null)
args[i]).getJdbcType());
    } else {
      // 1.根据参数类型获取对应的TypeHandler
      TypeHandler typeHandler =
typeHandlerRegistry.getTypeHandler(args[i].getClass());
      if (typeHandler == null) {
        throw new SQLException("SqlRunner could not find a TypeHandler instance
for " + args[i].getClass());
      } else {
        // 2.调用TypeHandler的setParameter()方法为参数占位符赋值
        typeHandler.setParameter(ps, i + 1, args[i], null);
      }
    }
  }
}
```

对setParameters()方法的可变参数进行遍历，根据参数类型获取对应的TypeHandler对象，然后调用MyBatis中TypeHandler对象的setParameter()方法为参数占位符赋值。MyBatis中TypeHandler的作用及实现原理将在本书后面的章节中详细介绍。

最后，我们再来看一下getResultSet()方法处理结果集的过程，代码如下：

```
private List<Map<String, Object>> getResults(ResultSet rs) throws SQLException
{
  try {
    List<Map<String, Object>> list = new ArrayList<Map<String, Object>>();
    List<String> columns = new ArrayList<String>();
    List<TypeHandler<?>> typeHandlers = new ArrayList<TypeHandler<?>>();
    // 1.获取 ResultSetMetaData 对象，通过 ResultSetMetaData 对象获取所有列名
    ResultSetMetaData rsmd = rs.getMetaData();
    for (int i = 0, n = rsmd.getColumnCount(); i < n; i++) {
      columns.add(rsmd.getColumnLabel(i + 1));
      try {
        // 2.获取列的 JDBC 类型，根据类型获取 TypeHandler 对象
        Class<?> type = Resources.classForName(rsmd.getColumnClassName(i + 1));
        TypeHandler<?> typeHandler = typeHandlerRegistry.getTypeHandler(type);
        if (typeHandler == null) {
          typeHandler = typeHandlerRegistry.getTypeHandler(Object.class);
        }
        typeHandlers.add(typeHandler);
      } catch (Exception e) {
        typeHandlers.add(typeHandlerRegistry.getTypeHandler(Object.class));
      }
    }
    // 3.遍历 ResultSet 对象，将 ResultSet 对象中的记录行转换为 Map 对象
    while (rs.next()) {
      Map<String, Object> row = new HashMap<String, Object>();
      for (int i = 0, n = columns.size(); i < n; i++) {
        String name = columns.get(i);
        TypeHandler<?> handler = typeHandlers.get(i);
        // 4.通过 TypeHandler 对象的 getSesult()方法将 JDBC 类型转换为 Java 类型
        row.put(name.toUpperCase(Locale.ENGLISH), handler.getResult(rs,
name));
      }
      list.add(row);
      ...
        }
      }
```

如上面的代码所示，getResultSet()方法处理结果集的过程如下：

（1）获取 ResultSetMetaData 对象。学习 JDBC 规范时，我们了解到 ResultSetMetaData 对象中封装了结果集的元数据信息，包括所有的字段名称及列的数量等信息。getResultSet()方法中通过 ResultSetMetaData 对象获取所有列的名称。

（2）获取所有列的 JDBC 类型。根据类型获取对应的 TypeHandler 对象，将 TypeHandler 对象注册到变量名为 typeHandlers 的 ArrayList 对象中。

（3）遍历 ResultSet 对象。调用 TypeHandler 对象的 getSesult()方法，将 JDBC 类型转换为 Java 类型，然后将 ResultSet 对象中的记录行转换为 Map 对象。

3.4　MetaObject 详解

MetaObject 是 MyBatis 中的反射工具类，该工具类在 MyBatis 源码中出现的频率非常高。使用 MetaObject 工具类，我们可以很优雅地获取和设置对象的属性值。接下来以一个案例介绍 MetaObject 工具类的使用。

假设我们有两个实体类：User 和 Order，User 类用于描述用户信息，Order 类用于描述订单信息，一个用户可以有多笔订单，User 类中通过一个 List 对象记录用户的订单信息。User 和 Order 实体类的代码如下：

```
@Data
@AllArgsConstructor
private static class User {
    List<Order> orders;
    String name;
    Integer age;
}

@Data
@AllArgsConstructor
private static class Order {
    String orderNo;
    String goodsName;
}
```

接下来我们看一下如何使用 MetaObject 工具类获取 User 对象的属性信息，案例代码如下：

```
@Test
public void testMetaObject() {
    List<Order> orders = new ArrayList() {
        {
            add(new Order("order20171024010246", "《MyBatis 源码深度解析》图书"));
            add(new Order("order20171024010248", "《AngularJS 入门与进阶》图书"));
        }
    };
    User user = new User(orders, "江荣波", 3);
    MetaObject metaObject = SystemMetaObject.forObject(user);
    // 获取第一笔订单的商品名称
    System.out.println(metaObject.getValue("orders[0].goodsName"));
    // 获取第二笔订单的商品名称
    System.out.println(metaObject.getValue("orders[1].goodsName"));
    // 为属性设置值
        metaObject.setValue("orders[1].orderNo","order20181113010139");

    // 判断 User 对象是否有 orderNo 属性
    System.out.println("是否有 orderNo 属性且 orderNo 属性有对应的 Getter 方法：" +
metaObject.hasGetter("orderNo"));
    // 判断 User 对象是否有 name 属性
```

```
    System.out.println("是否有 name 属性且 name 属性有对应的 Getter 方法: " +
metaObject.hasGetter("name"));

}
```

如上面的代码所示，我们创建了一个 User 对象并初始化 User 对象的属性值，接着调用 SystemMetaObject 类的 forObject()静态方法创建一个与 User 对象关联的 MetaObject 对象。我们可以通过 MetaObject 对象的 getValue()方法以表达式的方式获取 User 对象的属性值。我们还可以使用 MetaObject 对象的 setValue()方法以表达式的方式为 User 对象的属性设置值。当类的层级比较深时，使用 MetaObject 工具能够很方便地获取和设置对象的属性值。除此之外，我们还可以使用 MetaObject 工具类的 hasSetter()和 hasGetter()方法通过名称判断对象是否有某个属性且该属性有对应的 Getter/Setter 方法。

3.5 MetaClass 详解

MetaClass 是 MyBatis 中的反射工具类，与 MetaOjbect 不同的是，MetaObject 用于获取和设置对象的属性值，而 MetaClass 则用于获取类相关的信息。例如，我们可以使用 MetaClass 判断某个类是否有默认构造方法，还可以判断类的属性是否有对应的 Getter/Setter 方法。接下来我们看一下 MetaClass 工具类的使用，代码如下：

```
public class MetaClassExample {

    @Data
    @AllArgsConstructor
    private static class Order {
        String orderNo;
        String goodsName;
    }

    @Test
    public void testMetaClass() {
        MetaClass metaClass = MetaClass.forClass(Order.class, new
DefaultReflectorFactory());
        // 获取所有有 Getter 方法的属性名
        String[] getterNames = metaClass.getGetterNames();
        System.out.println(JSON.toJSONString(getterNames));
        // 是否有默认构造方法
        System.out.println("是否有默认构造方法: " +
metaClass.hasDefaultConstructor());
        // 某属性是否有对应的 Getter/Setter 方法
        System.out.println("orderNo 属性是否有对应的 Getter 方法: " +
metaClass.hasGetter("orderNo"));
        System.out.println("orderNo 属性是否有对应的 Setter 方法: " +
metaClass.hasSetter("orderNo"));

        System.out.println("orderNo 属性类型: " +
metaClass.getGetterType("orderNo"));
```

```
        // 获取属性 Getter 方法
        Invoker invoker = metaClass.getGetInvoker("orderNo");
        try {
            // 通过 Invoker 对象调用 Getter 方法获取属性值
            Object orderNo = invoker.invoke(new Order("order20171024010248","
《MyBatis 源码深度解析》图书"), null);
            System.out.println(orderNo);
        } catch (IllegalAccessException e) {
            e.printStackTrace();
        } catch (InvocationTargetException e) {
            e.printStackTrace();
        }

    }
}
```

在上面的案例中，我们通过 MetaClass 获取了 Java 类的基本信息，包括 Java 类中所有的 Getter 方法对应的属性名称、Java 类是否有默认的构造方法等信息。除此之外，我们还可以通过 MetaClass 获取 Getter/Setter 方法对应的 Invoker 对象，然后通过 Invoker 对象调用 Getter/Setter 方法。Invoker 接口有 3 个不同的实现，分别为 GetFieldInvoker、SetFieldInvoker、MethodInvoker，对应 Java 类的 Getter 方法、Setter 方法和普通方法。

3.6 ObjectFactory 详解

ObjectFactory 是 MyBatis 中的对象工厂，MyBatis 每次创建 Mapper 映射结果对象的新实例时，都会使用一个对象工厂（ObjectFactory）实例来完成。ObjectFactory 接口只有一个默认的实现，即 DefaultObjectFactory，默认的对象工厂需要做的仅仅是实例化目标类，要么通过默认构造方法，要么在参数映射存在的时候通过参数构造方法来实例化。使用 ObjectFactory 创建对象的案例代码如下：

```
public class ObjectFactoryExample {

    @Test
    public void testObjectFactory() {
        ObjectFactory objectFactory = new DefaultObjectFactory();
        List<Integer> list = objectFactory.create(List.class);
        Map<String,String> map = objectFactory.create(Map.class);
        list.addAll(Arrays.asList(1, 2, 3));
        map.put("test", "test");
        System.out.println(list);
        System.out.println(map);
    }
}
```

需要注意的是，DefaultObjectFactory 实现类支持通过接口的方式创建对象，例如当我们指定创建 java.util.List 实例时，实际上创建的是 java.util.ArrayList 对象。List、Map、Set 接口对应的实现分别为 ArrayList、HashMap、HashSet。

MyBatis 中使用 ObjectFactory 实例创建 Mapper 映射结果对象的目的是什么呢？

实际上，这是 MyBatis 提供的一种扩展机制。有些情况下，在得到映射结果之前我们需要处理一些逻辑，或者在执行该类的有参构造方法时，在传入参数之前，要对参数进行一些处理，这时我们可以通过自定义 ObjectFactory 来实现。

下面是一个自定义 ObjectFactory 的案例，代码如下：

```
public class CustomObjectFactory extends DefaultObjectFactory {

    @Override
    public Object create(Class type) {
        if(type.equals(User.class)){
            //实例化User类
            User user = (User)super.create(type);
            user.setUuid(UUID.randomUUID().toString());
            return user;
        }
        return super.create(type);
    }
}
```

如上面的代码所示，自定义一个 ObjectFactory 非常简单，我们可以继承 DefaultObjectFactory 方法，然后重写 DefaultObjectFactory 类的 create()方法即可。

自定义 ObjectFactory 完成后，还需要在 MyBatis 主配置文件中通过<objectFactory >标签配置自定义的 ObjectFactory，具体如下：

```
<objectFactory
type="com.blog4java.mybatis.objectfactory.CustomObjectFactory">
    <property name="someProperty" value="10"/>
</objectFactory>
```

3.7 ProxyFactory 详解

ProxyFactory 是 MyBatis 中的代理工厂，主要用于创建动态代理对象，ProxyFactory 接口有两个不同的实现，分别为 CglibProxyFactory 和 JavassistProxyFactory。从实现类的名称可以看出，MyBatis 支持两种动态代理策略，分别为 Cglib 和 Javassist 动态代理。ProxyFactory 主要用于实现 MyBatis 的懒加载功能。当开启懒加载后，MyBatis 创建 Mapper 映射结果对象后，会通过 ProxyFactory 创建映射结果对象的代理对象。当我们调用代理对象的 Getter 方法获取数据时，会执行 CglibProxyFactory 或 JavassistProxyFactory 中定义的拦截逻辑，然后执行一次额外的查询。关于 MyBatis 懒加载的实现细节，后面的章节中会介绍，本节我们重点了解 ProxyFactory 的使用。

下面是使用 JavassistProxyFactory 创建动态代理对象的案例，代码如下：

```
public class ProxyFactoryExample {

    @Data
    @AllArgsConstructor
```

```
    private static class Order {
        private String orderNo;
        private String goodsName;
    }

    @Test
    public void testProxyFactory() {
        // 创建 ProxyFactory 对象
        ProxyFactory proxyFactory = new JavassistProxyFactory();
        Order order = new Order("gn20170123","《MyBatis源码深度解析》图书");
        ObjectFactory objectFactory = new DefaultObjectFactory();
        // 调用 ProxyFactory 对象的 createProxy()方法创建代理对象
        Object proxyOrder = proxyFactory.createProxy(order
                ,mock(ResultLoaderMap.class)
                ,mock(Configuration.class)
                ,objectFactory
                ,Arrays.asList(String.class,String.class)
                ,Arrays.asList(order.getOrderNo(),order.getGoodsName())
        );
        System.out.println(proxyOrder.getClass());
        System.out.println(((Order)proxyOrder).getGoodsName());
    }
}
```

上面的代码中，我们创建了一个Order对象，然后通过JavassistProxyFactory实例创建了一个Order对象的动态代理对象。代理对象创建完毕后，会把原始对象的属性复制到代理对象中，调用代理对象的Getter方法获取属性值时，会执行JavassistProxyFactory中的拦截逻辑。

上面的代码执行后，输出内容如下：

```
class com.blog4java.mybatis.ProxyFactoryExample$Order_$$_jvst4f5_0
《MyBatis源码深度解析》图书
```

通过输出结果可以看出，ProxyFactory创建的是动态代理类的实例，动态代理实例创建完毕后，原始对象的属性值被复制到代理对象中。

3.8 本章小结

本章介绍了MyBatis中的一些工具类，这些工具类非常实用，而且在MyBatis源码中出现的频率较高，了解这些工具类的使用及实现原理有助于我们深入研究MyBatis的源码。这里我们对本章学习的工具类做一个小结，SQL类用于在Java代码中动态构建SQL语句，而SqlRunner和ScriptRunner在MyBatis源码测试用例中出现的频率较高，用于执行SQL脚本和SQL语句。MetaObject和MetaClass是MyBatis中的反射工具类，封装了对类和对象的操作。ObjectFactory和ProxyFactory是对象创建相关的工具类，ObjectFactory用于创建Mapper映射实体对象，而ProxyFactory则用于创建Mapper映射实体对象的动态代理对象，通过动态代理来实现MyBatis中的懒加载机制。本章通过案例详细介绍了这些工具类的使用及部分工具类的源码，第4章开始介绍MyBatis的核心组件。

第4章 MyBatis核心组件介绍

4.1 使用MyBatis操作数据库

在介绍MyBatis的核心组件之前，我们首先了解一下如何使用MyBatis框架完成数据库的增删改查操作。为了便于演示，我们需要通过create-table.sql和init-data.sql脚本中的SQL语句新建一张User表并往表中初始化一些数据。

create-table.sql文件中创建表的语句如下：

```
create table user (
  id int generated by default as identity,
  create_time varchar(20) ,
  name varchar(20),
  password varchar(36),
  phone varchar(20),
  nick_name varchar(20),
  primary key (id)
);
```

init-data.sql文件中初始化数据SQL的内容如下：

```
insert into user (create_time, name, password, phone, nick_name)
 values('2010-10-23 10:20:30', 'User1', 'test', '18700001111', 'User1');
insert into user (create_time, name, password, phone, nick_name)
 values('2010-10-24 10:20:30', 'User2', 'test', '18700001111', 'User2');
insert into user (create_time, name, password, phone, nick_name)
 values('2010-10-25 10:20:30', 'User3', 'test', '18700001111', 'User3');
insert into user (create_time, name, password, phone, nick_name)
 values('2010-10-26 10:20:30', 'User4', 'test', '18700001111', 'User4');
...
```

使用MyBatis框架操作数据库，大致需要以下几步：

（1）编写MyBatis的主配置文件

MyBatis使用XML文件格式描述配置信息，内容如下：

```
<?xml version="1.0" encoding="UTF-8" ?>
<!DOCTYPE configuration
     PUBLIC "-//mybatis.org//DTD Config 3.0//EN"
     "http://mybatis.org/dtd/mybatis-3-config.dtd">
<configuration>
  <settings>
    <setting name="useGeneratedKeys" value="true"/>
    <setting name="mapUnderscoreToCamelCase" value="true"/>
    <setting name="logImpl" value="LOG4J"/>
  </settings>

  <environments default="dev" >
    <environment id="dev">
      <transactionManager type="JDBC">
        <property name="" value="" />
      </transactionManager>
      <dataSource type="UNPOOLED">
        <property name="driver" value="org.hsqldb.jdbcDriver" />
        <property name="url" value="jdbc:hsqldb:mem:mybatis" />
        <property name="username" value="sa" />
        <property name="password" value="" />
      </dataSource>
    </environment>
  </environments>
  <mappers>
    <mapper
resource="com/blog4java/mybatis/example/mapper/UserMapper.xml"/>
  </mappers>
</configuration>
```

MyBatis主配置文件可以配置MyBatis框架的参数信息，这些参数会改变MyBatis的运行时行为。例如上面的配置中，useGeneratedKeys参数表示支持返回自动生成主键，当然这个特性需要JDBC驱动程序兼容。如果参数值设置为true，则进行INSERT操作后，数据库自动生成的主键会填充到Java实体属性中，尽管一些驱动不能兼容，但仍可正常工作。其他参数的含义会在后面的章节中详细介绍。

在上面的配置中，<environment>标签用于配置环境信息，包括事务管理器、数据源等信息。我们可以根据开发环境、测试环境、生产环境等配置不同的数据源信息，然后通过<environments>标签的default属性指定当前激活的环境，例如：

```
<environments default="dev" >
  <environment id="dev">
    <transactionManager type="JDBC">
      <property name="" value="" />
    </transactionManager>
    <dataSource type="UNPOOLED">
      <property name="driver" value="org.hsqldb.jdbcDriver" />
```

```
      <property name="url" value="jdbc:hsqldb:mem:mybatis" />
      <property name="username" value="sa" />
      <property name="password" value="" />
    </dataSource>
  </environment>
  <environment id="qa">
    <transactionManager type="JDBC">
      <property name="" value="" />
    </transactionManager>
    <dataSource type="UNPOOLED">
      <property name="driver" value="org.hsqldb.jdbcDriver" />
      <property name="url" value="jdbc:hsqldb:mem:mybatis_qa" />
      <property name="username" value="admin" />
      <property name="password" value="admin" />
    </dataSource>
  </environment>
</environments>
```

<mappers>标签用于指定 Mapper 文件的位置，下面几种形式也是允许的：

```
<mappers>
  ...
  <mapper
resource="file:///mybatis/com/blog4java/mybatis/example/mapper/UserMapper.x
ml"/>
  <mapper class="com.blog4java.mybatis.example.mapper.UserMapper"/>
  <package name="com.blog4java.mybatis.example.mapper"/>
</mappers>
```

除此之外，MyBatis 主配置文件中还可以注册类型别名，自定义的 TypeHandler、Plugin，等等。MyBatis 主配置文件的更多细节会在后面的章节中详细介绍，这里就不展开了。

（2）新增 Java 实体与数据库记录建立映射

MyBatis 属于半自动化的 ORM 框架，能够将数据库中的记录转换为 Java 实体，因此我们需要编写一个 Java 实体类与数据库中的表相对应，代码如下：

```
@Data
public class UserEntity {
   private Long id;
   private String name;
   private Date createTime;
   private String password;
   private String phone;
   private String nickName;
}
```

需要注意的是，这里笔者使用了 Lombok 工具，该工具能够通过注解为 Java 类的属性自动生成 Setter/Getter 方法，可以消除大量冗余代码。

注意
Lombok 的使用细节可参考官方网站（https://www.projectlombok.org/）。

（3）定义用于执行 SQL 的 Mapper

MyBatis 的 Mapper 配置包括两部分，首先需要定义 Mapper 接口，然后通过 XML 或 Java 注解方式配置 SQL 语句。这里笔者定义了一个 UserMapper 接口，代码如下：

```
public interface UserMapper {
    List<UserEntity> listAllUser();
    @Select("select * from user where id=#{userId,jdbcType=INTEGER}")
    UserEntity getUserById(@Param("userId") String userId);
}
```

Mapper 接口定义完毕后，需要通过 XML 或者 Java 注解方式配置 SQL 语句，代码如下：

```
<?xml version="1.0" encoding="UTF-8" ?>
<!DOCTYPE mapper PUBLIC "-//mybatis.org//DTD Mapper 3.0//EN"
        "http://mybatis.org/dtd/mybatis-3-mapper.dtd">
<mapper namespace="com.blog4java.mybatis.example.mapper.UserMapper">
    <sql id="userAllField">
      id,create_time, name, password, phone, nick_name
    </sql>
    <select id="listAllUser"
resultType="com.blog4java.mybatis.example.entity.UserEntity" >
        select
        <include refid="userAllField"/>
        from user
    </select>
</mapper>
```

（4）通过 MyBatis 提供的 API 执行我们定义的 Mapper

准备工作完成后，我们就可以使用 MyBatis 提供的 API 执行 Mapper 中配置的 SQL 语句了，代码如下：

```
@Test
public  void testMybatis () throws IOException {
    // 获取配置文件输入流
    InputStream inputStream =
Resources.getResourceAsStream("mybatis-config.xml");
    // 通过 SqlSessionFactoryBuilder 的 build()方法创建 SqlSessionFactory 实例
    SqlSessionFactory sqlSessionFactory = new
SqlSessionFactoryBuilder().build(inputStream);
    // 调用 openSession()方法创建 SqlSession 实例
    SqlSession sqlSession = sqlSessionFactory.openSession();
    // 获取 UserMapper 代理对象
    UserMapper userMapper = sqlSession.getMapper(UserMapper.class);
    // 执行 Mapper 方法，获取执行结果
    List<UserEntity> userList = userMapper.listAllUser();
    System.out.println(JSON.toJSONString(userList));
}
```

如上面的代码所示，SqlSession 是 MyBatis 中提供的与数据库交互的接口，SqlSession 实例通过工厂模式创建。为了创建 SqlSession 对象，首先需要创建 SqlSessionFactory 对象，而

SqlSessionFactory 对象的创建依赖于 SqlSessionFactoryBuilder 类，该类提供了一系列重载的 build()方法，我们需要以主配置文件的输入流作为参数调用 SqlSessionFactoryBuilder 对象的 bulid()方法，该方法返回一个 SqlSessionFactory 对象。有了 SqlSessionFactory 对象之后，调用 SqlSessionFactory 对象的 openSession()方法即可获取一个与数据库建立连接的 SqlSession 实例。前面我们定义了 UserMapper 接口，这里需要调用 SqlSession 的 getMapper()方法创建一个动态代理对象，然后调用 UserMapper 代理实例的方法即可完成与数据库的交互。

需要注意的是，MyBatis 来源于 iBatis 项目，所以依然保留了 iBatis 执行 Mapper 的方式，代码如下：

```
// 兼容 Ibatis，通过 Mapper Id 执行 SQL 操作
List<UserEntity> userList = sqlSession.selectList(
        "com.blog4java.mybatis.example.mapper.UserMapper.listAllUser");
```

MyBatis 中还提供了一个 SqlSessionManager 类，我们同样可以使用 SqlSessionManager 对象完成与数据库的交互，代码如下：

```
@Test
public void testSessionManager() throws IOException {
    Reader mybatisConfig =
Resources.getResourceAsReader("mybatis-config.xml");
    SqlSessionManager sqlSessionManager =
SqlSessionManager.newInstance(mybatisConfig);
    sqlSessionManager.startManagedSession();
    UserMapper userMapper = sqlSessionManager.getMapper(UserMapper.class);
    List<UserEntity> userList = userMapper.listAllUser();
    System.out.println(JSON.toJSONString(userList));
}
```

如上面的代码所示，SqlSessionManager 使用了单例模式，在整个应用程序中只存在一个实例，我们可以通过该类提供的静态方法 newInstance 获取 SqlSessionManager 类的实例。SqlSessionManager 实现了 SqlSessionFactory 和 SqlSession 接口，既可以获取 SqlSession 实例，又可以替代 SqlSession 完成与数据库的交互。

4.2 MyBatis 核心组件

4.1 节介绍了如何使用 MyBatis 操作数据库，我们接触到 MyBatis 比较核心的一个组件——SqlSession。SqlSession 是 MyBatis 提供的面向用户的操作数据库 API。那么 MyBatis 底层是如何工作的呢？为了解开 MyBatis 的神秘面纱，我们需要了解一下 MyBatis 的其他几个比较核心的组件及这些组件的作用。

MyBatis 的执行流程及核心组件如图 4-1 所示。

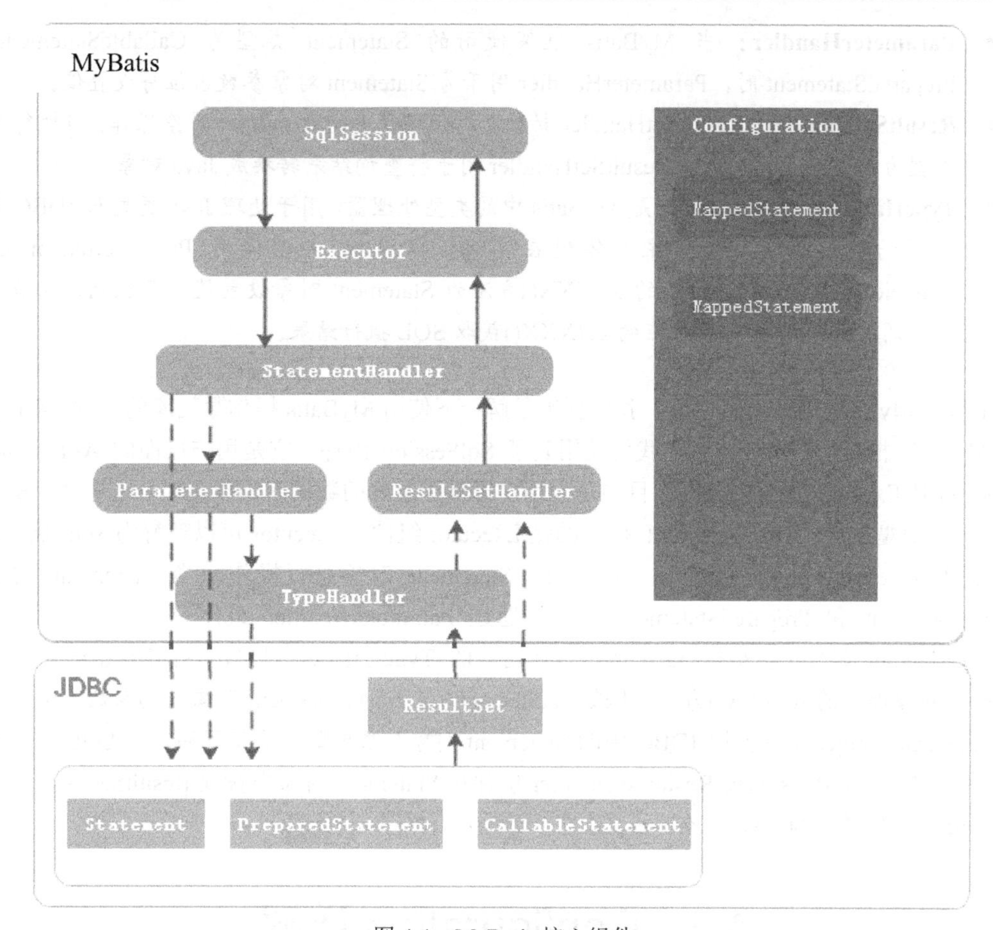

图 4-1　MyBatis 核心组件

这些组件的作用如下。

- **Configuration：** 用于描述 MyBatis 的主配置信息，其他组件需要获取配置信息时，直接通过 Configuration 对象获取。除此之外，MyBatis 在应用启动时，将 Mapper 配置信息、类型别名、TypeHandler 等注册到 Configuration 组件中，其他组件需要这些信息时，也可以从 Configuration 对象中获取。
- **MappedStatement：** MappedStatement 用于描述 Mapper 中的 SQL 配置信息，是对 Mapper XML 配置文件中<select|update|delete|insert>等标签或者@Select/@Update 等注解配置信息的封装。
- **SqlSession：** SqlSession 是 MyBatis 提供的面向用户的 API，表示和数据库交互时的会话对象，用于完成数据库的增删改查功能。SqlSession 是 Executor 组件的外观，目的是对外提供易于理解和使用的数据库操作接口。
- **Executor：** Executor 是 MyBatis 的 SQL 执行器，MyBatis 中对数据库所有的增删改查操作都是由 Executor 组件完成的。
- **StatementHandler：** StatementHandler 封装了对 JDBC Statement 对象的操作，比如为 Statement 对象设置参数，调用 Statement 接口提供的方法与数据库交互，等等。

- **ParameterHandler：** 当 MyBatis 框架使用的 Statement 类型为 CallableStatement 和 PreparedStatement 时，ParameterHandler 用于为 Statement 对象参数占位符设置值。
- **ResultSetHandler:** ResultSetHandler 封装了对 JDBC 中的 ResultSet 对象操作，当执行 SQL 类型为 SELECT 语句时，ResultSetHandler 用于将查询结果转换成 Java 对象。
- **TypeHandler:** TypeHandler 是 MyBatis 中的类型处理器，用于处理 Java 类型与 JDBC 类型之间的映射。它的作用主要体现在能够根据 Java 类型调用 PreparedStatement 或 CallableStatement 对象对应的 setXXX()方法为 Statement 对象设置值，而且能够根据 Java 类型调用 ResultSet 对象对应的 getXXX()获取 SQL 执行结果。

了解了 MyBatis 的核心组件后，我们再来了解一下使用 MyBatis 操作数据库的过程。4.1 节中介绍 MyBatis 框架的基本使用时，我们使用到了 SqlSession 组件，它是用户层面的 API。实际上 SqlSession 是 Executor 组件的外观，目的是为用户提供更友好的数据库操作接口，这是设计模式中外观模式的典型应用。真正执行 SQL 操作的是 Executor 组件，Executor 可以理解为 SQL 执行器，它会使用 StatementHandler 组件对 JDBC 的 Statement 对象进行操作。当 Statement 类型为 CallableStatement 和 PreparedStatement 时，会通过 ParameterHandler 组件为参数占位符赋值。ParameterHandler 组件中会根据 Java 类型找到对应的 TypeHandler 对象，TypeHandler 中会通过 Statement 对象提供的 setXXX()方法（例如 setString()方法）为 Statement 对象中的参数占位符设置值。StatementHandler 组件使用 JDBC 中的 Statement 对象与数据库完成交互后，当 SQL 语句类型为 SELECT 时，MyBatis 通过 ResultSetHandler 组件从 Statement 对象中获取 ResultSet 对象，然后将 ResultSet 对象转换为 Java 对象。

4.3 Configuration 详解

MyBatis 框架的配置信息有两种，一种是配置 MyBatis 框架属性的主配置文件；另一种是配置执行 SQL 语句的 Mapper 配置文件。Configuration 的作用是描述 MyBatis 主配置文件的信息。Configuration 类中定义了一系列的属性用来控制 MyBatis 运行时的行为，这些属性代码如下：

```java
public class Configuration {
  ...
  protected boolean safeRowBoundsEnabled;
  protected boolean safeResultHandlerEnabled = true;
  protected boolean mapUnderscoreToCamelCase;
  protected boolean aggressiveLazyLoading;
  protected boolean multipleResultSetsEnabled = true;
  protected boolean useGeneratedKeys;
  protected boolean useColumnLabel = true;
  protected boolean cacheEnabled = true;
  protected boolean callSettersOnNulls;
  protected boolean useActualParamName = true;
  protected boolean returnInstanceForEmptyRow;
  protected String logPrefix;
  protected Class<? extends Log> logImpl;
  protected Class<? extends VFS> vfsImpl;
```

```
  protected LocalCacheScope localCacheScope = LocalCacheScope.SESSION;
  protected JdbcType jdbcTypeForNull = JdbcType.OTHER;
  protected Integer defaultStatementTimeout;
  protected Integer defaultFetchSize;
  protected ExecutorType defaultExecutorType = ExecutorType.SIMPLE;
  protected AutoMappingBehavior autoMappingBehavior =
AutoMappingBehavior.PARTIAL;
  protected AutoMappingUnknownColumnBehavior
autoMappingUnknownColumnBehavior = AutoMappingUnknownColumnBehavior.NONE;
  protected Properties variables = new Properties();
  protected ReflectorFactory reflectorFactory = new DefaultReflectorFactory();
  protected ObjectFactory objectFactory = new DefaultObjectFactory();
  protected boolean lazyLoadingEnabled = false;
  protected ProxyFactory proxyFactory = new JavassistProxyFactory();
  protected Set<String> lazyLoadTriggerMethods = new HashSet<String>(
     Arrays.asList(new String[]{"equals", "clone", "hashCode", "toString"}));
  protected Class<?> configurationFactory;
  ...
  }
```

这些属性的值可以在 MyBatis 主配置文件中通过<setting>标签指定，例如：

```
<settings>
   <setting name="cacheEnabled" value="true"/>
   <setting name="lazyLoadingEnabled" value="true"/>
   ...
</settings>
```

所有属性的作用及配置说明可参考表 4-1。

表 4-1 MyBatis 所有属性的含义（源于 MyBatis 官方文档）

属性	作用	有效值	默认值
cacheEnabled	是否开启 Mapper 缓存，即二级缓存，true 表示开启	true / false	true
lazyLoadingEnabled	延迟加载的全局开关。当开启时，所有关联对象都会延迟加载。特定关联关系中可通过设置 fetchType 属性来覆盖该项的开关状态	true / false	false
aggressiveLazyLoading	当开启时，任何方法的调用都会加载该对象的所有属性。否则，每个属性会按需加载（参考 lazyLoadTriggerMethods）	true / false	false，3.4.1 之前的版本为 true
multipleResultSetsEnabled	是否允许单一语句返回多结果集（需要 JDBC 驱动支持）	true / false	true
useColumnLabel	使用列标签代替列名。不同的驱动在这方面会有不同的表现，具体可参考 JDBC 驱动相关文档或通过测试这两种不同的模式来观察 JDBC 驱动的结果	true / false	true

（续表）

属性	作用	有效值	默认值
useGeneratedKeys	允许JDBC支持自动生成主键，需要驱动兼容。如果设置为true，则这个设置强制使用自动生成主键，尽管一些驱动不能兼容，但仍可正常工作（比如Derby）	true / false	false
autoMappingBehavior	指定MyBatis应该如何自动映射列到Java实体属性。NONE表示取消自动映射，PARTIAL只会自动映射没有定义嵌套结果集映射的结果集。FULL会自动映射任意复杂的结果集（无论是否嵌套）	NONE/PARTIAL/FULL	PARTIAL
autoMappingUnknown-ColumnBehavior	指定发现自动映射目标未知列（或者未知属性）的行为。 NONE：不做任何反应。 WARNING：输出提醒日志。 FAILING：映射失败，抛出SqlSessionException异常	NONE/WARNING/FAILING	NONE
defaultExecutorType	配置默认的Executor类型，SIMPLE就是普通的Executor；REUSE执行器会复用Statement对象；BATCH将会批量执行所有更新语句	SIMPLE/REUSE/BATCH	SIMPLE
defaultStatementTimeout	设置超时时间，它决定驱动等待数据库响应的秒数	任意正整数	默认未设置，为null
defaultFetchSize	默认的FetchSize，用于设置Statement对象的fetchSize属性，用于限制从数据库中获取数据的最大行数	任意正整数	默认未设置，为null，由具体的JDBC驱动决定
safeRowBoundsEnabled	允许在嵌套语句中使用分页（RowBounds）。如果允许使用，则设置为false	true / false	false
safeResultHandlerEnabled	允许在嵌套语句中使用分页（ResultHandler）。如果允许使用，则设置为false	true / false	true
mapUnderscoreToCamelCase	是否开启自动驼峰命名规则映射，即从经典数据库列名A_COLUMN到经典Java属性名aColumn的映射	true / false	false
localCacheScope	MyBatis利用本地缓存机制防止循环引用和加速重复查询。默认值为SESSION，这种情况下会缓存一个会话中执行的所有查询。若设置值为STATEMENT，本地会话仅用在语句执行上，对相同SqlSession的不同调用将不会共享数据	SESSION/STATEMENT	SESSION

（续表）

属性	作用	有效值	默认值
jdbcTypeForNull	当没有为参数指定 JDBC 类型时，指定 JDBC 类型的值为 null。一些驱动需要指定 JDBC 类型，多数情况下直接用一般类型即可，比如 NULL、VARCHAR 或 OTHER	JdbcType 常量，通常为 NULL、VARCHAR 或 OTHER	OTHER
lazyLoadTriggerMethods	指定哪个对象的方法会触发一次延迟加载	用逗号分隔的方法列表	equals 、 clone 、 hashCode、toString 等
defaultScriptingLanguage	指定动态 SQL 生成的默认语言	一个类型别名或完全限定类名	org.apache.ibatis.scripting.xmltags.XMLLanguageDriver
defaultEnumTypeHandler	指定 Java 中枚举类型使用的默认 TypeHandler	一个类型别名或完全限定类名	org.apache.ibatis.type.EnumTypeHandler
callSettersOnNulls	指定当结果集中的值为 null 的时候是否调用映射对象的 Setter 方法，这对于有 Map.keySet() 依赖或 null 值初始化的时候是有用的。注意基本类型（int、boolean 等）是不能设置成 null 的	true / false	false
returnInstanceForEmptyRow	当返回行的所有列都是空时，MyBatis 默认返回 null。当开启这个设置时，MyBatis 会返回一个空实例。请注意，也适用于嵌套的结果集（collection、association）	true / false	false
logPrefix	指定 MyBatis 增加到日志名称的前缀	任何字符串	未设置
logImpl	指定 MyBatis 所用日志的具体实现，未指定时将自动查找	SLF4J LOG4J LOG4J2 JDK_LOGGING COMMONS_LOGGING STDOUT_LOGGING NO_LOGGING	未设置
proxyFactory	指定 MyBatis 创建具有延迟加载能力的对象所用到的代理工具	CGLIB JAVASSIST	JAVASSIST
vfsImpl	指定 VFS 的实现	VFS 的实现类的全限定名，以逗号分隔	未设置

（续表）

属性	作用	有效值	默认值
useActualParamName	允许使用方法签名中的名称作为语句参数名称。为了使用该特性，你的工程必须采用 Java 8 编译，并且加上-parameters 选项	true / false	true
configurationFactory	指定一个提供 Configuration 实例的类。这个被返回的 Configuration 实例用来加载被反序列化对象的懒加载属性值	这个类必须包含一个签名方法 public static Configuration getConfiguration()	未设置

Configuration 除了提供了表 4-1 中的属性控制 MyBatis 的行为外，还作为容器存放 TypeHandler（类型处理器）、TypeAlias（类型别名）、Mapper 接口及 Mapper SQL 配置信息。这些信息在 MyBatis 框架启动时注册到 Configuration 组件中。

Configuration 类中通过下面的属性保存 TypeHandler、TypeAlias 等信息：

```
protected final MapperRegistry mapperRegistry = new MapperRegistry(this);
protected final InterceptorChain interceptorChain = new InterceptorChain();
protected final TypeHandlerRegistry typeHandlerRegistry = new
TypeHandlerRegistry();
protected final TypeAliasRegistry typeAliasRegistry = new TypeAliasRegistry();
protected final LanguageDriverRegistry languageRegistry = new
LanguageDriverRegistry();
protected final Map<String, MappedStatement> mappedStatements = new
StrictMap<MappedStatement>("Mapped Statements collection");
protected final Map<String, Cache> caches = new StrictMap<Cache>("Caches
collection");
protected final Map<String, ResultMap> resultMaps = new
StrictMap<ResultMap>("Result Maps collection");
protected final Map<String, ParameterMap> parameterMaps = new
StrictMap<ParameterMap>("Parameter Maps collection");
protected final Map<String, KeyGenerator> keyGenerators = new
StrictMap<KeyGenerator>("Key Generators collection");
protected final Set<String> loadedResources = new HashSet<String>();
protected final Map<String, XNode> sqlFragments = new StrictMap<XNode>("XML
fragments parsed from previous mappers");
protected final Collection<XMLStatementBuilder> incompleteStatements = new
LinkedList<XMLStatementBuilder>();
protected final Collection<CacheRefResolver> incompleteCacheRefs = new
LinkedList<CacheRefResolver>();
protected final Collection<ResultMapResolver> incompleteResultMaps = new
LinkedList<ResultMapResolver>();
protected final Collection<MethodResolver> incompleteMethods = new
LinkedList<MethodResolver>();
protected final Map<String, String> cacheRefMap = new HashMap<String,
String>();
```

这些属性的含义如下。

- **mapperRegistry**：用于注册 Mapper 接口信息，建立 Mapper 接口的 Class 对象和 MapperProxyFactory 对象之间的关系，其中 MapperProxyFactory 对象用于创建 Mapper 动态代理对象。
- **interceptorChain**：用于注册 MyBatis 插件信息，MyBatis 插件实际上就是一个拦截器。
- **typeHandlerRegistry**：用于注册所有的 TypeHandler，并建立 Jdbc 类型、JDBC 类型与 TypeHandler 之间的对应关系。
- **typeAliasRegistry**：用于注册所有的类型别名。
- **languageRegistry**：用于注册 LanguageDriver，LanguageDriver 用于解析 SQL 配置，将配置信息转换为 SqlSource 对象。
- **mappedStatements**：MappedStatement 对象描述<insert|select|update|delete>等标签或者通过@Select、@Delete、@Update、@Insert 等注解配置的 SQL 信息。MyBatis 将所有的 MappedStatement 对象注册到该属性中，其中 Key 为 Mapper 的 Id，Value 为 MappedStatement 对象。
- **caches**：用于注册 Mapper 中配置的所有缓存信息，其中 Key 为 Cache 的 Id，也就是 Mapper 的命名空间，Value 为 Cache 对象。
- **resultMaps**：用于注册 Mapper 配置文件中通过<resultMap>标签配置的 ResultMap 信息，ResultMap 用于建立 Java 实体属性与数据库字段之间的映射关系，其中 Key 为 ResultMap 的 Id，该 Id 是由 Mapper 命名空间和<resultMap>标签的 id 属性组成的，Value 为解析<resultMap>标签后得到的 ResultMap 对象。
- **parameterMaps**：用于注册 Mapper 中通过<parameterMap>标签注册的参数映射信息。Key 为 ParameterMap 的 Id，由 Mapper 命名空间和<parameterMap>标签的 id 属性构成，Value 为解析<parameterMap>标签后得到的 ParameterMap 对象。
- **keyGenerators**：用于注册 KeyGenerator，KeyGenerator 是 MyBatis 的主键生成器，MyBatis 中提供了 3 种 KeyGenerator，即 Jdbc3KeyGenerator（数据库自增主键）、NoKeyGenerator（无自增主键）、SelectKeyGenerator（通过 select 语句查询自增主键，例如 oracle 的 sequence）。
- **loadedResources**：用于注册所有 Mapper XML 配置文件路径。
- **sqlFragments**：用于注册 Mapper 中通过<sql>标签配置的 SQL 片段，Key 为 SQL 片段的 Id，Value 为 MyBatis 封装的表示 XML 节点的 XNode 对象。
- **incompleteStatements**：用于注册解析出现异常的 XMLStatementBuilder 对象。
- **incompleteCacheRefs**：用于注册解析出现异常的 CacheRefResolver 对象。
- **incompleteResultMaps**：用于注册解析出现异常的 ResultMapResolver 对象。
- **incompleteMethods**：用于注册解析出现异常的 MethodResolver 对象。

MyBatis 框架启动时，会对所有的配置信息进行解析，然后将解析后的内容注册到 Configuration 对象的这些属性中。

除此之外，Configuration 组件还作为 Executor、StatementHandler、ResultSetHandler、ParameterHandler 组件的工厂类，用于创建这些组件的实例。Configuration 类中提供了这些组件的工厂方法，这些工厂方法签名如下：

```
// ParameterHandler组件工厂方法
public ParameterHandler newParameterHandler(MappedStatement mappedStatement,
Object parameterObject, BoundSql boundSql);
// ResultSetHandler组件工厂方法
public ResultSetHandler newResultSetHandler(Executor executor,
MappedStatement mappedStatement, RowBounds rowBounds, ParameterHandler
parameterHandler,ResultHandler resultHandler, BoundSql boundSql);
// StatementHandler组件工厂方法
public StatementHandler newStatementHandler(Executor executor,
MappedStatement mappedStatement, Object parameterObject, RowBounds rowBounds,
ResultHandler resultHandler, BoundSql boundSql);
// Executor组件工厂方法
public Executor newExecutor(Transaction transaction, ExecutorType
executorType);
```

这些工厂方法会根据 MyBatis 不同的配置创建对应的实现类。例如，Executor 组件有 4 种不同的实现，分别为 BatchExecutor、ReuseExecutor、SimpleExecutor、CachingExecutor，当 defaultExecutorType 的参数值为 REUSE 时，newExecutor()方法返回的是 ReuseExecutor 实例，当参数值为 SIMPLE 时，返回的是 SimpleExecutor 实例，这是典型的工厂方法模式的应用。

MyBatis 采用工厂模式创建 Executor、StatementHandler、ResultSetHandler、ParameterHandler 的另一个目的是实现插件拦截逻辑，这一点在后面的章节中会详细介绍。

4.4 Executor 详解

SqlSession 是 MyBatis 提供的操作数据库的 API，但是真正执行 SQL 的是 Executor 组件。Executor 接口中定义了对数据库的增删改查方法，其中 query()和 queryCursor()方法用于执行查询操作，update()方法用于执行插入、删除、修改操作。Executor 接口有几种不同的实现类，如图 4-2 所示。

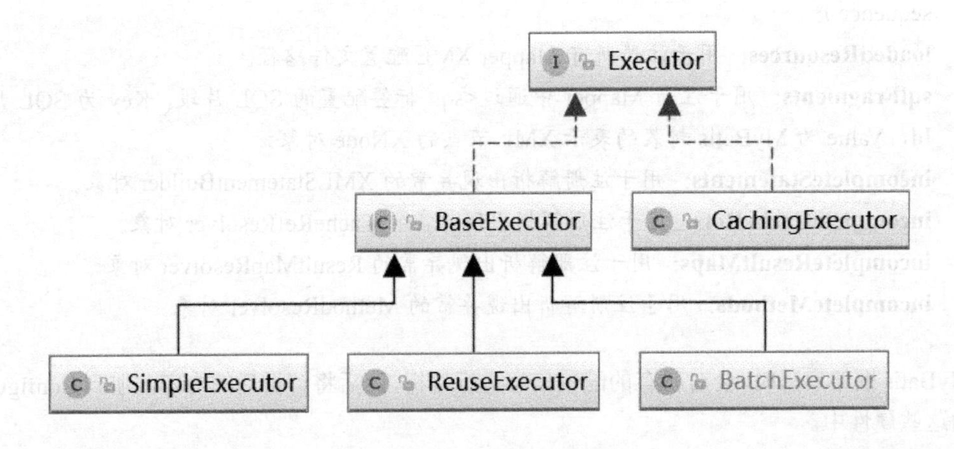

图 4-2 Executor 接口的实现类

MyBatis 提供了 3 种不同的 Executor，分别为 SimpleExecutor、ResueExecutor、BatchExecutor，

这些 Executor 都继承至 BaseExecutor，BaseExecutor 中定义的方法的执行流程及通用的处理逻辑，具体的方法由子类来实现，是典型的模板方法模式的应用。SimpleExecutor 是基础的 Executor，能够完成基本的增删改查操作，ResueExecutor 对 JDBC 中的 Statement 对象做了缓存，当执行相同的 SQL 语句时，直接从缓存中取出 Statement 对象进行复用，避免了频繁创建和销毁 Statement 对象，从而提升系统性能，这是享元思想的应用。BatchExecutor 则会对调用同一个 Mapper 执行的 update、insert 和 delete 操作，调用 Statement 对象的批量操作功能。另外，我们知道 MyBatis 支持一级缓存和二级缓存，当 MyBatis 开启了二级缓存功能时，会使用 CachingExecutor 对 SimpleExecutor、ResueExecutor、BatchExecutor 进行装饰，为查询操作增加二级缓存功能，这是装饰器模式的应用。

接下来以一个案例介绍如何直接使用 Executor 组件与数据库交互，代码如下：

```
@Test
public void testExecutor() throws IOException, SQLException {
    // 获取配置文件输入流
    InputStream inputStream =
Resources.getResourceAsStream("mybatis-config.xml");
    // 通过 SqlSessionFactoryBuilder 的 build()方法创建 SqlSessionFactory 实例
    SqlSessionFactory sqlSessionFactory = new
SqlSessionFactoryBuilder().build(inputStream);
    // 调用 openSession()方法创建 SqlSession 实例
    SqlSession sqlSession = sqlSessionFactory.openSession();
    Configuration configuration = sqlSession.getConfiguration();
    // 从 Configuration 对象中获取描述 SQL 配置的 MappedStatement 对象
    MappedStatement listAllUserStmt = configuration.getMappedStatement(
            "com.blog4java.mybatis.example.mapper.UserMapper.listAllUser");
    //创建 ReuseExecutor 实例
    Executor reuseExecutor = configuration.newExecutor(
            new JdbcTransaction(sqlSession.getConnection()),
            ExecutorType.REUSE
    );
    // 调用 query()方法执行查询操作
    List<UserEntity> userList =  reuseExecutor.query(listAllUserStmt,
            null,
            RowBounds.DEFAULT,
            Executor.NO_RESULT_HANDLER);
    System.out.println(JSON.toJSON(userList));
}
```

如上面的代码所示，Executor 与数据库交互需要 Mapper 配置信息，MyBatis 通过 MappedStatement 对象描述 Mapper 的配置信息，因此 Executor 需要一个 MappedStatement 对象作为参数。MyBatis 在应用启动时，会解析所有的 Mapper 配置信息，将 Mapper 配置解析成 MappedStatement 对象注册到 Configuration 组件中，我们可以调用 Configuration 对象的 getMappedStatement()方法获取对应的 MappedStatement 对象，获取 MappedStatement 对象后，根据 SQL 类型调用 Executor 对象的 query()或者 update()方法即可。

4.5 MappedStatement 详解

MyBatis 通过 MappedStatement 描述<select|update|insert|delete>或者@Select、@Update 等注解配置的 SQL 信息。在介绍 MappedStatement 组件之前，我们先来了解一下 MyBatis 中 SQL Mapper 的配置。不同类型的 SQL 语句需要使用对应的 XML 标签进行配置。这些标签提供了很多属性，用来控制每条 SQL 语句的执行行为。下面是<select>标签中的所有属性：

```
<select
id="getUserById"
parameterType="int"
parameterMap="deprecated"
resultType="hashmap"
resultMap="userResultMap"
flushCache="false"
useCache="true"
timeout="10000"
fetchSize="256"
statementType="PREPARED"
resultSetType="FORWARD_ONLY">
```

这些属性的含义如下。

- **id**：在命名空间中唯一的标识符，可以被用来引用这条配置信息。
- **parameterType**：用于指定这条语句的参数类的完全限定名或别名。这个属性是可选的，MyBatis 能够根据 Mapper 接口方法中的参数类型推断出传入语句的类型。
- **parameterMap**：引用通过<parameterMap>标签定义的参数映射，该属性已经废弃。
- **resultType**：从这条语句中返回的期望类型的类的完全限定名或别名。注意，如果返回结果是集合类型，则 resultType 属性应该指定集合中可以包含的类型，而不是集合本身。
- **resultMap**：用于引用通过<resultMap>标签配置的实体属性与数据库字段之间建立的结果集的映射（注意：resultMap 和 resultType 属性不能同时使用）。
- **flushCache**：用于控制是否刷新缓存。如果将其设置为 true，则任何时候只要语句被调用，都会导致本地缓存和二级缓存被清空，默认值为 false。
- **useCache**：是否使用二级缓存。如果将其设置为 true，则会导致本条语句的结果被缓存在 MyBatis 的二级缓存中，对应<select>标签，该属性的默认值为 true。
- **timeout**：驱动程序等待数据库返回请求结果的秒数，超时将会抛出异常。
- **fetchSize**：用于设置 JDBC 中 Statement 对象的 fetchSize 属性，该属性用于指定 SQL 执行后返回的最大行数。
- **statementType**：参数可选值为 STATEMENT、PREPARED 或 CALLABLE，这会让 MyBatis 分别使用 Statement、PreparedStatement 或 CallableStatement 与数据库交互，默认值为 PREPARED。
- **resultSetType**：参数可选值为 FORWARD_ONLY、SCROLL_SENSITIVE 或

SCROLL_INSENSITIVE，用于设置 ResultSet 对象的特征，具体可参考第 2 章 JDBC 规范的相关内容。默认未设置，由 JDBC 驱动决定。

- **databaseId**：如果配置了 databaseIdProvider，MyBatis 会加载所有不带 databaseId 或匹配当前 databaseId 的语句。
- **resultOrdered**：这个设置仅针对嵌套结果 select 语句适用，如果为 true，就是假定嵌套结果包含在一起或分组在一起，这样的话，当返回一个主结果行的时候，就不会发生对前面结果集引用的情况。这就使得在获取嵌套结果集的时候不至于导致内存不够用，默认值为 false。
- **resultSets**：这个设置仅对多结果集的情况适用，它将列出语句执行后返回的结果集并每个结果集给一个名称，名称使用逗号分隔。
- **lang**：该属性用于指定 LanguageDriver 实现，MyBatis 中的 LanguageDriver 用于解析<select|update|insert|delete>标签中的 SQL 语句，生成 SqlSource 对象。

上面的属性中，resultMap、resultType、resultSetType、fetchSize、useCache、resultSets、resultOrdered 是<select>标签特有的，其他属性是<update|insert|delete>标签共有的。另外，<insert>和<update>标签有几个特有的属性，下面是<insert>标签的所有属性：

```
<insert
id="insertUser"
parameterType="com.blog4java.User"
flushCache="true"
statementType="PREPARED"
keyProperty="id"
keyColumn="id"
useGeneratedKeys="true"
timeout="20">
```

这几个属性的作用如下：

- **useGeneratedKeys**：该属性仅对<update>和<insert>标签有用，属性值为 true 时，MyBatis 使用 JDBC Statement 对象的 getGeneratedKeys()方法来取出由数据库内部生成的键值，例如 MySQL 自增主键。
- **keyProperty**：该属性仅对<update>和<insert>标签有用，用于将数据库自增主键或者<insert>标签中<selectKey>标签返回的值填充到实体的属性中，如果有多个属性，则使用逗号分隔。
- **keyColumn**：该属性仅对<update>和<insert>标签有用，通过生成的键值设置表中的列名，这个设置仅在某些数据库（例如 PostgreSQL）中是必需的，当主键列不是表中的第一列时需要设置，如果有多个字段，则使用逗号分隔。

MappedStatement 类通过下面这些属性保存<select|update|insert|delete>标签的属性信息：

```
public final class MappedStatement {
  ...
  private String id;
  private Integer fetchSize;
```

```
  private Integer timeout;
  private StatementType statementType;
  private ResultSetType resultSetType;
  private ParameterMap parameterMap;
  private List<ResultMap> resultMaps;
  private boolean flushCacheRequired;
  private boolean useCache;
  private boolean resultOrdered;
  private SqlCommandType sqlCommandType;
  private LanguageDriver lang;
  private String[] keyProperties;
  private String[] keyColumns;
  private String databaseId;
  private String[] resultSets;
  ...
}
```

除此之外，MappedStatement 类还有一些其他的属性，这些属性及其含义如下：

```
private Cache cache; // 二级缓存实例
private SqlSource sqlSource; // 解析SQL语句生成的SqlSource实例
private String resource; // Mapper资源路径
private Configuration configuration; // Configuration对象的引用
private KeyGenerator keyGenerator;  // 主键生成策略
private boolean hasNestedResultMaps; // 是否有嵌套的ResultMap
private Log statementLog; // 输出日志
```

- **cache**：二级缓存实例，根据 Mapper 中的<cache>标签配置信息创建对应的 Cache 实现。
- **sqlSource**：解析<select|update|insert|delete>，将 SQL 语句配置信息解析为 SqlSource 对象。
- **resource**：Mapper 配置文件路径。
- **configuration**：Configuration 对象的引用，方便获取 MyBatis 配置信息及 TypeHandler、TypeAlias 等信息。
- **keyGenerator**：主键生成策略，默认为 Jdbc3KeyGenerator，即数据库自增主键。当配置了<selectKey>时，使用 SelectKeyGenerator 生成主键。
- **hasNestedResultMaps**：<select>标签中通过 resultMap 属性指定 ResultMap 是不是嵌套的 ResultMap。
- **statementLog**：用于输出日志。

4.6 StatementHandler 详解

StatementHandler 组件封装了对 JDBC Statement 的操作，例如设置 Statement 对象的 fetchSize 属性、设置查询超时时间、调用 JDBC Statement 与数据库交互等。

MyBatis 的 StatementHandler 接口中定义的方法如下：

```
public interface StatementHandler {
```

```
  Statement prepare(Connection connection, Integer transactionTimeout)
     throws SQLException;
  void parameterize(Statement statement)
     throws SQLException;
  void batch(Statement statement)
     throws SQLException;
  int update(Statement statement)
     throws SQLException;
  <E> List<E> query(Statement statement, ResultHandler resultHandler)
     throws SQLException;
  <E> Cursor<E> queryCursor(Statement statement)
     throws SQLException;
  BoundSql getBoundSql();
  ParameterHandler getParameterHandler();
}
```

这些方法的作用如下。

- **prepare**：该方法用于创建JDBC Statement对象，并完成Statement对象的属性设置。
- **parameterize**：该方法使用MyBatis中的ParameterHandler组件为PreparedStatement和CallableStatement参数占位符设置值。
- **batch**：将SQL命令添加到批处量执行列表中。
- **update**：调用Statement对象的execute()方法执行更新语句，例如UPDATE、INSERT、DELETE语句。
- **query**：执行查询语句，并使用ResultSetHandler处理查询结果集。
- **queryCursor**：带游标的查询，返回Cursor对象，能够通过Iterator动态地从数据库中加载数据，适用于查询数据量较大的情况，避免将所有数据加载到内存中。
- **getBoundSql**：获取Mapper中配置的SQL信息，BoundSql封装了动态SQL解析后的SQL文本和参数映射信息。
- **getParameterHandler**：获取ParameterHandler实例。

StatementHandler接口有几种不同的实现，图4-3是StatementHandler的继承关系图。

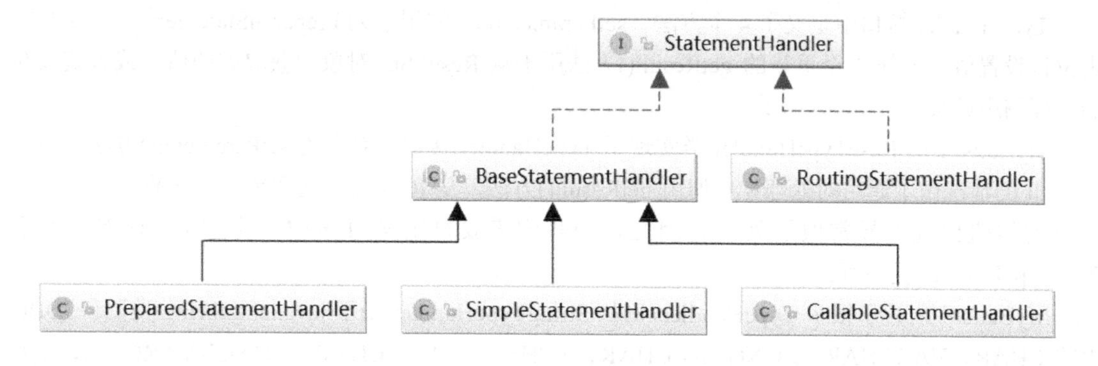

图4-3　StatementHandler继承关系图

BaseStatementHandler是一个抽象类，封装了通用的处理逻辑及方法执行流程，具体方法的实现由子类完成，这里使用到了设计模式中的模板方法模式。

SimpleStatementHandler 继承至 BaseStatementHandler，封装了对 JDBC Statement 对象的操作，PreparedStatementHandler 封装了对 JDBC PreparedStatement 对象的操作，而 CallableStatementHandler 则封装了对 JDBC CallableStatement 对象的操作。RoutingStatementHandler 会根据 Mapper 配置中的 statementType 属性（取值为 STATEMENT、PREPARED 或 CALLABLE）创建对应的 StatementHandler 实现。

4.7 TypeHandler 详解

使用 JDBC API 开发应用程序，其中一个比较烦琐的环节是处理 JDBC 类型与 Java 类型之间的转换。涉及 Java 类型和 JDBC 类型转换的两种情况如下：

（1）PreparedStatement 对象为参数占位符设置值时，需要调用 PreparedStatement 接口中提供的一系列的 setXXX()方法，将 Java 类型转换为对应的 JDBC 类型并为参数占位符赋值。

（2）执行 SQL 语句获取 ResultSet 对象后，需要调用 ResultSet 对象的 getXXX()方法获取字段值，此时会将 JDBC 类型转换为 Java 类型。

MyBatis 中使用 TypeHandler 解决上面两种情况下，JDBC 类型与 Java 类型之间的转换。TypeHandler 接口定义如下：

```
public interface TypeHandler<T> {
  // 为 PreparedStatement 对象设置参数
  void setParameter(PreparedStatement ps, int i, T parameter, JdbcType jdbcType)
throws SQLException;
  // 根据列名称获取该列的值
  T getResult(ResultSet rs, String columnName) throws SQLException;
  // 根据列索引获取该列的值
  T getResult(ResultSet rs, int columnIndex) throws SQLException;
  // 获取存储过程调用结果
  T getResult(CallableStatement cs, int columnIndex) throws SQLException;
}
```

TypeHandler 接口中定义了 4 个方法，setParameter()方法用于为 PreparedStatement 对象参数的占位符设置值，另外 3 个重载的 getResult()方法用于从 ResultSet 对象中获取列的值，或者获取存储过程调用结果。

MyBatis 中的 BaseTypeHandler 类实现了 TypeHandler 接口，对调用 setParameter()方法，参数为 Null 的情况做了通用的处理。对调用 getResult()方法，从 ResultSet 对象或存储过程调用结果中获取列的值出现的异常做了处理。因此，当我们需要自定义 TypeHandler 时，只需要继承 BaseTypeHandler 类即可。

MyBatis 中内置了很多 TypeHandler，例如 StringTypeHandler 用于 java.lang.String 类型和 JDBC 中的 CHAR、VARCHAR、LONGVARCHAR、NCHAR、NVARCHAR、LONGNVARCHAR 等类型之间的转换。StringTypeHandler 中的逻辑非常简单，代码如下：

```
public class StringTypeHandler extends BaseTypeHandler<String> {
```

```
  @Override
  public void setNonNullParameter(PreparedStatement ps, int i, String parameter,
JdbcType jdbcType)
      throws SQLException {
    ps.setString(i, parameter);
  }
  @Override
  public String getNullableResult(ResultSet rs, String columnName)
      throws SQLException {
    return rs.getString(columnName);
  }
  @Override
  public String getNullableResult(ResultSet rs, int columnIndex)
      throws SQLException {
    return rs.getString(columnIndex);
  }
  @Override
  public String getNullableResult(CallableStatement cs, int columnIndex)
      throws SQLException {
    return cs.getString(columnIndex);
  }
}
```

如上面的代码所示，StringTypeHandler 类的 setNonNullParameter()方法调用 PreparedStatement 对象的 setString()方法将 Java 中的 java.lang.String 类型转换为 JDBC 类型，并为参数占位符赋值。getNullableResult()方法调用 ResultSet 对象的 getString()方法将 JDBC 中的字符串类型转为 Java 中的 java.lang.String 类型，并返回列的值。

其他 TypeHandler 处理逻辑与之类似，MyBatis 提供的 TypeHandler 及与 Java 类型和 JDBC 类型之间的对应关系如表 4-2 所示。

表 4-2　TypeHandler 与 Java、JDBC 类型的对应关系

类型处理器	Java 类型	JDBC 类型
BooleanTypeHandler	java.lang.Boolean, boolean	数据库兼容的 BOOLEAN
ByteTypeHandler	java.lang.Byte, byte	数据库兼容的 NUMERIC 或 BYTE
ShortTypeHandler	java.lang.Short, short	数据库兼容的 NUMERIC 或 SHORT INTEGER
IntegerTypeHandler	java.lang.Integer, int	数据库兼容的 NUMERIC 或 INTEGER
LongTypeHandler	java.lang.Long, long	数据库兼容的 NUMERIC 或 LONG INTEGER
FloatTypeHandler	java.lang.Float, float	数据库兼容的 NUMERIC 或 FLOAT
DoubleTypeHandler	java.lang.Double, double	数据库兼容的 NUMERIC 或 DOUBLE
BigDecimalTypeHandler	java.math.BigDecimal	数据库兼容的 NUMERIC 或 DECIMAL
StringTypeHandler	java.lang.String	CHAR, VARCHAR
ClobReaderTypeHandler	java.io.Reader	—
ClobTypeHandler	java.lang.String	CLOB, LONGVARCHAR
NStringTypeHandler	java.lang.String	NVARCHAR, NCHAR
NClobTypeHandler	java.lang.String	NCLOB

（续表）

类型处理器	Java 类型	JDBC 类型
BlobInputStreamTypeHandler	java.io.InputStream	—
ByteArrayTypeHandler	byte[]	数据库兼容的字节流类型
BlobTypeHandler	byte[]	BLOB, LONGVARBINARY
DateTypeHandler	java.util.Date	TIMESTAMP
DateOnlyTypeHandler	java.util.Date	DATE
TimeOnlyTypeHandler	java.util.Date	TIME
SqlTimestampTypeHandler	java.sql.Timestamp	TIMESTAMP
SqlDateTypeHandler	java.sql.Date	DATE
SqlTimeTypeHandler	java.sql.Time	TIME
ObjectTypeHandler	Any	OTHER 或未指定类型
EnumTypeHandler	枚举	VARCHAR-任何兼容的字符串类型，存储枚举的名称（而不是索引）
EnumOrdinalTypeHandler	枚举	任何兼容的 NUMERIC 或 DOUBLE 类型，存储枚举的索引（而不是名称）
InstantTypeHandler	java.time.Instant	TIMESTAMP
LocalDateTimeTypeHandler	java.time.LocalDateTime	TIMESTAMP
LocalDateTypeHandler	java.time.LocalDate	DATE
LocalTimeTypeHandler	java.time.LocalTime	TIME
OffsetDateTimeTypeHandler	java.time.OffsetDateTime	TIMESTAMP
OffsetTimeTypeHandler	java.time.OffsetTime	TIME
ZonedDateTimeTypeHandler	java.time.ZonedDateTime	TIMESTAMP
YearTypeHandler	java.time.Year	INTEGER
MonthTypeHandler	java.time.Month	INTEGER
YearMonthTypeHandler	java.time.YearMonth	VARCHAR ,LONGVARCHAR
JapaneseDateTypeHandler	java.time.chrono.JapaneseDate	DATE

MyBatis 通过 TypeHandlerRegistry 建立 JDBC 类型、Java 类型与 TypeHandler 之间的映射关系，代码如下：

```
public final class TypeHandlerRegistry {
  // JDBC 类型<=>TypeHandler
  private final Map<JdbcType, TypeHandler<?>> JDBC_TYPE_HANDLER_MAP =
        new EnumMap<JdbcType, TypeHandler<?>>(JdbcType.class);
  // Java 类型<=>JDBC 类型<=>TypeHandler
  private final Map<Type, Map<JdbcType, TypeHandler<?>>> TYPE_HANDLER_MAP =
        new ConcurrentHashMap<Type, Map<JdbcType, TypeHandler<?>>>();
  // TypeHandler Class 对象 <=> TypeHandler
  private final Map<Class<?>, TypeHandler<?>> ALL_TYPE_HANDLERS_MAP =
        new HashMap<Class<?>, TypeHandler<?>>();
  ...
}
```

如上面的代码所示，在TypeHandlerRegistry中，通过Map对象保存JDBC类型、Java类型与TypeHandler之间的关系，在TypeHandlerRegistry类的构造方法中，通过register()方法注册所有的TypeHandler，代码如下：

```
public TypeHandlerRegistry() {
  register(Boolean.class, new BooleanTypeHandler());
  register(boolean.class, new BooleanTypeHandler());
  register(JdbcType.BOOLEAN, new BooleanTypeHandler());
  register(JdbcType.BIT, new BooleanTypeHandler());
  ...
}
```

当我们自定义TypeHandler后，也可以调用TypeHandlerRegistry类的register()方法进行注册，该方法的逻辑比较简单，将Java、JDBC类型和TypeHandler的对应关系添加到Map对象中，读者可参考MyBatis源码中的实现。另外，TypeHandlerRegistry提供了一系列重载的getTypeHandler()方法，该方法能够根据Java类型或者JDBC类型获取对应的TypeHandler对象。

4.8 ParameterHandler详解

当使用PreparedStatement或者CallableStatement对象时，如果SQL语句中有参数占位符，在执行SQL语句之前，就需要为参数占位符设置值。ParameterHandler的作用是在PreparedStatementHandler和CallableStatementHandler操作对应的Statement执行数据库交互之前为参数占位符设置值。ParameterHandler接口中只有两个方法，使用方法如下：

```
public interface ParameterHandler {
  Object getParameterObject();

  void setParameters(PreparedStatement ps)
     throws SQLException;
}
```

这两个方法的作用如下。

- **getParameterObject**: 该方法用于获取执行Mapper时传入的参数对象。
- **setParameters**: 该方法用于为JDBC PreparedStatement或者CallableStatement对象设置参数值。

ParameterHandler接口只有一个默认的实现类，即DefaultParameterHandler，我们重点关注setParameters()方法，代码如下：

```
public void setParameters(PreparedStatement ps) {
  ErrorContext.instance().activity("setting
parameters").object(mappedStatement.getParameterMap().getId());
  List<ParameterMapping> parameterMappings = boundSql.getParameterMappings();
```

```
  if (parameterMappings != null) {
    // 获取所有参数的映射信息
    for (int i = 0; i < parameterMappings.size(); i++) {
      ParameterMapping parameterMapping = parameterMappings.get(i);
      if (parameterMapping.getMode() != ParameterMode.OUT) {
        Object value;
        // 参数属性名称
        String propertyName = parameterMapping.getProperty();
        // 根据参数属性名称获取参数值
        if (boundSql.hasAdditionalParameter(propertyName)) { // issue #448 ask
first for additional params
          value = boundSql.getAdditionalParameter(propertyName);
        } else if (parameterObject == null) {
          value = null;
        } else if
(typeHandlerRegistry.hasTypeHandler(parameterObject.getClass())) {
          value = parameterObject;
        } else {
          MetaObject metaObject =
configuration.newMetaObject(parameterObject);
          value = metaObject.getValue(propertyName);
        }
        // 获取参数对应的 TypeHandler
        TypeHandler typeHandler = parameterMapping.getTypeHandler();
        JdbcType jdbcType = parameterMapping.getJdbcType();
        if (value == null && jdbcType == null) {
          jdbcType = configuration.getJdbcTypeForNull();
        }
        try {
          // 调用 TypeHandler 的 setParameter 方法为 Statement 对象参数占位符设置值
          typeHandler.setParameter(ps, i + 1, value, jdbcType);
        //  此处省略
    }
  }
```

如上面的代码所示，MyBatis 通过 ParameterMapping 描述参数映射的信息。在DefaultParameterHandler类的setParameters()方法中，首先获取Mapper配置中的参数映射，然后对所有参数映射信息进行遍历，接着根据参数名称获取对应的参数值，调用对应的TypeHandler对象的setParameter()方法为Statement对象中的参数占位符设置值。

4.9 ResultSetHandler 详解

ResultSetHandler 用于在 StatementHandler 对象执行完查询操作或存储过程后，对结果集或存储过程的执行结果进行处理。ResultSetHandler 接口定义如下：

```
public interface ResultSetHandler {
  <E> List<E> handleResultSets(Statement stmt) throws SQLException;
  <E> Cursor<E> handleCursorResultSets(Statement stmt) throws
SQLException;
```

```
  void handleOutputParameters(CallableStatement cs) throws SQLException;
}
```

如上面的代码所示，ResultSetHandler接口中有3个方法，这些方法的作用如下：

- **handleResultSets**：获取Statement对象中的ResultSet对象，对ResultSet对象进行处理，返回包含结果实体的List对象。
- **handleCursorResultSets**：将ResultSet对象包装成Cursor对象，对Cursor进行遍历时，能够动态地从数据库查询数据，避免一次性将所有数据加载到内存中。
- **handleOutputParameters**：处理存储过程调用结果。

ResultSetHandler 接口只有一个默认的实现，即 DefaultResultHandler。接下来我们重点关注DefaultResultHandler对handleResultSets()方法的实现，代码如下：

```
public List<Object> handleResultSets(Statement stmt) throws SQLException
{
  ErrorContext.instance().activity("handling
results").object(mappedStatement.getId());
  final List<Object> multipleResults = new ArrayList<Object>();
  int resultSetCount = 0;
  // 1.获取ResultSet对象，将ResultSet对象包装为ResultSetWrapper
  ResultSetWrapper rsw = getFirstResultSet(stmt);
  // 2.获取ResultMap信息，一般只有一个ResultMap
  List<ResultMap> resultMaps = mappedStatement.getResultMaps();
  int resultMapCount = resultMaps.size();
  validateResultMapsCount(rsw, resultMapCount);
  while (rsw != null && resultMapCount > resultSetCount) {
    ResultMap resultMap = resultMaps.get(resultSetCount);
    // 3.调用handleResultSet方法处理结果集
    handleResultSet(rsw, resultMap, multipleResults, null);
    rsw = getNextResultSet(stmt);
    cleanUpAfterHandlingResultSet();
    resultSetCount++;
  }
  // 处理<select>标签的resultSets属性，该属性一般情况下不会指定
  ...
  // 对multipleResults进行处理，如果只有一个结果集，则返回结果集中的元素，否则返回多个
结果集
  return collapseSingleResultList(multipleResults);
}
```

如上面代码所示，DefaultResultHandler类的handleResultSets()方法的逻辑如下：

（1）从Statement对象中获取ResultSet对象，然后将ResultSet包装为ResultSetWrapper对象，通过ResultSetWrapper对象能够更方便地获取表字段名称、字段对应的TypeHandler信息。

（2）获取解析Mapper接口及Mapper SQL配置生成的ResultMap信息，一条语句一般对应一个ResultMap。

（3）调用handleResultSet()方法对ResultSetWrapper对象进行处理，将生成的实体对象存放在

multipleResults 列表中。handleResultSet()方法的具体细节将会在后面介绍 MyBatis 高级映射时详细介绍。

4.10 本章小结

本章介绍了 MyBatis 的核心组件以及这些组件之间的关系，这些组件及其作用如下。

- **Configuration**：用于描述 MyBatis 主配置文件信息，MyBatis 框架在启动时会加载主配置文件，将配置信息转换为 Configuration 对象。
- **SqlSession**：面向用户的 API，是 MyBatis 与数据库交互的接口。
- **Executor**：SQL 执行器，用于和数据库交互。SqlSession 可以理解为 Executor 组件的外观，真正执行 SQL 的是 Executor 组件。
- **MappedStatement**：用于描述 SQL 配置信息，MyBatis 框架启动时，XML 文件或者注解配置的 SQL 信息会被转换为 MappedStatement 对象注册到 Configuration 组件中。
- **StatementHandler**：封装了对 JDBC 中 Statement 对象的操作，包括为 Statement 参数占位符设置值，通过 Statement 对象执行 SQL 语句。
- **TypeHandler**：类型处理器，用于 Java 类型与 JDBC 类型之间的转换。
- **ParameterHandler**：用于处理 SQL 中的参数占位符，为参数占位符设置值。
- **ResultSetHandler**：封装了对 ResultSet 对象的处理逻辑，将结果集转换为 Java 实体对象。

通过本章对这些核心组件的学习，我们能够了解 MyBatis 框架执行 SQL 语句的基本流程，初步了解 MyBatis 框架整体的架构设计，后面的章节会从源码的角度介绍 MyBatis 的核心特性的实现细节。

第 5 章

SqlSession 的创建过程

第 4 章介绍了 MyBatis 的核心组件，通过第 4 章的学习，我们知道 SqlSession 对象表示 MyBaits 框架与数据库建立的会话，我们可以通过 SqlSession 实例完成对数据库的增删改查操作。研读 MyBatis 源码，可以从 MyBatis 最顶层 API 入手。本章我们就来了解一下 SqlSession 实例的创建过程。为了简化流程描述，现将 SqlSession 的创建过程拆解为 3 个阶段：Configuration 实例的创建过程、SqlSessionFactory 实例的创建过程和 SqlSession 实例化的过程。

5.1 XPath 方式解析 XML 文件

MyBatis 的主配置文件和 Mapper 配置都使用的是 XML 格式。MyBatis 中的 Configuration 组件用于描述主配置文件信息，框架在启动时会解析 XML 配置，将配置信息转换为 Configuration 对象。

JDK API 中提供了 3 种方式解析 XML，分别为 DOM、SAX 和 XPath。这 3 种方式都有各自的特点，具体优缺点读者可参考相关资料。在这 3 种方式中，API 最易于使用的就是 XPath 方式，MyBatis 框架中也采用 XPath 方式解析 XML 文件中的配置信息。

在介绍 Configuration 实例创建过程之前，我们有必要了解一下如何通过 XPath 方式解析 XML 文件。假设我们有如下 XML 文件：

```
<?xml version="1.0" encoding="UTF-8" ?>
<users>
    <user id = "1">
        <name>张三</name>
        <createTime>2018-06-06 00:00:00</createTime>
        <passward>admin</passward>
        <phone>180000000</phone>
        <nickName>阿毛</nickName>
    </user>
    <user id = "2">
```

```
        <name>李四</name>
        <createTime>2018-06-06 00:00:00</createTime>
        <passward>admin</passward>
        <phone>180000001</phone>
        <nickName>明明</nickName>
    </user>
</users>
```

XML 文件中的配置信息可以通过一个 Java 类来描述，代码如下：

```
@Data
public class UserEntity {
    private Long id;
    private String name;
    private Date createTime;
    private String password;
    private String phone;
    private String nickName;
}
```

我们需要将 XML 内容转换为 UserEntity 实体对象，存放在 List 对象中，解析代码如下：

```
@Test
public void testXPathParser() {
    try {
        // 创建DocumentBuilderFactory实例
        DocumentBuilderFactory factory = DocumentBuilderFactory.newInstance();
        // 创建DocumentBuilder实例
        DocumentBuilder builder = factory.newDocumentBuilder();
        InputStream inputSource = Resources.getResourceAsStream("users.xml");
        Document doc = builder.parse(inputSource);
        // 获取XPath实例
        XPath xpath = XPathFactory.newInstance().newXPath();
        // 执行XPath表达式，获取节点信息
        NodeList nodeList = (NodeList)xpath.evaluate("/users/*", doc,
XPathConstants.NODESET);
        List<UserEntity> userList = new ArrayList<>();
        for(int i=1; i < nodeList.getLength() + 1; i++) {
            String path = "/users/user["+i+"]";
            String id = (String)xpath.evaluate(path + "/@id", doc,
XPathConstants.STRING);
            String name = (String)xpath.evaluate(path + "/name", doc,
XPathConstants.STRING);
            String createTime = (String)xpath.evaluate(path + "/createTime", doc,
XPathConstants.STRING);
            String passward = (String)xpath.evaluate(path + "/passward", doc,
XPathConstants.STRING);
            String phone = (String)xpath.evaluate(path + "/phone", doc,
XPathConstants.STRING);
            String nickName = (String)xpath.evaluate(path + "/nickName", doc,
XPathConstants.STRING);
            // 调用buildUserEntity()方法构建UserEntity对象
```

```
            UserEntity userEntity = buildUserEntity(id,name, createTime,
passward, phone, nickName);
            userList.add(userEntity);
        }
        System.out.println(JSON.toJSONString(userList));
    } catch (Exception e) {
        throw new BuilderException("Error creating document instance.  Cause:
" + e, e);
    }
}
```

如上面的代码所示，使用 JDK 提供的 XPath 相关 API 解析 XML 需要以下几步：

（1）创建表示 XML 文档的 Document 对象

无论通过哪种方式解析 XML，都需要先创建表示 XML 文档的 Document 对象。Document 对象的创建依赖于 DocumentBuilder 对象，DocumentBuilder 采用工厂模式创建，所以我们首先需要调用 DocumentBuilderFactory 类的 newInstance()方法创建 DocumentBuilderFactory 对象，然后调用 BuilderFactory 对象的 newDocumentBuilder()方法创建 DocumentBuilder 对象，最后调用 DocumentBuilder 对象的 parse()方法创建 Document 对象。

（2）创建用于执行 XPath 表达式的 XPath 对象

XPath 对象也是采用工厂模式创建的，我们首先需要调用 XPathFactory 工厂类的 newInstance()方法获取 XPathFactory 工厂实例，然后调用 XPathFactory 对象的 newXPath()方法获取 XPath 实例。

（3）使用 XPath 对象执行表达式，获取 XML 内容

有了 XPath 实例后，就可以执行 XPath 表达式了。XPath 表达式的执行结果为 XML 节点对象（例如 Node、Element、NodeList 等）或者字符串、数值类型等。

完整 XML 解析代码，读者可参考随书源码 mybatis-chapter05 项目中的 com.blog4java.mybatis.xpath.XPathExample 案例。

为了简化 XPath 解析操作，MyBatis 通过 XPathParser 工具类封装了对 XML 的解析操作，同时使用 XNode 类增强了对 XML 节点的操作。使用 XNode 对象，我们可以很方便地获取节点的属性、子节点等信息。

依然是前面的案例，我们看一下如何使用 XPathParser 工具类将 users.xml 文件中的配置信息转换为 UserEntity 实体对象，具体代码如下：

```
@Test
public void testXPathParser() throws Exception {
    Reader resource = Resources.getResourceAsReader("users.xml");
    XPathParser parser = new XPathParser(resource);
    // 注册日期转换器
    DateConverter dateConverter = new DateConverter(null);
    dateConverter.setPattern("yyyy-MM-dd HH:mm:ss");
    ConvertUtils.register(dateConverter, Date.class);
    List<UserEntity> userList = new ArrayList<>();
    // 调用 evalNodes()方法获取 XNode 列表
    List<XNode> nodes = parser.evalNodes("/users/*");
    // 对 XNode 对象进行遍历，获取 user 相关信息
    for (XNode node : nodes) {
        UserEntity userEntity = new UserEntity();
```

```
        Long id = node.getLongAttribute("id");
        BeanUtils.setProperty(userEntity, "id", id);
        List<XNode> childNods = node.getChildren();
        for (XNode childNode : childNods) {
                BeanUtils.setProperty(userEntity, childNode.getName(),
                        childNode.getStringBody());
        }
        userList.add(userEntity);
    }
    System.out.println(JSON.toJSONString(userList));
}
```

如上面的代码所示，使用 MyBatis 封装的 XPathParser 对 XML 进行解析，省去了 Document 对象和 XPath 对象的创建过程，XPathParser 工具类封装了执行 XPath 表达式的方法，很大程度上简化了 XML 解析过程。

5.2 Configuration 实例创建过程

Configuration 是 MyBatis 中比较重要的组件，主要有以下 3 个作用：

（1）用于描述 MyBatis 配置信息，例如<settings>标签配置的参数信息。

（2）作为容器注册 MyBatis 其他组件，例如 TypeHandler、MappedStatement 等。

（3）提供工厂方法，创建 ResultSetHandler、StatementHandler、Executor、ParameterHandler 等组件实例。

在 SqlSession 实例化前，首先解析 MyBatis 主配置文件及所有 Mapper 文件，创建 Configuration 实例。所以在介绍 SqlSession 对象创建过程之前，我们有必要先来了解一下 Configuration 对象的创建过程。

MyBatis 通过 XMLConfigBuilder 类完成 Configuration 对象的构建工作。下面是通过 XMLConfigBuilder 类创建 Configuration 的案例代码：

```
@Test
public void testConfiguration() throws IOException {
    Reader reader = Resources.getResourceAsReader("mybatis-config.xml");
    // 创建 XMLConfigBuilder 实例
    XMLConfigBuilder builder = new XMLConfigBuilder(reader);
    // 调用 XMLConfigBuilder.parse()方法，解析 XML 创建 Configuration 对象
    Configuration conf = builder.parse();
}
```

如上面的代码所示，我们首先以 MyBatis 主配置文件输入流作为参数，创建了一个 XMLConfigBuilder 对象，接着调用 XMLConfigBuilder 对象的 parse()方法创建 Configuration 对象。接下来我们可以看一下 XMLConfigBuilder 类 parse()方法的实现，代码如下：

```
public Configuration parse() {
```

```
    // 防止 parse()方法被同一个实例多次调用
    if (parsed) {
      throw new BuilderException("Each XMLConfigBuilder can only be used once.");
    }
    parsed = true;
    // 调用 XPathParser.evalNode()方法创建表示 configuration 节点的 XNode 对象
    // 调用 parseConfiguration()方法对 XNode 进行处理
    parseConfiguration(parser.evalNode("/configuration"));
    return configuration;
  }
```

在 XMLConfigBuilder 类的 parse()方法中，首先调用 XPathParser 对象的 evalNode()方法获取 XML 配置文件中<configuration>节点对应的 XNode 对象，接着调用 parseConfiguration()方法通过该 XNode 对象获取更多配置信息。下面是 XMLConfigBuilder 类中 parseConfiguration()方法的实现：

```
  private void parseConfiguration(XNode root) {
    try {
      propertiesElement(root.evalNode("properties"));
      Properties settings = settingsAsProperties(root.evalNode("settings"));
      loadCustomVfs(settings);
      typeAliasesElement(root.evalNode("typeAliases"));
      pluginElement(root.evalNode("plugins"));
      objectFactoryElement(root.evalNode("objectFactory"));
      objectWrapperFactoryElement(root.evalNode("objectWrapperFactory"));
      reflectorFactoryElement(root.evalNode("reflectorFactory"));
      settingsElement(settings);
      // read it after objectFactory and objectWrapperFactory issue #631
      environmentsElement(root.evalNode("environments"));
      databaseIdProviderElement(root.evalNode("databaseIdProvider"));
      typeHandlerElement(root.evalNode("typeHandlers"));
      mapperElement(root.evalNode("mappers"));
      ...
  }
```

在 parseConfiguration()方法中，对于<configuration>标签的子节点，都有一个单独的方法处理，例如使用 propertiesElement()方法解析<properties>标签，使用 pluginElement()方法解析<plugin>标签。

MyBatis 主配置文件中所有标签的用途如下。

- **<properties>**：用于配置属性信息，这些属性的值可以通过${...}方式引用。下面是<properties>标签的使用案例：

```
<properties resource="org/mybatis/example/config.properties">
    <property name="username" value="dev_user"/>
    <property name="password" value="F2Fa3!33TYyg"/>
</properties>
```

- **<settings>**：通过一些属性来控制 MyBatis 运行时的一些行为。例如，指定日志实现、默认的 Executor 类型等：

```
<settings>
    <setting name="logImpl" value="SLF4J"/>
    <setting name="defaultExecutorType" value="SIMPLE"/>
```

```
    ...
</settings>
```

- **<typeAliases>**：用于配置类型别名，目的是为 Java 类型设置一个更短的名字。它存在的意义仅在于用来减少类完全限定名的冗余。<typeAliases>标签的配置案例如下：

```
<typeAliases>
   <typeAlias alias="Author" type="domain.blog.Author"/>
   <typeAlias alias="Blog" type="domain.blog.Blog"/>
   ...
</typeAliases>
```

或者

```
<typeAliases>
   <package name="domain.blog"/>
</typeAliases>
```

- **<plugins>**：用于注册用户自定义的插件信息。<plugins>标签的配置信息如下：

```
<plugins>
   <plugin interceptor="org.mybatis.example.ExamplePlugin">
      <property name="someProperty" value="100"/>
   </plugin>
</plugins>
```

- **<objectFactory>**：MyBatis 通过对象工厂（ObjectFactory）创建参数对象和结果集映射对象，默认的对象工厂需要做的仅仅是实例化目标类，要么通过默认构造方法，要么在参数映射存在的时候通过参数构造方法来实例化。<objectFactory>标签用于配置用户自定义的对象工厂，该标签配置案例如下：

```
<objectFactory type="org.mybatis.example.ExampleObjectFactory">
   <property name="someProperty" value="100"/>
</objectFactory>
```

- **<objectWrapperFactory>**：MyBatis 通过 ObjectWrapperFactory 创建 ObjectWrapper 对象，通过 ObjectWrapper 对象能够很方便地获取对象的属性、方法名等反射信息。<objectWrapperFactory>标签用于配置用户自定义的 ObjectWrapperFactory，配置信息如下：

```
<objectWrapperFactory type =
"org.mybatis.example.ExampleObjectWrapperFactory">
  <property name="someProperty" value="100"/>
</objectWrapperFactory>
```

- **<reflectorFactory>**：MyBatis 通过反射工厂（ReflectorFactory）创建描述 Java 类型反射信息的 Reflector 对象，通过 Reflector 对象能够很方便地获取 Class 对象的 Setter/Getter 方法、属性等信息。<reflectorFactory>标签用于配置自定义的反射工厂，配置内容如下：

```
<reflectorFactory type = "org.mybatis.example.ExampleReflectorFactory">
   <property name="someProperty" value="100"/>
</reflectorFactory>
```

- **<environments>**：用于配置 MyBatis 数据连接相关的环境及事务管理器信息。通过该标签可以配置多个环境信息，然后指定具体使用哪个。<environments>标签的配置信息如下：

```
<environments default="dev">
   <environment id="dev">
      <transactionManager type="JDBC">
         <property name="..." value="..."/>
      </transactionManager>
      <dataSource type="POOLED">
         <property name="driver" value="${driver}"/>
         <property name="url" value="${url}"/>
         <property name="username" value="${username}"/>
         <property name="password" value="${password}"/>
      </dataSource>
   </environment>
</environments>
```

- **<databaseIdProvider>**：MyBatis 能够根据不同的数据库厂商执行不同的 SQL 语句，该标签用于配置数据库厂商信息。<databaseIdProvider>标签的使用示例如下：

```
<databaseIdProvider type="DB_VENDOR">
   <property name="MySQL" value="mysql" />
   <property name="Oracle" value="oracle" />
</databaseIdProvider>
```

在 Mapper 配置中，可以通过 databaseId 属性指定不同数据库厂商对应的 SQL 语句，例如：

```
<mapper namespace="..." >
   <select id="selectTime"  resultType="String" databaseId="mysql">
      SELECT NOW() FROM dual
   </select>
   <select id="selectTime"  resultType="String" databaseId="oracle">
      SELECT  'oralce'||to_char(sysdate,'yyyy-mm-dd hh24:mi:ss')  FROM dual
   </select>
</mapper>
```

当执行 Id 为 selectTime 的 Mapper 时，会根据数据库的类型执行对应的 SQL 语句。

- **<typeHandlers>**：用于注册用户自定义的类型处理器（TypeHandler）。该标签的配置案例如下：

```
<typeHandlers>
   <typeHandler handler="org.mybatis.example.ExampleTypeHandler"/>
</typeHandlers>
```

- **<mappers>**：用于配置 MyBatis Mapper 信息。<mappers>标签的配置案例如下：

```
<mappers>
   <mapper resource="org/mybatis/builder/AuthorMapper.xml"/>
   <mapper url="file:///var/mappers/AuthorMapper.xml"/>
   <mapper class="org.mybatis.builder.PostMapper"/>
   <package name="org.mybatis.builder"/>
</mappers>
```

MyBatis 框架启动后，首先创建 Configuration 对象，然后解析所有配置信息，将解析后的配置信息存放在 Configuration 对象中。每个标签的解析细节，读者可自行阅读 MyBatis 源码，这里不做过多介绍。

5.3 SqlSession 实例创建过程

MyBatis 中的 SqlSession 实例使用工厂模式创建，所以在创建 SqlSession 实例之前需要先创建 SqlSessionFactory 工厂对象，然后调用 SqlSessionFactory 对象的 openSession()方法，代码如下：

```
@Test
public void testSqlSession() throws IOException {
    // 获取 Mybatis 配置文件输入流
    Reader reader = Resources.getResourceAsReader("mybatis-config.xml");
    // 通过 SqlSessionFactoryBuilder 创建 SqlSessionFactory 实例
    SqlSessionFactory sqlSessionFactory = new
SqlSessionFactoryBuilder().build(reader);
    // 调用 SqlSessionFactory 的 openSession()方法创建 SqlSession 实例
    SqlSession session = sqlSessionFactory.openSession();
}
```

上面的代码中，为了创建 SqlSessionFactory 对象，首先创建了一个 SqlSessionFactoryBuilder 对象，然后以 MyBatis 主配置文件输入流作为参数，调用 SqlSessionFactoryBuilder 对象的 build()方法。下面是 build()方法的实现：

```
public SqlSessionFactory build(Reader reader, String environment, Properties
properties) {
  try {
    XMLConfigBuilder parser = new XMLConfigBuilder(reader, environment,
properties);
    return build(parser.parse());
    ...
}
```

在 build()方法中，首先创建一个 XMLConfigBuilder 对象，然后调用 XMLConfigBuilder 对象的 parse()方法对主配置文件进行解析，生成 Configuration 对象。以 Configuration 对象作为参数，调用重载的 build()方法，该方法实现如下：

```
public SqlSessionFactory build(Configuration config) {
  return new DefaultSqlSessionFactory(config);
}
```

SqlSessionFactory 接口只有一个默认的实现，即 DefaultSqlSessionFactory。在上面的代码中，重载的 build()方法中以 Configuration 对象作为参数，通过 new 关键字创建了一个 DefaultSqlSessionFactory 对象。

接下来我们了解一下 DefaultSqlSessionFactory 类对 openSession()方法的实现：

```
public SqlSession openSession() {
  return openSessionFromDataSource(configuration.getDefaultExecutorType(),
null, false);
```

```
}
```

如上面的代码所示，openSession()方法中直接调用 openSessionFromDataSource()方法创建 SqlSession 实例。下面是 openSessionFromDataSource()方法的实现：

```
private SqlSession openSessionFromDataSource(ExecutorType execType,
TransactionIsolationLevel level, boolean autoCommit) {
  Transaction tx = null;
  try {
    // 获取 MyBatis 主配置文件配置的环境信息
    final Environment environment = configuration.getEnvironment();
    // 创建事务管理器工厂
    final TransactionFactory transactionFactory =
getTransactionFactoryFromEnvironment(environment);
    // 创建事务管理器
    tx = transactionFactory.newTransaction(environment.getDataSource(), level,
autoCommit);
    // 根据 MyBatis 主配置文件中指定的 Executor 类型创建对应的 Executor 实例
    final Executor executor = configuration.newExecutor(tx, execType);
    // 创建 DefaultSqlSession 实例
    return new DefaultSqlSession(configuration, executor, autoCommit);
  } catch (Exception e) {
    ...
}
```

上面的代码中，首先通过 Configuration 对象获取 MyBatis 主配置文件中通过<environment>标签配置的环境信息，然后根据配置的事务管理器类型创建对应的事务管理器工厂。MyBatis 提供了两种事务管理器，分别为 JdbcTransaction 和 ManagedTransaction。其中，JdbcTransaction 是使用 JDBC 中的 Connection 对象实现事务管理的，而 ManagedTransaction 表示事务由外部容器管理。这两种事务管理器分别由对应的工厂类 JdbcTransactionFactory 和 ManagedTransactionFactory 创建。

事务管理器对象创建完毕后，接着调用 Configuration 对象的 newExecutor()方法，根据 MyBatis 主配置文件中指定的 Executor 类型创建对应的 Executor 对象，最后以 Executor 对象和 Configuration 对象作为参数，通过 Java 中的 new 关键字创建一个 DefaultSqlSession 对象。DefaultSqlSession 对象中持有 Executor 对象的引用，真正执行 SQL 操作的是 Executor 对象。

5.4　本章小结

本章首先介绍了 XPath 解析 XML 文件的步骤（MyBatis 的 XPathParser 工具类封装了 JDK 中 XPath 相关 API，能够简化 XML 文件解析过程），以及 XPathParser 工具类的使用。接下来介绍了 MyBatis 核心组件 SqlSession 实例的创建过程。SqlSession 实例创建之前，会使用 XPathParser 工具类解析 MyBatis 主配置文件，将配置信息转换为 Configuration 对象。由于 SqlSession 采用工厂模式创建，因此在创建 SqlSession 对象之前，需要先创建 SqlSessionFactory 对象。SqlSessionFactory 对象中持有 Configuration 对象的引用。有了 SqlSessionFactory 对象后，调用 SqlSessionFactory 对象的 openSession()方法即可创建 SqlSession 对象。

第 6 章

SqlSession 执行 Mapper 过程

第 5 章介绍了 SqlSession 的创建过程，本章我们了解 SqlSession 执行 Mapper 的过程。通过前面的学习，我们知道 Mapper 由两部分组成，分别为 Mapper 接口和通过注解或者 XML 文件配置的 SQL 语句。为了让读者有一个清晰的思路，笔者将 SqlSession 执行 Mapper 过程拆解为 4 部分介绍：首先介绍 Mapper 接口的注册过程，然后介绍 MappedStatement 对象的注册过程，接着介绍 Mapper 方法的调用过程，最后介绍 SqlSession 执行 Mapper 的过程。

6.1 Mapper 接口的注册过程

Mapper 接口用于定义执行 SQL 语句相关的方法，方法名一般和 Mapper XML 配置文件中<select|update|delete|insert>标签的 id 属性相同，接口的完全限定名一般对应 Mapper XML 配置文件的命名空间。

在介绍 Mapper 接口之前，我们先来回顾一下如何执行 Mapper 中定义的方法，可参考下面的代码：

```
@Test
public  void testMybatis () throws IOException {
    // 获取配置文件输入流
    InputStream inputStream =
Resources.getResourceAsStream("mybatis-config.xml");
    // 通过 SqlSessionFactoryBuilder 的 build()方法创建 SqlSessionFactory 实例
    SqlSessionFactory sqlSessionFactory = new
SqlSessionFactoryBuilder().build(inputStream);
    // 调用 openSession()方法创建 SqlSession 实例
    SqlSession sqlSession = sqlSessionFactory.openSession();
    UserMapper userMapper = sqlSession.getMapper(UserMapper.class);
    // 执行 Mapper 方法，获取执行结果
    List<UserEntity> userList = userMapper.listAllUser();
```

```
}
```

如上面的代码所示，在创建 SqlSession 实例后，需要调用 SqlSession 的 getMapper()方法获取一个 UserMapper 的引用，然后通过该引用调用 Mapper 接口中定义的方法，代码如下：

```
UserMapper userMapper = sqlSession.getMapper(UserMapper.class);
List<UserEntity> userList = userMapper.listAllUser();
```

UserMapper 是一个接口，我们调用 SqlSession 对象 getMapper()返回的到底是什么呢？

我们知道，接口中定义的方法必须通过某个类实现该接口，然后创建该类的实例，才能通过实例调用方法。所以 SqlSession 对象的 getMapper()方法返回的一定是某个类的实例。具体是哪个类的实例呢？实际上 getMapper()方法返回的是一个动态代理对象。

MyBatis 中通过 MapperProxy 类实现动态代理。下面是 MapperProxy 类的关键代码：

```
public class MapperProxy<T> implements InvocationHandler, Serializable {

  private static final long serialVersionUID = -6424540398559729838L;
  private final SqlSession sqlSession;
  private final Class<T> mapperInterface;
  private final Map<Method, MapperMethod> methodCache;

  public MapperProxy(SqlSession sqlSession, Class<T> mapperInterface,
Map<Method, MapperMethod> methodCache) {
    this.sqlSession = sqlSession;
    this.mapperInterface = mapperInterface;
    this.methodCache = methodCache;
  }

  @Override
  public Object invoke(Object proxy, Method method, Object[] args) throws
Throwable {
    try {
      if (Object.class.equals(method.getDeclaringClass())) {
        return method.invoke(this, args);
      } else if (isDefaultMethod(method)) {
        return invokeDefaultMethod(proxy, method, args);
      }
    } catch (Throwable t) {
      throw ExceptionUtil.unwrapThrowable(t);
    }
    // 对 Mapper 接口中定义的方法进行封装，生成 MapperMethod 对象
    final MapperMethod mapperMethod = cachedMapperMethod(method);
    return mapperMethod.execute(sqlSession, args);
  }
  ...
}
```

我们知道，Java 语言中比较常用的实现动态代理的方式有两种，即 JDK 内置动态代理和 CGLIB 动态代理。对 Java 动态代理实现不太熟悉的朋友，可以参考相关资料。

MapperProxy 使用的是 JDK 内置的动态代理，实现了 InvocationHandler 接口，invoke()方法中

为通用的拦截逻辑，具体内容在介绍 Mapper 方法调用过程时再做介绍。

使用 JDK 内置动态代理，通过 MapperProxy 类实现 InvocationHandler 接口，定义方法执行拦截逻辑后，还需要调用 java.lang.reflect.Proxy 类的 newProxyInstance()方法创建代理对象。

MyBatis 对这一过程做了封装，使用 MapperProxyFactory 创建 Mapper 动态代理对象。MapperProxyFactory 代码如下：

```
public class MapperProxyFactory<T> {

  private final Class<T> mapperInterface;
  private final Map<Method, MapperMethod> methodCache = new
ConcurrentHashMap<Method, MapperMethod>();

  public MapperProxyFactory(Class<T> mapperInterface) {
    this.mapperInterface = mapperInterface;
  }
  public Class<T> getMapperInterface() {
    return mapperInterface;
  }
  public Map<Method, MapperMethod> getMethodCache() {
    return methodCache;
  }
  protected T newInstance(MapperProxy<T> mapperProxy) {
    return (T) Proxy.newProxyInstance(mapperInterface.getClassLoader(), new
Class[] { mapperInterface }, mapperProxy);
  }
  // 工厂方法
  public T newInstance(SqlSession sqlSession) {
    final MapperProxy<T> mapperProxy = new MapperProxy<T>(sqlSession,
mapperInterface, methodCache);
    return newInstance(mapperProxy);
  }
}
```

如上面的代码所示，MapperProxyFactory 类的工厂方法 newInstance()是非静态的。也就是说，使用 MapperProxyFactory 创建 Mapper 动态代理对象首先需要创建 MapperProxyFactory 实例。MapperProxyFactory 实例是什么时候创建的呢？

细心的读者可能会发现，Configuration 对象中有一个 mapperRegistry 属性，具体如下：

```
protected final MapperRegistry mapperRegistry = new MapperRegistry(this);
```

MyBatis 通过 mapperRegistry 属性注册 Mapper 接口与 MapperProxyFactory 对象之间的对应关系。下面是 MapperRegistry 类的关键代码：

```
public class MapperRegistry {
  // Configuration 对象引用
  private final Configuration config;
  // 用于注册 Mapper 接口对应的 Class 对象和 MapperProxyFactory 对象对应关系
  private final Map<Class<?>, MapperProxyFactory<?>> knownMappers = new
HashMap<Class<?>, MapperProxyFactory<?>>();
```

```
  public MapperRegistry(Configuration config) {
    this.config = config;
  }
  // 根据Mapper接口Class对象获取Mapper动态代理对象
  @SuppressWarnings("unchecked")
  public <T> T getMapper(Class<T> type, SqlSession sqlSession) {
    final MapperProxyFactory<T> mapperProxyFactory = (MapperProxyFactory<T>)
knownMappers.get(type);
    if (mapperProxyFactory == null) {
      throw new BindingException("Type " + type + " is not known to the
MapperRegistry.");
    }
    try {
      return mapperProxyFactory.newInstance(sqlSession);
    } catch (Exception e) {
      throw new BindingException("Error getting mapper instance. Cause: " + e,
e);
    }
  }

  public <T> boolean hasMapper(Class<T> type) {
    return knownMappers.containsKey(type);
  }
  // 根据Mapper接口Class对象创建MapperProxyFactory对象，并注册到knownMappers属性中
  public <T> void addMapper(Class<T> type) {
    if (type.isInterface()) {
      if (hasMapper(type)) {
        throw new BindingException("Type " + type + " is already known to the
MapperRegistry.");
      }
      boolean loadCompleted = false;
      try {
        knownMappers.put(type, new MapperProxyFactory<T>(type));
        MapperAnnotationBuilder parser = new MapperAnnotationBuilder(config,
type);
        parser.parse();
        loadCompleted = true;
      } finally {
        if (!loadCompleted) {
          knownMappers.remove(type);
        }
      }
    }
  }
  ...
}
```

如上面的代码所示，MapperRegistry 类有一个knownMappers属性，用于注册Mapper接口对应的Class对象和MapperProxyFactory对象之间的关系。另外，MapperRegistry 提供了addMapper()方法，用于向knownMappers属性中注册Mapper接口信息。在addMapper()方法中，为每个Mapper接口对应的Class对象创建一个MapperProxyFactory对象，然后添加到knownMappers属性中。

MapperRegistry 还提供了 getMapper()方法，能够根据 Mapper 接口的 Class 对象获取对应的

MapperProxyFactory 对象，然后就可以使用 MapperProxyFactory 对象创建 Mapper 动态代理对象了。

MyBatis 框架在应用启动时会解析所有的 Mapper 接口，然后调用 MapperRegistry 对象的 addMapper()方法将 Mapper 接口信息和对应的 MapperProxyFactory 对象注册到 MapperRegistry 对象中。

6.2 MappedStatement 注册过程

6.1 节介绍了 MyBatis Mapper 接口的注册过程，本节我们将了解一下 Mapper SQL 配置信息的注册过程。前面介绍过，MyBatis 通过 MappedStatement 类描述 Mapper 的 SQL 配置信息。SQL 配置有两种方式：一种是通过 XML 文件配置；另一种是通过 Java 注解，而 Java 注解的本质就是一种轻量级的配置信息。

下面我们来了解一下 MyBatis 中 Mapper SQL 配置信息（MappedStatement 对象）的注册过程。

前面介绍 Configuration 组件时有提到过，Configuration 类中有一个 mappedStatements 属性，该属性用于注册 MyBatis 中所有的 MappedStatement 对象，代码如下：

```
protected final Map<String, MappedStatement> mappedStatements = new
StrictMap<MappedStatement>("Mapped Statements collection");
```

mappedStatements 属性是一个 Map 对象，它的 Key 为 Mapper SQL 配置的 Id，如果 SQL 是通过 XML 配置的，则 Id 为命名空间加上<select|update|delete|insert>标签的 Id，如果 SQL 通过 Java 注解配置，则 Id 为 Mapper 接口的完全限定名（包括包名）加上方法名称。

另外，Configuration 类中提供了一个 addMappedStatement()方法，用于将 MappedStatement 对象添加到 mappedStatements 属性中，代码如下：

```
public void addMappedStatement(MappedStatement ms) {
  mappedStatements.put(ms.getId(), ms);
}
```

接下来我们重点了解一下 MappedStatement 对象的创建及注册过程。在介绍 Configuration 对象创建过程时有提到过，MyBatis 主配置文件的解析是通过 XMLConfigBuilder 对象来完成的。在 XMLConfigBuilder 类的 parseConfiguration()方法中会调用不同的方法解析对应的标签。parseConfiguration()代码如下：

```
private void parseConfiguration(XNode root) {
  try {
    propertiesElement(root.evalNode("properties"));
    Properties settings = settingsAsProperties(root.evalNode("settings"));
    loadCustomVfs(settings);
    typeAliasesElement(root.evalNode("typeAliases"));
    pluginElement(root.evalNode("plugins"));
    objectFactoryElement(root.evalNode("objectFactory"));
    objectWrapperFactoryElement(root.evalNode("objectWrapperFactory"));
    reflectorFactoryElement(root.evalNode("reflectorFactory"));
```

```
    settingsElement(settings);
    environmentsElement(root.evalNode("environments"));
    databaseIdProviderElement(root.evalNode("databaseIdProvider"));
    typeHandlerElement(root.evalNode("typeHandlers"));
    mapperElement(root.evalNode("mappers"));
   ...
}
```

想要了解 MappedStatement 对象的创建过程，就必须重点关注<mappers>标签的解析过程。<mappers>标签是通过 XMLConfigBuilder 类的 mapperElement()方法来解析的。下面是 mapperElement()方法的实现：

```
private void mapperElement(XNode parent) throws Exception {
  if (parent != null) {
    for (XNode child : parent.getChildren()) {
      // 通过<package>标签指定包名
      if ("package".equals(child.getName())) {
        String mapperPackage = child.getStringAttribute("name");
        configuration.addMappers(mapperPackage);
      } else {
        String resource = child.getStringAttribute("resource");
        String url = child.getStringAttribute("url");
        String mapperClass = child.getStringAttribute("class");
        // 通过 resource 属性指定 XML 文件路径
        if (resource != null && url == null && mapperClass == null) {
          ErrorContext.instance().resource(resource);
          InputStream inputStream = Resources.getResourceAsStream(resource);
          XMLMapperBuilder mapperParser = new XMLMapperBuilder(inputStream,
            configuration, resource, configuration.getSqlFragments());
                   mapperParser.parse();
                 } else if (resource == null && url != null && mapperClass
== null) {
                   // 通过 url 属性指定 XML 文件路径
                   ErrorContext.instance().resource(url);
                   InputStream inputStream = Resources.getUrlAsStream(url);
                   XMLMapperBuilder mapperParser = new
XMLMapperBuilder(inputStream, configuration, url,
configuration.getSqlFragments());
                   mapperParser.parse();
                 } else if (resource == null && url == null && mapperClass !=
null) {
                   // 通过 class 属性指定接口的完全限定名
                   Class<?> mapperInterface =
Resources.classForName(mapperClass);
                   configuration.addMapper(mapperInterface);
                 } else {
                   throw new BuilderException("A mapper element may only
specify a url, resource or class, but not more than one.");
                 }
               }
             }
           }
         }
```

如上面的代码所示，在 mapperElement()方法中，首先获取<mappers>所有子标签（<mapper>标签或<package>标签），然后根据不同的标签做不同的处理。<mappers>标签配置 Mapper 信息有以下几种方式：

```
<mappers>
    <!-- 通过 resource 属性指定 Mapper 文件的 classpath 路径 -→
    <mapper resource="org/mybatis/builder/AuthorMapper.xml"/>
    <!-- 通过 url 属性指定 Mapper 文件网络路径 -→
    <mapper url="file:///var/mappers/BlogMapper.xml"/>
    <!-- 通过 class 属性指定 Mapper 接口的完全限定名 -→
    <mapper class="org.mybatis.builder.PostMapper"/>
    <!-- 通过 package 标签指定 Mapper 接口所在的包名 -→
    <package name="org.mybatis.builder"/>
</mappers>
```

mapperElement()方法中对这几种情形的配置分别做了处理。接下来以<mapper resource="......"/>这种形式为例介绍 Mapper SQL 配置文件的解析过程。

Mapper SQL 配置文件的解析需要借助 XMLMapperBuilder 对象。在 mapperElement()方法中，首先创建一个 XMLMapperBuilder 对象，然后调用 XMLMapperBuilder 对象的 parse()方法完成解析，该方法内容如下：

```
public void parse() {
  if (!configuration.isResourceLoaded(resource)) {
    // 调用 XPathParser 的 evalNode()方法获取根节点对应的 XNode 对象
    configurationElement(parser.evalNode("/mapper"));
    // 将资源路径添加到 Configuration 对象中
    configuration.addLoadedResource(resource);
    bindMapperForNamespace();
  }
  // 继续解析之前解析出现异常的 ResultMap 对象
  parsePendingResultMaps();
  // 继续解析之前解析出现异常的 CacheRef 对象
  parsePendingCacheRefs();
  // 继续解析之前解析出现异常的<select|update|delete|insert>标签配置
  parsePendingStatements();
}
```

上面的代码中，首先调用 XPathParser 对象的 evalNode()方法获取根节点对应的 XNode 对象，接着调用 configurationElement()方法对 Mapper 配置内容做进一步解析。下面是 configurationElement()方法的内容：

```
private void configurationElement(XNode context) {
  try {
    // 获取命名空间
    String namespace = context.getStringAttribute("namespace");
    if (namespace == null || namespace.equals("")) {
      throw new BuilderException("Mapper's namespace cannot be empty");
    }
    // 设置当前正在解析的 Mapper 配置的命名空间
```

```
    builderAssistant.setCurrentNamespace(namespace);
    // 解析<cache-ref>标签
    cacheRefElement(context.evalNode("cache-ref"));
    // 解析<cache>标签
    cacheElement(context.evalNode("cache"));
    // 解析所有的<parameterMap>标签
    parameterMapElement(context.evalNodes("/mapper/parameterMap"));
    // 解析所有的<resultMap>标签
    resultMapElements(context.evalNodes("/mapper/resultMap"));
    // 解析所有的<sql>标签
    sqlElement(context.evalNodes("/mapper/sql"));
    // 解析所有的<select|insert|update|delete>标签

buildStatementFromContext(context.evalNodes("select|insert|update|delete"))
;
  } catch (Exception e) {
    throw new BuilderException("Error parsing Mapper XML. The XML location is
'" + resource + "'. Cause: " + e, e);
  }
}
```

如上面的代码所示，在 configurationElement()方法中，对 Mapper SQL 配置文件的所有标签进行解析。这里我们重点关注<select|insert|update|delete>标签的解析。在上面的代码中，获取<select|insert|update|delete>标签节点对应的 XNode 对象后，调用 XMLMapperBuilder 类的 buildStatementFromContext()方法做进一步解析处理。buildStatementFromContext()方法的实现如下：

```
private void buildStatementFromContext(List<XNode> list, String
requiredDatabaseId) {
  for (XNode context : list) {
    // 通过 XMLStatementBuilder 对象对<select|update|insert|delete>标签进行解析
    final XMLStatementBuilder statementParser =
         new XMLStatementBuilder(configuration, builderAssistant, context,
requiredDatabaseId);
            try {
              // 调用 parseStatementNode()方法解析
              statementParser.parseStatementNode();
            } catch (IncompleteElementException e) {
              configuration.addIncompleteStatement(statementParser);
            }
          }
        }
```

如上面的代码所示，<select|insert|update|delete>标签的解析需要依赖于 XMLStatementBuilder 对象，XMLMapperBuilder 类的 buildStatementFromContext()方法中对所有 XNode 对象进行遍历，然后为每个<select|insert|update|delete>标签对应的 XNode 对象创建一个 XMLStatementBuilder 对象，接着调用 XMLStatementBuilder 对象的 parseStatementNode()方法进行解析处理。下面是 XMLStatementBuilder 类的 parseStatementNode()方法的内容：

```
public void parseStatementNode() {
  String id = context.getStringAttribute("id");
```

```
String databaseId = context.getStringAttribute("databaseId");

if (!databaseIdMatchesCurrent(id, databaseId, this.requiredDatabaseId)) {
  return;
}
// 解析<select|update|delete|insert>标签属性
Integer fetchSize = context.getIntAttribute("fetchSize");
Integer timeout = context.getIntAttribute("timeout");
String parameterMap = context.getStringAttribute("parameterMap");
String parameterType = context.getStringAttribute("parameterType");
Class<?> parameterTypeClass = resolveClass(parameterType);
String resultMap = context.getStringAttribute("resultMap");
String resultType = context.getStringAttribute("resultType");
// 获取 LanguageDriver 对象
String lang = context.getStringAttribute("lang");
LanguageDriver langDriver = getLanguageDriver(lang);
// 获取 Mapper 返回结果类型 Class 对象
Class<?> resultTypeClass = resolveClass(resultType);
String resultSetType = context.getStringAttribute("resultSetType");
// 默认 Statement 类型为 PREPARED
StatementType statementType =
StatementType.valueOf(context.getStringAttribute("statementType",
    StatementType.PREPARED.toString()));
ResultSetType resultSetTypeEnum = resolveResultSetType(resultSetType);

String nodeName = context.getNode().getNodeName();
SqlCommandType sqlCommandType =
SqlCommandType.valueOf(nodeName.toUpperCase(Locale.ENGLISH));
boolean isSelect = sqlCommandType == SqlCommandType.SELECT;
boolean flushCache = context.getBooleanAttribute("flushCache", !isSelect);
boolean useCache = context.getBooleanAttribute("useCache", isSelect);
boolean resultOrdered = context.getBooleanAttribute("resultOrdered",
false);

// 将<include>标签内容替换为<sql>标签定义的 SQL 片段
XMLIncludeTransformer includeParser = new
XMLIncludeTransformer(configuration, builderAssistant);
includeParser.applyIncludes(context.getNode());

// 解析<selectKey>标签
processSelectKeyNodes(id, parameterTypeClass, langDriver);

// 通过 LanguageDriver 解析 SQL 内容，生成 SqlSource 对象
SqlSource sqlSource = langDriver.createSqlSource(configuration, context,
parameterTypeClass);
String resultSets = context.getStringAttribute("resultSets");
String keyProperty = context.getStringAttribute("keyProperty");
String keyColumn = context.getStringAttribute("keyColumn");
KeyGenerator keyGenerator;
String keyStatementId = id + SelectKeyGenerator.SELECT_KEY_SUFFIX;
keyStatementId = builderAssistant.applyCurrentNamespace(keyStatementId,
true);
// 获取主键生成策略
if (configuration.hasKeyGenerator(keyStatementId)) {
```

```
    keyGenerator = configuration.getKeyGenerator(keyStatementId);
  } else {
    keyGenerator = context.getBooleanAttribute("useGeneratedKeys",
        configuration.isUseGeneratedKeys() &&
SqlCommandType.INSERT.equals(sqlCommandType))
        ? Jdbc3KeyGenerator.INSTANCE : NoKeyGenerator.INSTANCE;
  }

  builderAssistant.addMappedStatement(id, sqlSource, statementType,
sqlCommandType,
      fetchSize, timeout, parameterMap, parameterTypeClass, resultMap,
resultTypeClass,
      resultSetTypeEnum, flushCache, useCache, resultOrdered,
      keyGenerator, keyProperty, keyColumn, databaseId, langDriver,
resultSets);
}
```

如上面的代码所示，XMLStatementBuilder 类的 parseStatementNode()方法的内容相对较多，但是逻辑非常清晰，主要做了以下几件事情：

（1）获取<select|insert|delete|update>标签的所有属性信息。

（2）将<include>标签引用的 SQL 片段替换为对应的<sql>标签中定义的内容。

（3）获取 lang 属性指定的 LanguageDriver，通过 LanguageDriver 创建 SqlSource。MyBatis 中的 SqlSource 表示一个 SQL 资源，后面章节中会对 SqlSource 做更详细的介绍。

（4）获取 KeyGenerator 对象。KeyGenerator 的不同实例代表不同的主键生成策略。

（5）所有解析工作完成后，使用 MapperBuilderAssistant 对象的 addMappedStatement()方法创建 MappedStatement 对象。创建完成后，调用 Configuration 对象的 addMappedStatement()方法将 MappedStatement 对象注册到 Configuration 对象中。

需要注意的是，MyBatis 中的 MapperBuilderAssistant 是一个辅助工具类，用于构建 Mapper 相关的对象，例如 Cache、ParameterMap、ResultMap 等。

6.3　Mapper 方法调用过程详解

前面两节介绍了 Mapper 接口和 Mapper SQL 配置信息的注册过程，本节将介绍 Mapper 方法的执行过程以及 Mapper 接口与 Mapper SQL 配置是如何进行关联的。

为了执行 Mapper 接口中定义的方法，我们首先需要调用 SqlSession 对象的 getMapper()方法获取一个动态代理对象，然后通过代理对象调用方法即可，代码如下：

```
SqlSession sqlSession = sqlSessionFactory.openSession();
// 获取 UserMapper 代理对象
UserMapper userMapper = sqlSession.getMapper(UserMapper.class);
// 执行 Mapper 方法，获取执行结果
List<UserEntity> userList = userMapper.listAllUser();
```

MyBatis 中的 MapperProxy 实现了 InvocationHandler 接口，用于实现动态代理相关逻辑。熟悉 JDK 动态代理机制的读者都知道，当我们调用动态代理对象方法的时候，会执行 MapperProxy 类的 invoke()方法。该方法的内容如下：

```
public class MapperProxy<T> implements InvocationHandler, Serializable {
  ... // 略
  @Override
  public Object invoke(Object proxy, Method method, Object[] args) throws
Throwable {
    try {
      // 从 Object 类继承的方法不做处理
      if (Object.class.equals(method.getDeclaringClass())) {
        return method.invoke(this, args);
      } else if (isDefaultMethod(method)) {
        return invokeDefaultMethod(proxy, method, args);
      }
    } catch (Throwable t) {
      throw ExceptionUtil.unwrapThrowable(t);
    }
    // 对 Mapper 接口中定义的方法进行封装，生成 MapperMethod 对象
    final MapperMethod mapperMethod = cachedMapperMethod(method);
    return mapperMethod.execute(sqlSession, args);
  }
  ... // 略
}
```

如上面的代码所示，在 MapperProxy 类的 invoke()方法中，对从 Object 类继承的方法不做任何处理，对 Mapper 接口中定义的方法，调用 cachedMapperMethod()方法获取一个 MapperMethod 对象。cachedMapperMethod()方法的内容如下：

```
private MapperMethod cachedMapperMethod(Method method) {
  MapperMethod mapperMethod = methodCache.get(method);
  if (mapperMethod == null) {
    mapperMethod = new MapperMethod(mapperInterface, method,
sqlSession.getConfiguration());
    methodCache.put(method, mapperMethod);
  }
  return mapperMethod;
}
```

如上面的代码所示，cachedMapperMethod()方法中对 MapperMethod 对象做了缓存，首先从缓存中获取，如果获取不到，则创建 MapperMethod 对象，然后添加到缓存中，这是享元思想的应用，避免频繁创建和回收对象。

上面代码中的 MapperMethod 类是对 Mapper 方法相关信息的封装，通过 MapperMethod 能够很方便地获取 SQL 语句的类型、方法的签名信息等。下面是 MapperMethod 类的构造方法：

```
public class MapperMethod {

  private final SqlCommand command;
  private final MethodSignature method;
```

```
    public MapperMethod(Class<?> mapperInterface, Method method, Configuration config) {
        this.command = new SqlCommand(config, mapperInterface, method);
        this.method = new MethodSignature(config, mapperInterface, method);
    }
    ...
}
```

如上面的代码所示，在 MapperMethod 构造方法中创建了一个 SqlCommand 对象和一个 MethodSignature 对象：SqlCommand 对象用于获取 SQL 语句的类型、Mapper 的 Id 等信息；MethodSignature 对象用于获取方法的签名信息，例如 Mapper 方法的参数名、参数注解等信息。接下来我们看一下 SqlCommand 类的构造方法，代码如下：

```
public static class SqlCommand {
    private final String name; // Mapper Id
    private final SqlCommandType type; // SQL类型
    public SqlCommand(Configuration configuration, Class<?> mapperInterface, Method method) {
        final String methodName = method.getName();
        // 获取声明该方法的类或接口的Class对象
        final Class<?> declaringClass = method.getDeclaringClass();
        // 获取描述<select|update|insert|delete>标签的MappedStatement对象
        MappedStatement ms = resolveMappedStatement(mapperInterface, methodName, declaringClass,
                configuration);
        if (ms == null) {
            if (method.getAnnotation(Flush.class) != null) {
                name = null;
                type = SqlCommandType.FLUSH;
            } else {
                throw new BindingException("Invalid bound statement (not found): "
                        + mapperInterface.getName() + "." + methodName);
            }
        } else {
            name = ms.getId();
            type = ms.getSqlCommandType();
            if (type == SqlCommandType.UNKNOWN) {
                throw new BindingException("Unknown execution method for: " + name);
            }
        }
    }
    ...
}
```

如上面的代码所示，在 SqlCommand 构造方法中调用 resolveMappedStatement()方法，根据 Mapper 接口的完全限定名和方法名获取对应的 MappedStatement 对象，然后通过 MappedStatement 对象获取 SQL 语句的类型和 Mapper 的 Id。下面是 SqlCommand 类 resolveMappedStatement()方法的实现：

```
private MappedStatement resolveMappedStatement(Class<?> mapperInterface,
String methodName,
                                    Class<?> declaringClass,
Configuration configuration) {
   // 获取 Mapper 的 Id
   String statementId = mapperInterface.getName() + "." + methodName;
   if (configuration.hasStatement(statementId)) {
      // 如果 Configuration 对象中已经注册了 MappedStatement 对象，
      // 则获取该 MappedStatement 对象
      return configuration.getMappedStatement(statementId);
   } else if (mapperInterface.equals(declaringClass)) {
      return null;
   }
   // 如果方法是在 Mapper 父接口中定义的，则根据父接口获取对应的 MappedStatement 对象
   for (Class<?> superInterface : mapperInterface.getInterfaces()) {
      if (declaringClass.isAssignableFrom(superInterface)) {
         MappedStatement ms = resolveMappedStatement(superInterface,
methodName,
                  declaringClass, configuration);
         if (ms != null) {
            return ms;
         }
      }
   }
   return null;
}
```

在上面的代码中，首先将接口的完全限定名和方法名进行拼接，作为 Mapper 的 Id 从 Configuration 对象中查找对应的 MappedStatement 对象，如果查找不到，则判断该方法是否是从父接口中继承的，如果是，就以父接口作为参数递归调用 resolveMappedStatement()方法，若找到对应的 MappedStatement 对象，则返回该对象，否则返回 null。

SqlCommand 对象封装了 SQL 语句的类型和 Mapper 的 Id。接下来我们了解一下 MethodSignature 对象的创建过程。下面是 MethodSignature 类的构造方法：

```
public MethodSignature(Configuration configuration, Class<?> mapperInterface,
Method method) {
   // 获取方法返回值类型
   Type resolvedReturnType = TypeParameterResolver.resolveReturnType(method,
mapperInterface);
   if (resolvedReturnType instanceof Class<?>) {
      this.returnType = (Class<?>) resolvedReturnType;
   } else if (resolvedReturnType instanceof ParameterizedType) {
      this.returnType = (Class<?>) ((ParameterizedType)
resolvedReturnType).getRawType();
   } else {
      this.returnType = method.getReturnType();
   }
   // 返回值类型为 void
   this.returnsVoid = void.class.equals(this.returnType);
   // 返回值类型为集合
```

```
    this.returnsMany =
configuration.getObjectFactory().isCollection(this.returnType) ||
this.returnType.isArray();
    // 返回值类型为Cursor
    this.returnsCursor = Cursor.class.equals(this.returnType);
    // 返回值类型为Optional
    this.returnsOptional = Jdk.optionalExists &&
Optional.class.equals(this.returnType);
    this.mapKey = getMapKey(method);
    // 返回值类型为Map
    this.returnsMap = this.mapKey != null;
    // RowBounds参数位置索引
    this.rowBoundsIndex = getUniqueParamIndex(method, RowBounds.class);
    // ResultHandler参数位置索引
    this.resultHandlerIndex = getUniqueParamIndex(method,
ResultHandler.class);
    // ParamNameResolver用于解析Mapper方法参数
    this.paramNameResolver = new ParamNameResolver(configuration, method);
}
```

如上面的代码所示，MethodSignature构造方法中只做了3件事情：

（1）获取Mapper方法的返回值类型，具体是哪种类型，通过boolean类型的属性进行标记。例如，当返回值类型为void时，returnsVoid属性值为true，当返回值类型为List时，将returnsMap属性值设置为true。MethodSignature类中标记Mapper返回值类型的属性如下：

```
public static class MethodSignature {

    private final boolean returnsMany;
    private final boolean returnsMap;
    private final boolean returnsVoid;
    private final boolean returnsCursor;
    private final boolean returnsOptional;
    private final Class<?> returnType;
    ...
}
```

（2）记录RowBounds参数位置，用于处理后续的分页查询，同时记录ResultHandler参数位置，用于处理从数据库中检索的每一行数据。

（3）创建ParamNameResolver对象。ParamNameResolver对象用于解析Mapper方法中的参数名称及参数注解信息。

ParamNameResolver构造方法中完成了Mapper方法参数的解析过程，代码如下：

```
public ParamNameResolver(Configuration config, Method method) {
  final Class<?>[] paramTypes = method.getParameterTypes();
  // 获取所有参数注解
  final Annotation[][] paramAnnotations = method.getParameterAnnotations();
  final SortedMap<Integer, String> map = new TreeMap<Integer, String>();
  int paramCount = paramAnnotations.length;
  // 从@Param 注解中获取参数名称
  for (int paramIndex = 0; paramIndex < paramCount; paramIndex++) {
```

```
      if (isSpecialParameter(paramTypes[paramIndex])) {
        continue;
      }
      String name = null;
      for (Annotation annotation : paramAnnotations[paramIndex]) {
        // 方法参数中是否有 Param 注解
        if (annotation instanceof Param) {
          hasParamAnnotation = true;
          // 获取参数名称
          name = ((Param) annotation).value();
          break;
        }
      }
      if (name == null) {
        // 未指定@Param 注解，用于判断是否使用实际的参数名称，参考 useActualParamName 属
性的作用
        if (config.isUseActualParamName()) {
          // 获取参数名
          name = getActualParamName(method, paramIndex);
        }
        if (name == null) {
          name = String.valueOf(map.size());
        }
      }
      // 将参数信息存放在 Map 中，Key 为参数位置索引，Value 为参数名称
      map.put(paramIndex, name);
    }
    // 将参数信息保存在 names 属性中
    names = Collections.unmodifiableSortedMap(map);
  }
```

如上面的代码所示，在 ParamNameResolver 构造方法中，对所有 Mapper 方法的所有参数信息进行遍历，首先判断参数中是否有@Param 注解，如果包含@Param 注解，就从注解中获取参数名称，如果参数中没有@Param 注解，就根据 MyBatis 主配置文件中的 useActualParamName 参数确定是否获取实际方法定义的参数名称，若 useActualParamName 参数值为 true，则使用方法定义的参数名称。解析完毕后，将参数信息保存在一个不可修改的 names 属性中，该属性是一个 SortedMap<Integer, String>类型的对象。

到此为止，整个 MapperMethod 对象的创建过程已经完成。接下来介绍 Mapper 方法的执行。MapperMethod 提供了一个 execute()方法，用于执行 SQL 命令，我们回到 MapperProxy 的 invoke()方法：

```
public class MapperProxy<T> implements InvocationHandler, Serializable {
  ...
  @Override
  public Object invoke(Object proxy, Method method, Object[] args) throws
Throwable {
    ... // 略
    // 对 Mapper 接口中定义的方法进行封装，生成 MapperMethod 对象
    final MapperMethod mapperMethod = cachedMapperMethod(method);
    return mapperMethod.execute(sqlSession, args);
```

```
    }
    ...
}
```

如上面的代码所示，在 MapperProxy 类的 invoke()方法中获取 MapperMethod 对象后，最终会调用 MapperMethod 类的 execute()。下面是 MapperMethod 的 execute()方法的关键代码：

```
public class MapperMethod {
    private final SqlCommand command;
    private final MethodSignature method;
    ...
    public Object execute(SqlSession sqlSession, Object[] args) {
        Object result;
        // 其中 command 为 MapperMethod 构造时创建的 SqlCommand 对象
        // 获取 SQL 语句类型
        switch (command.getType()) {
            case INSERT: {
                // 获取参数信息
                Object param = method.convertArgsToSqlCommandParam(args);
                // 调用 SqlSession 的 insert()方法，然后调用 rowCountResult()方法统计
行数
                result = rowCountResult(sqlSession.insert(command.getName(),
param));
                break;
            }
            case UPDATE: {
                Object param = method.convertArgsToSqlCommandParam(args);
                // 调用 SqlSession 对象的 update()方法
                result = rowCountResult(sqlSession.update(command.getName(),
param));
                break;
            }
            case DELETE: {
                Object param = method.convertArgsToSqlCommandParam(args);
                result = rowCountResult(sqlSession.delete(command.getName(),
param));
                break;
            }
            case SELECT:
          ... // 篇幅限制，省略代码
    }
}
```

如上面的代码所示，在 execute()方法中，首先根据 SqlCommand 对象获取 SQL 语句的类型，然后根据 SQL 语句的类型调用 SqlSession 对象对应的方法。例如，当 SQL 语句类型为 INSERT 时，通过 SqlCommand 对象获取 Mapper 的 Id，然后调用 SqlSession 对象的 insert()方法。MyBatis 通过动态代理将 Mapper 方法的调用转换成通过 SqlSession 提供的 API 方法完成数据库的增删改查操作，即旧的 iBatis 框架调用 Mapper 的方式。

6.4 SqlSession 执行 Mapper 过程

6.3 节介绍了 Mapper 方法的调用过程。我们了解到，MyBatis 通过动态代理将 Mapper 方法的调用转换为调用 SqlSession 提供的增删改查方法，以 Mapper 的 Id 作为参数，执行数据库的增删改查操作，即：

```
@Test
public  void testMybatis () throws IOException {
    // 获取配置文件输入流
    InputStream inputStream =
Resources.getResourceAsStream("mybatis-config.xml");
    // 通过 SqlSessionFactoryBuilder 的 build()方法创建 SqlSessionFactory 实例
    SqlSessionFactory sqlSessionFactory = new
SqlSessionFactoryBuilder().build(inputStream);
    // 调用 openSession()方法创建 SqlSession 实例
    SqlSession sqlSession = sqlSessionFactory.openSession();
    List<UserEntity> userList = sqlSession.selectList(
            "com.blog4java.mybatis.example.mapper.UserMapper.listAllUser");
    System.out.println(JSON.toJSONString(userList));
}
```

接下来我们以 SELECT 语句为例介绍 SqlSession 执行 Mapper 的过程。SqlSession 接口只有一个默认的实现，即 DefaultSqlSession。下面是 DefaultSqlSession 类对 SqlSession 接口中定义的 selectList()方法的实现：

```
public <E> List<E> selectList(String statement, Object parameter, RowBounds
rowBounds) {
  try {
    // 根据 Mapper 的 Id 获取对应的 MappedStatement 对象
    MappedStatement ms = configuration.getMappedStatement(statement);
    // 以 MappedStatement 对象作为参数，调用 Executor 的 query()方法
    return executor.query(ms, wrapCollection(parameter), rowBounds,
Executor.NO_RESULT_HANDLER);
  } catch (Exception e) {
    throw ExceptionFactory.wrapException("Error querying database.  Cause: " +
e, e);
  } finally {
    ErrorContext.instance().reset();
  }
}
```

如上面的代码所示，在 DefaultSqlSession 的 selectList()方法中，首先根据 Mapper 的 Id 从 Configuration 对象中获取对应的 MappedStatement 对象，然后以 MappedStatement 对象作为参数，调用 Executor 实例的 query()方法完成查询操作。下面是 BaseExecutor 类对 query()方法的实现：

```
public <E> List<E> query(MappedStatement ms, Object parameter, RowBounds
rowBounds, ResultHandler resultHandler)
```

```
    throws SQLException {
      // 获取 BoundSql 对象，BoundSql 是对动态 SQL 解析生成的 SQL 语句和参数映射信息的封装
      BoundSql boundSql = ms.getBoundSql(parameter);
      // 创建 CacheKey，用于缓存 Key
      CacheKey key = createCacheKey(ms, parameter, rowBounds, boundSql);
      // 调用重载的 query()方法
      return query(ms, parameter, rowBounds, resultHandler, key, boundSql);
  }
```

在 BaseExecutor 类的 query()方法中，首先从 MappedStatement 对象中获取 BoundSql 对象，BoundSql 类中封装了经过解析后的 SQL 语句及参数映射信息。然后创建 CacheKey 对象，该对象用于缓存的 Key 值。接着调用重载的 query()方法，关键代码如下：

```
public <E> List<E> query(MappedStatement ms, Object parameter, RowBounds
rowBounds,
      ResultHandler resultHandler, CacheKey key, BoundSql boundSql) throws
SQLException {
  ...
  List<E> list;
  try {
    queryStack++;
    // 从缓存中获取结果
    list = resultHandler == null ? (List<E>) localCache.getObject(key) : null;
    if (list != null) {
      handleLocallyCachedOutputParameters(ms, key, parameter, boundSql);
    } else {
      // 若缓存中获取不到，则调用 queryFromDatabase()方法从数据库中查询
      list = queryFromDatabase(ms, parameter, rowBounds, resultHandler, key,
boundSql);
    }
  } finally {
    queryStack--;
  }
  ...
  return list;
}
```

在重载的 query()方法中，首先从 MyBatis 一级缓存中获取查询结果，如果缓存中没有，则调用 BaseExecutor 类的 queryFromDatabase()方法从数据库中查询。queryFromDatabase()方法代码如下：

```
private <E> List<E> queryFromDatabase(MappedStatement ms, Object parameter,
RowBounds rowBounds,
      ResultHandler resultHandler, CacheKey key, BoundSql boundSql) throws
SQLException {
  List<E> list;
  localCache.putObject(key, EXECUTION_PLACEHOLDER);
  try {
    // 调用 doQuery()方法查询
    list = doQuery(ms, parameter, rowBounds, resultHandler, boundSql);
  } finally {
    localCache.removeObject(key);
  }
```

```
    // 缓存查询结果
    localCache.putObject(key, list);
    if (ms.getStatementType() == StatementType.CALLABLE) {
      localOutputParameterCache.putObject(key, parameter);
    }
    return list;
  }
```

如上面的代码所示，在 queryFromDatabase()方法中，调用 doQuery()方法进行查询，然后将查询结果进行缓存，doQuery()是一个模板方法，由 BaseExecutor 子类实现。在学习 MyBatis 核心组件时，我们了解到 Executor 有几个不同的实现，分别为 BatchExecutor、SimpleExecutor 和 ReuseExecutor。接下来我们了解一下 SimpleExecutor 对 doQuery()方法的实现，代码如下：

```
  public <E> List<E> doQuery(MappedStatement ms, Object parameter, RowBounds
  rowBounds,
      ResultHandler resultHandler, BoundSql boundSql) throws SQLException {
    Statement stmt = null;
    try {
      Configuration configuration = ms.getConfiguration();
      // 获取 StatementHandler 对象
      StatementHandler handler = configuration.newStatementHandler(wrapper, ms,
  parameter, rowBounds, resultHandler, boundSql);
      // 调用 prepareStatement()方法创建 Statement 对象，并进行设置参数等操作
      stmt = prepareStatement(handler, ms.getStatementLog());
      // 调用 StatementHandler 对象的 query()方法执行查询操作
      return handler.<E>query(stmt, resultHandler);
    } finally {
      closeStatement(stmt);
    }
  }
```

如上面的代码所示，在 SimpleExecutor 类的 doQuery()方法中，首先调用 Configuration 对象的 newStatementHandler()方法创建 StatementHandler 对象。newStatementHandler()方法返回的是 RoutingStatementHandler 的实例。在 RoutingStatementHandler 类中，会根据配置 Mapper 时 statementType 属性指定的 StatementHandler 类型创建对应的 StatementHandler 实例进行处理，例如 statementType 属性值为 SIMPLE 时，则创建 SimpleStatementHandler 实例。

StatementHandler 对象创建完毕后，接着调用 SimpleExecutor 类的 prepareStatement()方法创建 JDBC 中的 Statement 对象，然后为 Statement 对象设置参数操作。Statement 对象初始化工作完成后，再调用 StatementHandler 的 query()方法执行查询操作。

我们先来看一下 SimpleExecutor 类中 prepareStatement()方法的具体内容，代码如下：

```
  private Statement prepareStatement(StatementHandler handler, Log statementLog)
  throws SQLException {
    Statement stmt;
    // 获取 JDBC 中的 Connection 对象
    Connection connection = getConnection(statementLog);
    // 调用 StatementHandler 的 prepare()方法创建 Statement 对象
    stmt = handler.prepare(connection, transaction.getTimeout());
    // 调用 StatementHandler 对象的 parameterize()方法设置参数
```

```
    handler.parameterize(stmt);
    return stmt;
  }
```

在 SimpleExecutor 类的 prepareStatement()方法中，首先获取 JDBC 中的 Connection 对象，然后调用 StatementHandler 对象的 prepare()方法创建 Statement 对象，接着调用 StatementHandler 对象的 parameterize()方法（parameterize()方法中会使用 ParameterHandler 为 Statement 对象设置参数）。具体逻辑读者可以参考 MyBatis 对应的源代码。

MyBatis 的 StatementHandler 接口有几个不同的实现类，分别为 SimpleStatementHandler、PreparedStatementHandler 和 CallableStatementHandler。MyBatis 默认情况下会使用 PreparedStatementHandler 与数据库交互。接下来我们了解一下 PreparedStatementHandler 的 query()方法的实现，代码如下：

```
  public <E> List<E> query(Statement statement, ResultHandler resultHandler)
  throws SQLException {
    PreparedStatement ps = (PreparedStatement) statement;
    // 调用 PreparedStatement 对象的 execute()方法执行 SQL 语句
    ps.execute();
    // 调用 ResultSetHandler 的 handleResultSets()方法处理结果集
    return resultSetHandler.<E> handleResultSets(ps);
  }
```

如上面的代码所示，在 PreparedStatementHandler 的 query()方法中，首先调用 PreparedStatement 对象的 execute()方法执行 SQL 语句，然后调用 ResultSetHandler 的 handleResultSets()方法处理结果集。

ResultSetHandler 只有一个默认的实现，即 DefaultResultSetHandler 类，DefaultResultSetHandler 处理结果集的逻辑在第 4 章介绍 MyBatis 核心组件时已经介绍过了。这里我们简单回顾一下，下面是 DefaultResultSetHandler 类 handleResultSets()方法的关键代码：

```
  public List<Object> handleResultSets(Statement stmt) throws SQLException {
    ErrorContext.instance().activity("handling
  results").object(mappedStatement.getId());
    final List<Object> multipleResults = new ArrayList<Object>();
    int resultSetCount = 0;
    // 1.获取 ResultSet 对象，将 ResultSet 对象包装为 ResultSetWrapper
    ResultSetWrapper rsw = getFirstResultSet(stmt);
    // 2.获取 ResultMap 信息，一般只有一个 ResultMap
    List<ResultMap> resultMaps = mappedStatement.getResultMaps();
    int resultMapCount = resultMaps.size();
    validateResultMapsCount(rsw, resultMapCount);
    while (rsw != null && resultMapCount > resultSetCount) {
      ResultMap resultMap = resultMaps.get(resultSetCount);
      // 3.调用 handleResultSet 方法处理结果集
      handleResultSet(rsw, resultMap, multipleResults, null);
      rsw = getNextResultSet(stmt);
      cleanUpAfterHandlingResultSet();
      resultSetCount++;
    }
```

```
    ...
  // 对 multipleResults 进行处理，如果只有一个结果集，则返回结果集中的元素，否则返回多个
结果集
  return collapseSingleResultList(multipleResults);
}
```

如上面的代码所示，DefaultResultSetHandler 类的 handleResultSets()方法具体逻辑如下：

（1）首先从 Statement 对象中获取 ResultSet 对象，然后将 ResultSet 包装为 ResultSetWrapper 对象，通过 ResultSetWrapper 对象能够更方便地获取数据库字段名称以及字段对应的 TypeHandler 信息。

（2）获取 Mapper SQL 配置中通过 resultMap 属性指定的 ResultMap 信息，一条 SQL Mapper 配置一般只对应一个 ResultMap。

（3）调用 handleResultSet()方法对 ResultSetWrapper 对象进行处理，将结果集转换为 Java 实体对象，然后将生成的实体对象存放在 multipleResults 列表中。

（4）调用 collapseSingleResultList()方法对 multipleResults 进行处理，如果只有一个结果集，就返回结果集中的元素，否则返回多个结果集。具体细节，读者可参考该方法的源码。

到此为止，MyBatis 如何通过调用 Mapper 接口定义的方法执行注解或者 XML 文件中配置的 SQL 语句这一整条链路介绍完毕。

6.5 本章小结

MyBatis 中 Mapper 的配置分为两部分，分别为 Mapper 接口和 Mapper SQL 配置。MyBatis 通过动态代理的方式创建 Mapper 接口的代理对象，MapperProxy 类中定义了 Mapper 方法执行时的拦截逻辑，通过 MapperProxyFactory 创建代理实例，MyBatis 启动时，会将 MapperProxyFactory 注册到 Configuration 对象中。另外，MyBatis 通过 MappedStatement 类描述 Mapper SQL 配置信息，框架启动时，会解析 Mapper SQL 配置，将所有的 MappedStatement 对象注册到 Configuration 对象中。

通过 Mapper 代理对象调用 Mapper 接口中定义的方法时，会执行 MapperProxy 类中的拦截逻辑，将 Mapper 方法的调用转换为调用 SqlSession 提供的 API 方法。在 SqlSession 的 API 方法中通过 Mapper 的 Id 找到对应的 MappedStatement 对象，获取对应的 SQL 信息，通过 StatementHandler 操作 JDBC 的 Statement 对象完成与数据库的交互，然后通过 ResultSetHandler 处理结果集，将结果返回给调用者。

第 7 章

MyBatis 缓存

缓存是 MyBatis 中非常重要的特性。在应用程序和数据库都是单节点的情况下，合理使用缓存能够减少数据库 IO，显著提升系统性能。但是在分布式环境下，如果使用不当，则可能会带来数据一致性问题。MyBatis 提供了一级缓存和二级缓存，其中一级缓存基于 SqlSession 实现，而二级缓存基于 Mapper 实现。本章我们就来学习一下 MyBatis 缓存的使用，并分析 MyBatis 缓存的实现原理。

7.1 MyBatis 缓存的使用

MyBatis 的缓存分为一级缓存和二级缓存，一级缓存默认是开启的，而且不能关闭。至于一级缓存为什么不能关闭，MyBatis 核心开发人员做出了解释：MyBatis 的一些关键特性（例如通过<association>和<collection>建立级联映射、避免循环引用（circular references）、加速重复嵌套查询等）都是基于 MyBatis 一级缓存实现的，而且 MyBatis 结果集映射相关代码重度依赖 CacheKey，所以目前 MyBatis 不支持关闭一级缓存。

MyBatis 提供了一个配置参数 localCacheScope，用于控制一级缓存的级别，该参数的取值为 SESSION、STATEMENT，当指定 localCacheScope 参数值为 SESSION 时，缓存对整个 SqlSession 有效，只有执行 DML 语句（更新语句）时，缓存才会被清除。当 localCacheScope 值为 STATEMENT 时，缓存仅对当前执行的语句有效，当语句执行完毕后，缓存就会被清空。

MyBatis 的一级缓存，用户只能控制缓存的级别，并不能关闭。本节我们重点了解一下 MyBatis 框架二级缓存的使用。

MyBatis 二级缓存的使用比较简单，只需要以下几步：

（1）在 MyBatis 主配置文件中指定 cacheEnabled 属性值为 true。

```
<settings>
  ...
```

```
    <setting name="cacheEnabled" value="true"/>
</settings>
```

（2）在 MyBatis Mapper 配置文件中，配置缓存策略、缓存刷新频率、缓存的容量等属性，例如：

```
<cache eviction="FIFO"
    flushInterval="60000"
    size="512"
    readOnly="true"/>
```

（3）在配置 Mapper 时，通过 useCache 属性指定 Mapper 执行时是否使用缓存。另外，还可以通过 flushCache 属性指定 Mapper 执行后是否刷新缓存，例如：

```
<select id="listAllUser"
        flushCache="false"
        useCache="true"
        resultType="com.blog4java.mybatis.example.entity.UserEntity" >
    select
    <include refid="userAllField"/>
    from user
</select>
```

通过上面的配置，MyBatis 的二级缓存就可以生效了。执行查询操作时，查询结果会缓存到二级缓存中，执行更新操作后，二级缓存会被清空。

7.2 MyBatis缓存实现类

了解了 MyBatis 缓存的使用后，我们再来学习 MyBatis 缓存的实现原理。MyBatis 的缓存基于 JVM 堆内存实现，即所有的缓存数据都存放在 Java 对象中。MyBatis 通过 Cache 接口定义缓存对象的行为，Cache 接口代码如下：

```
public interface Cache {
  String getId();
  void putObject(Object key, Object value);
  Object getObject(Object key);
  Object removeObject(Object key);
  void clear();
  int getSize();
  ReadWriteLock getReadWriteLock();
}
```

这些方法的作用显而易见。

- **getId()**：该方法用于获取缓存的 Id，通常情况下缓存的 Id 为 Mapper 的命名空间名称。
- **putObject()**：该方法用于将一个 Java 对象添加到缓存中，该方法有两个参数，第一个参数为缓存的 Key，即 CacheKey 的实例；第二个参数为需要缓存的对象。

- **getObject()**：该方法用于获取缓存 Key 对应的缓存对象。
- **removeObject()**：该方法用于将一个对象从缓存中移除。
- **clear()**：该方法用于清空缓存。
- **getReadWriteLock()**：该方法返回一个 ReadWriteLock 对象，该方法在 3.2.6 版本后已经不再使用。

MyBatis 中的缓存类采用装饰器模式设计，Cache 接口有一个基本的实现类，即 PerpetualCache 类，该类的实现比较简单，通过一个 HashMap 实例存放缓存对象。需要注意的是，PerpetualCache 类重写了 Object 类的 equals()方法，当两个缓存对象的 Id 相同时，即认为缓存对象相同。另外，PerpetualCache 类还重写了 Object 类的 hashCode()方法，仅以缓存对象的 Id 作为因子生成 hashCode。

除了基础的 PerpetualCache 类之外，MyBatis 中为了对 PerpetualCache 类的功能进行增强，提供了一些缓存的装饰器类，如图 7-1 所示。

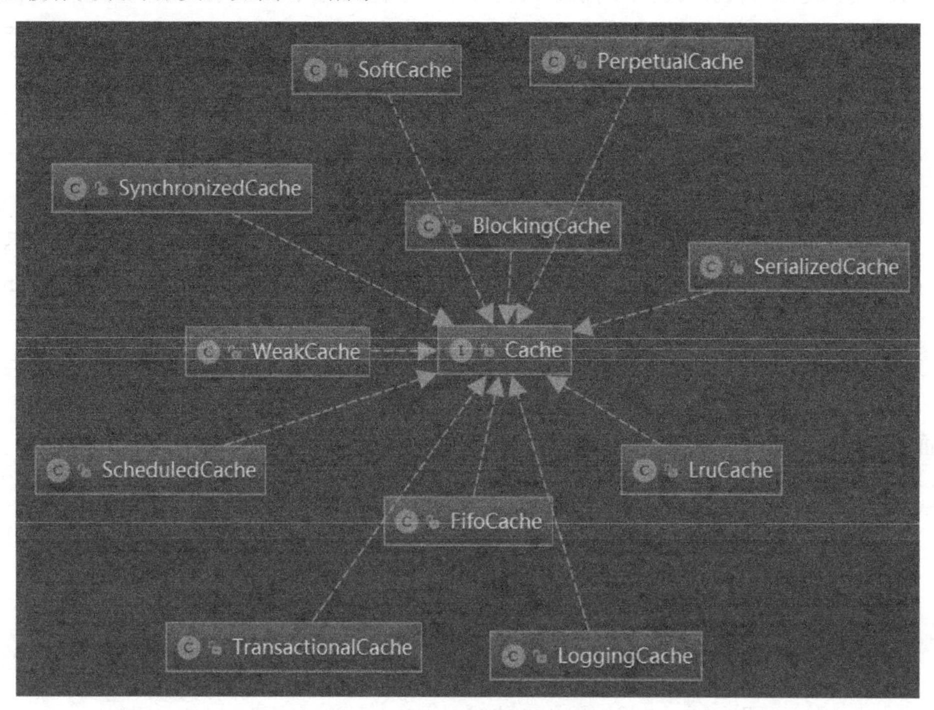

图 7-1 MyBatis 缓存实现类

这些缓存装饰器类功能如下。

- **BlockingCache**：阻塞版本的缓存装饰器，能够保证同一时间只有一个线程到缓存中查找指定的 Key 对应的数据。
- **FifoCache**：先入先出缓存装饰器，FifoCache 内部有一个维护具有长度限制的 Key 键值链表（LinkedList 实例）和一个被装饰的缓存对象，Key 值链表主要是维护 Key 的 FIFO 顺序，而缓存存储和获取则交给被装饰的缓存对象来完成。
- **LoggingCache**：为缓存增加日志输出功能，记录缓存的请求次数和命中次数，通过日志输出缓存命中率。

- **LruCache**：最近最少使用的缓存装饰器，当缓存容量满了之后，使用 LRU 算法淘汰最近最少使用的 Key 和 Value。LruCache 中通过重写 LinkedHashMap 类的 removeEldestEntry()方法获取最近最少使用的 Key 值，将 Key 值保存在 LruCache 类的 eldestKey 属性中，然后在缓存中添加对象时，淘汰 eldestKey 对应的 Value 值。具体实现细节读者可参考 LruCache 类的源码。
- **ScheduledCache**：自动刷新缓存装饰器，当操作缓存对象时，如果当前时间与上次清空缓存的时间间隔大于指定的时间间隔，则清空缓存。清空缓存的动作由 getObject()、putObject()、removeObject()等方法触发。
- **SerializedCache**：序列化缓存装饰器，向缓存中添加对象时，对添加的对象进行序列化处理，从缓存中取出对象时，进行反序列化处理。
- **SoftCache**：软引用缓存装饰器，SoftCache 内部维护了一个缓存对象的强引用队列和软引用队列，缓存以软引用的方式添加到缓存中，并将软引用添加到队列中，获取缓存对象时，如果对象已经被回收，则移除 Key，如果未被回收，则将对象添加到强引用队列中，避免被回收，如果强引用队列已经满了，则移除最早入队列的对象的引用。
- **SynchronizedCache**：线程安全缓存装饰器，SynchronizedCache 的实现比较简单，为了保证线程安全，对操作缓存的方法使用 synchronized 关键字修饰。
- **TransactionalCache**：事务缓存装饰器，该缓存与其他缓存的不同之处在于，TransactionalCache 增加了两个方法，即 commit()和 rollback()。当写入缓存时，只有调用 commit()方法后，缓存对象才会真正添加到 TransactionalCache 对象中，如果调用了 rollback()方法，写入操作将被回滚。
- **WeakCache**：弱引用缓存装饰器，功能和 SoftCache 类似，只是使用不同的引用类型。

下面是 PerpetualCache 类及 MyBatis 提供了缓存装饰类的使用案例：

```
public void testCache() {
   final int N = 100000;
   Cache cache = new PerpetualCache("default");
   cache = new LruCache(cache);
   cache = new FifoCache(cache);
   cache = new SoftCache(cache);
   cache = new WeakCache(cache);
   cache = new ScheduledCache(cache);
   cache = new SerializedCache(cache);
   cache = new SynchronizedCache(cache);
   cache = new TransactionalCache(cache);
   for (int i = 0; i < N; i++) {
      cache.putObject(i, i);
      ((TransactionalCache) cache).commit();
   }
   System.out.println(cache.getSize());
}
```

如上面的代码所示，我们可以使用 MyBatis 提供的缓存装饰器类对基础的 PerpetualCache 类的功能进行增强，使用不同的装饰器后，缓存对象则拥有对应的功能。

另外，MyBatis 提供了一个 CacheBuilder 类，通过生成器模式创建缓存对象。下面是使用 CacheBuilder 构造缓存对象的案例：

```
public void testCacheBuilder() {
   final int N = 100000;
   Cache cache = new
CacheBuilder("com.blog4java.mybatis.example.mapper.UserMapper")
         .implementation( PerpetualCache.class)
         .addDecorator(LruCache.class)
         .clearInterval(10 * 60L)
         .size(1024)
         .readWrite(false)
         .blocking(false)
         .properties(null)
         .build();
   for (int i = 0; i < N; i++) {
      cache.putObject(i, i);
   }
   System.out.println(cache.getSize());
}
```

7.3　MyBatis 一级缓存实现原理

7.2 节介绍了 MyBatis 的缓存实现类，这些类是实现 MyBatis 一级缓存和二级缓存的基础，本节我们就来了解一下 MyBatis 一级缓存的实现。

MyBatis 的一级缓存是 SqlSession 级别的缓存，在介绍 MyBatis 核心组件时，有提到过 SqlSession 提供了面向用户的 API，但是真正执行 SQL 操作的是 Executor 组件。Executor 采用模板方法设计模式，BaseExecutor 类用于处理一些通用的逻辑，其中一级缓存相关的逻辑就是在 BaseExecutor 类中完成的。

接下来我们了解一下 MyBatis 一级缓存的实现细节。一级缓存使用 PerpetualCache 实例实现，在 BaseExecutor 类中维护了两个 PerpetualCache 属性，代码如下：

```
public abstract class BaseExecutor implements Executor {
  ...
  // Mybatis 一级缓存对象
  protected PerpetualCache localCache;
  // 存储过程输出参数缓存
  protected PerpetualCache localOutputParameterCache;
    ...
}
```

其中，localCache 属性用于缓存 MyBatis 查询结果，localOutputParameterCache 属性用于缓存存储过程调用结果。这两个属性在 BaseExecutor 构造方法中进行初始化，代码如下：

```
protected BaseExecutor(Configuration configuration, Transaction transaction)
{
  ...
  this.localCache = new PerpetualCache("LocalCache");
  this.localOutputParameterCache = new
PerpetualCache("LocalOutputParameterCache");
  ...
  }
```

MyBatis 通过 CacheKey 对象来描述缓存的 Key 值。在进行查询操作时，首先创建 CacheKey 对象（CacheKey 对象决定了缓存的 Key 与哪些因素有关系）。如果两次查询操作 CacheKey 对象相同，就认为这两次查询执行的是相同的 SQL 语句。CacheKey 对象通过 BaseExecutor 类的 createCacheKey()方法创建，代码如下：

```
public CacheKey createCacheKey(MappedStatement ms, Object parameterObject,
      RowBounds rowBounds, BoundSql boundSql) {
  if (closed) {
    throw new ExecutorException("Executor was closed.");
  }
  CacheKey cacheKey = new CacheKey();
  cacheKey.update(ms.getId()); // Mapper Id
  cacheKey.update(rowBounds.getOffset()); // 偏移量
  cacheKey.update(rowBounds.getLimit()); // 条数
  cacheKey.update(boundSql.getSql()); // SQL 语句
  List<ParameterMapping> parameterMappings = boundSql.getParameterMappings();
  TypeHandlerRegistry typeHandlerRegistry =
ms.getConfiguration().getTypeHandlerRegistry();
  // 所有参数值
  for (ParameterMapping parameterMapping : parameterMappings) {
    if (parameterMapping.getMode() != ParameterMode.OUT) {
      Object value;
      String propertyName = parameterMapping.getProperty();
      if (boundSql.hasAdditionalParameter(propertyName)) {
        value = boundSql.getAdditionalParameter(propertyName);
      } else if (parameterObject == null) {
        value = null;
      } else if
(typeHandlerRegistry.hasTypeHandler(parameterObject.getClass())) {
        value = parameterObject;
      } else {
        MetaObject metaObject = configuration.newMetaObject(parameterObject);
        value = metaObject.getValue(propertyName);
      }
      cacheKey.update(value);
    }
  }
  // Environment Id
  if (configuration.getEnvironment() != null) {
    cacheKey.update(configuration.getEnvironment().getId());
  }
  return cacheKey;
}
```

从上面的代码可以看出，缓存的 Key 与下面这些因素有关：

（1）Mapper 的 Id，即 Mapper 命名空间与<select|update|insert|delete>标签的 Id 组成的全局限定名。

（2）查询结果的偏移量及查询的条数。

（3）具体的 SQL 语句及 SQL 语句中需要传递的所有参数。

（4）MyBatis 主配置文件中，通过<environment>标签配置的环境信息对应的 Id 属性值。

执行两次查询时，只有上面的信息完全相同时，才会认为两次查询执行的是相同的 SQL 语句，缓存才会生效。接下来我们看一下 BaseExecutor 的 query()方法相关的执行逻辑，代码如下：

```
public <E> List<E> query(MappedStatement ms, Object parameter, RowBounds
rowBounds,
      ResultHandler resultHandler, CacheKey key, BoundSql boundSql) throws
SQLException {
  ErrorContext.instance().resource(ms.getResource()).activity("executing a
query").object(ms.getId());
  if (closed) {
    throw new ExecutorException("Executor was closed.");
  }
  if (queryStack == 0 && ms.isFlushCacheRequired()) {
    clearLocalCache();
  }
  List<E> list;
  try {
    queryStack++;
    // 从缓存中获取结果
    list = resultHandler == null ? (List<E>) localCache.getObject(key) : null;
    if (list != null) {
      handleLocallyCachedOutputParameters(ms, key, parameter, boundSql);
    } else {
      // 若缓存中获取不到，则调用 queryFromDatabase()方法从数据库中查询
      list = queryFromDatabase(ms, parameter, rowBounds, resultHandler, key,
boundSql);
    }
  } finally {
    queryStack--;
  }
  if (queryStack == 0) {
    for (DeferredLoad deferredLoad : deferredLoads) {
      deferredLoad.load();
    }
    // issue #601
    deferredLoads.clear();
    if (configuration.getLocalCacheScope() == LocalCacheScope.STATEMENT) {
      clearLocalCache();
    }
  }
  return list;
}
```

如上面的代码所示，在 BaseExecutor 类的 query()方法中，首先根据缓存 Key 从 localCache 属性中查找是否有缓存对象，如果查找不到，则调用 queryFromDatabase()方法从数据库中获取数据，然后将数据写入 localCache 对象中。如果 localCache 中缓存了本次查询的结果，则直接从缓存中获取。

需要注意的是，如果 localCacheScope 属性设置为 STATEMENT，则每次查询操作完成后，都会调用 clearLocalCache()方法清空缓存。除此之外，MyBatis 会在执行完任意更新语句后清空缓存，我们可以看一下 BaseExecutor 类的 update()方法，代码如下：

```
public int update(MappedStatement ms, Object parameter) throws SQLException {
  ErrorContext.instance().resource(ms.getResource()).activity("executing an
update").object(ms.getId());
  if (closed) {
    throw new ExecutorException("Executor was closed.");
  }
  clearLocalCache();
  return doUpdate(ms, parameter);
}
```

可以看到，MyBatis 在调用 doUpdate()方法完成更新操作之前，首先会调用 clearLocalCache()方法清空缓存。

注 意
在分布式环境下，务必将 MyBatis 的 localCacheScope 属性设置为 STATEMENT，避免其他应用节点执行 SQL 更新语句后，本节点缓存得不到刷新而导致的数据一致性问题。

7.4 MyBatis 二级缓存实现原理

7.3 节介绍了 MyBatis 一级缓存的实现，本节我们了解一下 MyBatis 二级缓存的实现原理。

我们知道，MyBatis 二级缓存在默认情况下是关闭的，因此需要通过设置 cacheEnabled 参数值为 true 来开启二级缓存。

前面章节中多次提到过，SqlSession 将执行 Mapper 的逻辑委托给 Executor 组件完成，而 Executor 接口有几种不同的实现，分别为 SimpleExecutor、BatchExecutor、ReuseExecutor。另外，还有一个比较特殊的 CachingExecutor，CachingExecutor 用到了装饰器模式，在其他几种 Executor 的基础上增加了二级缓存功能。

Executor 实例采用工厂模式创建，Configuration 类提供了一个工厂方法 newExecutor()，该方法返回一个 Executor 对象，我们可以关注一下该方法的实现，代码如下：

```
public Executor newExecutor(Transaction transaction, ExecutorType
executorType) {
  executorType = executorType == null ? defaultExecutorType : executorType;
  executorType = executorType == null ? ExecutorType.SIMPLE : executorType;
  Executor executor;
  // 根据 executor 类型创建对象的 Executor 对象
```

```
    if (ExecutorType.BATCH == executorType) {
      executor = new BatchExecutor(this, transaction);
    } else if (ExecutorType.REUSE == executorType) {
      executor = new ReuseExecutor(this, transaction);
    } else {
      executor = new SimpleExecutor(this, transaction);
    }
    // 如果cacheEnabled属性为ture，则使用CachingExecutor对Executor进行装饰
    if (cacheEnabled) {
      executor = new CachingExecutor(executor);
    }
    executor = (Executor) interceptorChain.pluginAll(executor);
    return executor;
  }
```

如上面的代码所示，Configuration 类的 newExecutor()工厂方法的逻辑比较简单，根据defaultExecutorType参数指定的Executor类型创建对应的Executor实例。

如果cacheEnabled属性值为true(开启了二级缓存)，则使用CachingExecutor对普通的Executor对象进行装饰，CachingExecutor在普通Executor的基础上增加了二级缓存功能，我们可以重点关注一下CachingExecutor类的实现。下面是CachingExecutor类的属性信息：

```
  public class CachingExecutor implements Executor {
    private final Executor delegate;
    private final TransactionalCacheManager tcm = new
  TransactionalCacheManager();

    ...
    }
```

如上面的代码所示，CachingExecutor 类中维护了一个 TransactionalCacheManager 实例，TransactionalCacheManager用于管理所有的二级缓存对象。TransactionalCacheManager类的实现如下：

```
  public class TransactionalCacheManager {
    // 通过HashMap对象维护二级缓存对应的TransactionalCache实例
    private final Map<Cache, TransactionalCache> transactionalCaches = new
  HashMap<Cache, TransactionalCache>();
    public void clear(Cache cache) {
      getTransactionalCache(cache).clear();
    }
    public Object getObject(Cache cache, CacheKey key) {
      // 获取二级缓存对应的TransactionalCache对象，然后根据缓存Key获取缓存对象
      return getTransactionalCache(cache).getObject(key);
    }
    public void putObject(Cache cache, CacheKey key, Object value) {
      getTransactionalCache(cache).putObject(key, value);
    }
    public void commit() {
      for (TransactionalCache txCache : transactionalCaches.values()) {
        txCache.commit();
      }
```

```
  }
  public void rollback() {
    for (TransactionalCache txCache : transactionalCaches.values()) {
      txCache.rollback();
    }
  }
  private TransactionalCache getTransactionalCache(Cache cache) {
    // 获取二级缓存对应的 TransactionalCache 对象
    TransactionalCache txCache = transactionalCaches.get(cache);
    if (txCache == null) {
      // 如果获取不到，则创建，然后添加到 Map 中
      txCache = new TransactionalCache(cache);
      transactionalCaches.put(cache, txCache);
    }
    return txCache;
  }

}
```

如上面的代码所示，在 TransactionalCacheManager 类中，通过一个 HashMap 对象维护所有二级缓存实例对应的 TransactionalCache 对象，在 TransactionalCacheManager 类的 getObject()方法和 putObject() 方法中都会调用 getTransactionalCache() 方法获取二级缓存对象对应的 TransactionalCache 对象，然后对 TransactionalCache 对象进行操作。在 getTransactionalCache()方法中，首先从 HashMap 对象中获取二级缓存对象对应的 TransactionalCache 对象，如果获取不到，则创建新的 TransactionalCache 对象添加到 HashMap 对象中。

接下来以查询操作为例介绍二级缓存的工作机制。下面是 CachingExecutor 的 query()方法的实现：

```
@Override
public <E> List<E> query(MappedStatement ms, Object parameterObject, RowBounds
rowBounds,
      ResultHandler resultHandler) throws SQLException {
  BoundSql boundSql = ms.getBoundSql(parameterObject);
  // 调用 createCacheKey()方法创建缓存 Key
  CacheKey key = createCacheKey(ms, parameterObject, rowBounds, boundSql);
  return query(ms, parameterObject, rowBounds, resultHandler, key, boundSql);
}

@Override
public <E> List<E> query(MappedStatement ms, Object parameterObject, RowBounds
rowBounds,
    ResultHandler resultHandler, CacheKey key, BoundSql boundSql) throws
SQLException {
  // 获取 MappedStatement 对象中维护的二级缓存对象
  Cache cache = ms.getCache();
  if (cache != null) {
    // 判断是否需要刷新二级缓存
    flushCacheIfRequired(ms);
    if (ms.isUseCache() && resultHandler == null) {
      ensureNoOutParams(ms, boundSql);
      // 从 MappedStatement 对象对应的二级缓存中获取数据
```

```
      List<E> list = (List<E>) tcm.getObject(cache, key);
      if (list == null) {
        // 如果缓存数据不存在，则从数据库中查询数据
        list = delegate.<E> query(ms, parameterObject, rowBounds, resultHandler,
key, boundSql);
        // 将数据存放到MappedStatement对象对应的二级缓存中
        tcm.putObject(cache, key, list); // issue #578 and #116
      }
      return list;
    }
  }
  return delegate.<E> query(ms, parameterObject, rowBounds, resultHandler, key,
boundSql);
}
```

如上面的代码所示，在 CachingExecutor 的 query()方法中，首先调用 createCacheKey()方法创建缓存 Key 对象，然后调用 MappedStatement 对象的 getCache()方法获取 MappedStatement 对象中维护的二级缓存对象。然后尝试从二级缓存对象中获取结果，如果获取不到，则调用目标 Executor 对象的 query()方法从数据库获取数据，再将数据添加到二级缓存中。当执行更新语句后，同一命名空间下的二级缓存将会被清空。下面是 CachingExecutor 的 update()方法的实现：

```
@Override
public int update(MappedStatement ms, Object parameterObject) throws
SQLException {
  // 如果需要刷新，则更新缓存
  flushCacheIfRequired(ms);
  return delegate.update(ms, parameterObject);
}
```

如上面的代码所示，CachingExecutor 的 update()方法中会调用 flushCacheIfRequired()方法确定是否需要刷新缓存，该方法代码如下：

```
private void flushCacheIfRequired(MappedStatement ms) {
  Cache cache = ms.getCache();
  if (cache != null && ms.isFlushCacheRequired()) {
    tcm.clear(cache);
  }
}
```

在 flushCacheIfRequired()方法中会判断<select|update|delete|insert>标签的 flushCache 属性，如果属性值为 true，就清空缓存。<select>标签的 flushCache 属性值默认为 false，而<update|delete|insert>标签的 flushCache 属性值默认为 true。

最后，我们回顾一下 MappedStatement 对象创建过程中二级缓存实例的创建。XMLMapperBuilder 在解析 Mapper 配置时会调用 cacheElement()方法解析<cache>标签，cacheElement()方法代码如下：

```
private void cacheElement(XNode context) throws Exception {
  if (context != null) {
    String type = context.getStringAttribute("type", "PERPETUAL");
```

```
    Class<? extends Cache> typeClass = typeAliasRegistry.resolveAlias(type);
    String eviction = context.getStringAttribute("eviction", "LRU");
    Class<? extends Cache> evictionClass =
typeAliasRegistry.resolveAlias(eviction);
    Long flushInterval = context.getLongAttribute("flushInterval");
    Integer size = context.getIntAttribute("size");
    boolean readWrite = !context.getBooleanAttribute("readOnly", false);
    boolean blocking = context.getBooleanAttribute("blocking", false);
    Properties props = context.getChildrenAsProperties();
    builderAssistant.useNewCache(typeClass, evictionClass, flushInterval,
size, readWrite, blocking, props);
  }
}
```

如上面的代码所示，在获取<cache>标签的所有属性信息后，调用 MapperBuilderAssistant 对象的 userNewCache()方法创建二级缓存实例，然后通过 MapperBuilderAssistant 的 currentCache 属性保存二级缓存对象的引用。在调用 MapperBuilderAssistant 对象的 addMappedStatement()方法创建 MappedStatement 对象时会将当前命名空间对应的二级缓存对象的引用添加到 MappedStatement 对象中。下面是创建 MappedStatement 对象的关键代码：

```
MappedStatement.Builder statementBuilder = new
MappedStatement.Builder(configuration, id, sqlSource, sqlCommandType)
    .resource(resource)
    .fetchSize(fetchSize)
    .timeout(timeout)
    .statementType(statementType)
    .keyGenerator(keyGenerator)
    .keyProperty(keyProperty)
    .keyColumn(keyColumn)
    .databaseId(databaseId)
    .lang(lang)
    .resultOrdered(resultOrdered)
    .resultSets(resultSets)
    .resultMaps(getStatementResultMaps(resultMap, resultType, id))
    .resultSetType(resultSetType)
    .flushCacheRequired(valueOrDefault(flushCache, !isSelect))
    .useCache(valueOrDefault(useCache, isSelect))
    .cache(currentCache);
```

7.5 MyBatis 使用 Redis 缓存

MyBatis 除了提供内置的一级缓存和二级缓存外，还支持使用第三方缓存（例如 Redis、Ehcache）作为二级缓存。本节我们就来了解一下在 MyBatis 中如何使用 Redis 作为二级缓存以及它的实现原理。

MyBatis 官方提供了一个 mybatis-redis 模块，该模块用于整合 Redis 作为二级缓存。使用该模块整合缓存，首先需要引入该模块的依赖，如果项目通过 Maven 构建，则只需要向 pom.xml 文件中添加如下内容：

```
<dependencies>
   ...
   <dependency>
      <groupId>org.mybatis.caches</groupId>
      <artifactId>mybatis-redis</artifactId>
      <version>1.0.0-beta2</version>
   </dependency>
   ...
</dependencies>
```

然后需要在 Mapper 的 XML 配置文件中添加缓存配置，例如：

```
<mapper namespace="org.acme.FooMapper">
   <cache type="org.mybatis.caches.redis.RedisCache" />
   ...
</mapper>
```

最后，需要在 classpath 下新增 redis.properties 文件，配置 Redis 的连接信息。下面是 redis.properties 配置案例：

```
host=127.0.0.1
port=6379
password=admin
maxActive=100
maxIdle=20
whenExhaustedAction=WHEN_EXHAUSTED_GROW
maxWait=10
testOnBorrow=true
testOnReturn=true
timeBetweenEvictionRunsMillis=10000
numTestsPerEvictionRun=10000
minEvictableIdleTimeMillis=100
softMinEvictableIdleTimeMillis=-1
```

注意

mybatis-redis 模块项目地址：https://github.com/mybatis/redis-cache。

接下来我们简单地了解一下 mybatis-redis 模块的实现。该模块提供了一个比较核心的缓存实现类，即 RedisCache 类。RedisCache 实现了 Cache 接口，使用 Jedis 客户端操作 Redis，在 RedisCache 构造方法中建立与 Redis 的连接，代码如下：

```
public RedisCache(final String id) {
  if (id == null) {
    throw new IllegalArgumentException("Cache instances require an ID");
  }
  this.id = id;
  // 通过 RedisConfigurationBuilder 对象获取 Redis 配置信息
  redisConfig =
RedisConfigurationBuilder.getInstance().parseConfiguration();
  // 实例化 JedisPool，与 Redis 服务器建立连接
```

```
  pool = new JedisPool(redisConfig, redisConfig.getHost(),
redisConfig.getPort(), redisConfig.getConnectionTimeout(),
      redisConfig.getSoTimeout(), redisConfig.getPassword(),
redisConfig.getDatabase(), redisConfig.getClientName(),
      redisConfig.isSsl(), redisConfig.getSslSocketFactory(),
redisConfig.getSslParameters(),
      redisConfig.getHostnameVerifier());
}
```

在 RedisCache 构造方法中，首先获取 RedisConfigurationBuilder 对象，将 redis.properties 文件中的配置信息转换为 RedisConfig 对象，RedisConfig 类是描述 Redis 配置信息的 Java Bean。获取 RedisConfig 对象后，接着创建 JedisPool 对象，通过 JedisPool 对象与 Redis 服务器建立连接。

RedisCache 使用 Redis 的 Hash 数据结构存放缓存数据。在 RedisCache 类的 putObject()方法中，首先对 Java 对象进行序列化，mybatis-redis 模块提供了两种序列化策略，即 JDK 内置的序列化机制和第三方序列化框架 Kryo，具体使用哪种序列化方式，可以在 redis.properties 文件中配置。

对象序列化后，将序列化后的信息存放在 Redis 中。RedisCache 类的 putObject()方法实现如下：

```
@Override
public void putObject(final Object key, final Object value) {
  execute(new RedisCallback() {
    @Override
    public Object doWithRedis(Jedis jedis) {
      final byte[] idBytes = id.getBytes();
      jedis.hset(idBytes, key.toString().getBytes(),
redisConfig.getSerializer().serialize(value));
      if (timeout != null && jedis.ttl(idBytes) == -1) {
        jedis.expire(idBytes, timeout);
      }
      return null;
    }
  });
}
```

在 RedisCache 类的 getObject()方法中，先根据 Key 获取序列化的对象信息，再进行反序列化操作，代码如下：

```
@Override
public Object getObject(final Object key) {
  return execute(new RedisCallback() {
    @Override
    public Object doWithRedis(Jedis jedis) {
      return
redisConfig.getSerializer().unserialize(jedis.hget(id.getBytes(),
key.toString().getBytes()));
    }
  });
}
```

需要注意的是，使用 Redis 作为二级缓存，需要通过<cache>标签的 type 属性指定缓存实现类为 org.mybatis.caches.redis.RedisCache。MyBatis 启动时会解析 Mapper 配置信息，为每个命名空间创建对应的RedisCache实例，由于JedisPool实例是RedisCache类的静态属性，因此JedisPool实例是所有RedisCache对象共享的。RedisCache的完整源码读者可参考mybatis-redis模块。

除了Redis外，MyBatis还提供了整合其他缓存的适配器。例如，ehcache-cache项目用于整合EhCache缓存，oscache-cache项目用于整合OSCache缓存，memcached-cache项目用于整合Memcached缓存。

> **注 意**
>
> Kyro项目地址：https://github.com/EsotericSoftware/kryo。
>
> ehcache-cache项目地址：https://github.com/mybatis/ehcache-cache。
>
> oscache-cache项目地址：https://github.com/mybatis/oscache-cache。
>
> memcached-cache项目地址：https://github.com/mybatis/memcached-cache。

7.6 本章小结

缓存是MyBatis框架中比较重要的特性。

本章首先介绍了MyBatis一级缓存和二级缓存的使用：MyBatis一级缓存是SqlSession级别的缓存，默认就是开启的，而且无法关闭；二级缓存需要在MyBatis主配置文件中通过设置cacheEnabled参数值来开启。

了解了MyBatis一级缓存和二级缓存的使用后，本章接着介绍了MyBatis一级缓存和二级缓存的实现原理。一级缓存是在Executor中实现的。MyBatis的Executor组件有3种不同的实现，分别为SimpleExecutor、ReuseExecutor和BatchExecutor。这些类都继承自BaseExecutor，在BaseExecutor类的query()方法中，首先从缓存中获取查询结果，如果获取不到，则从数据库中查询结果，然后将查询结果缓存起来。而MyBatis的二级缓存则是通过装饰器模式实现的，当通过cacheEnabled参数开启了二级缓存，MyBatis框架会使用CachingExecutor对SimpleExecutor、ReuseExecutor或者BatchExecutor进行装饰，当执行查询操作时，对查询结果进行缓存，执行更新操作时则更新二级缓存。本章最后介绍了MyBatis如何整合Redis作为二级缓存。除此之外，MyBatis还支持Ehcache、OSCache等，这种特性并不常用，想要了解的读者可以参考相关文档。

第 8 章

MyBatis 日志实现

日志是 Java 应用中必不可少的部分，能够记录系统运行状况，有助于开发人员准确定位系统异常。除此之外，应用程序性能监控、业务数据埋点都离不开日志。Java 日志框架比较丰富，比如常用的有 Log4j、Logback 等，不同的项目可能会使用不同的日志框架。MyBatis 是如何保证日志正常输出的呢？本章我们就来了解一下 MyBatis 的日志实现。

8.1 Java 日志体系

在介绍 MyBatis 日志实现之前，我们有必要了解一下 Java 的日志体系以及日志框架的发展。目前比较常用的日志框架有以下几个。

- **Log4j**：Apache Log4j 是一个基于 Java 的日志记录工具。它是由 Ceki G ü lc ü 首创的，现在则是 Apache 软件基金会的一个项目。
- **Log4j 2**：Apache Log4j 2 是 Apache 开发的一款 Log4j 的升级产品。
- **Commons Logging**：Apache 基金会所属的项目，是一套 Java 日志接口，之前叫 Jakarta Commons Logging，后更名为 Commons Logging。
- **SLF4J**：全称为 Simple Logging Facade for Java，类似于 Commons Logging，是一套简易 Java 日志门面，本身并无日志的实现。
- **Logback**：是一套日志组件的实现，属于 SLF4J 阵营。
- **JUL**：全称是 Java Util Logging，是 JDK1.4 以后提供的日志实现。

读者可以想象一下，我们的项目中通常会依赖很多第三方工具包或者框架，如果这些工具包或框架使用不同的日志实现，那么我们的项目就要为每种不同的日志框架维护一套单独的配置，这会造成项目日志输出模块相当混乱。然而在实际项目中，我们只维护了一套日志配置，这些日志直接是怎样解决冲突的呢？

为了解决这个疑问，我们首先来了解一下 Java 日志的发展史。

1996 年早期，欧洲安全电子市场项目组决定编写它自己的程序跟踪 API（Tracing API）。经过不断完善，这个 API 终于成为一个十分受欢迎的 Java 日志软件包，即 Log4j。后来 Log4j 成为 Apache 基金会项目中的一员。期间 Log4j 近乎成了 Java 社区的日志标准。据说 Apache 基金会还曾经建议 Sun 引入 Log4j 到 Java 的标准库中，但被 Sun 拒绝了。

2002 年，Java 1.4 发布，Sun 推出了自己的日志库 JUL（Java Util Logging），它的实现基本模仿了 Log4j 的实现。在 JUL 问世以前，Log4j 就已经成为一项成熟的技术，这使得 Log4j 在选择上占据了一定的优势。

接着，Apache 推出了 JCL（Jakarta Commons Logging），它只是定义了一套日志接口（其内部也提供一个 Simple Log 的简单实现），支持运行时动态加载日志组件的实现。也就是说，在应用程序代码中，只需调用 Commons Logging 的接口，底层实现可以是 Log4j，也可以是 JUL。

后来（2006 年），Log4j 的作者不适应 Apache 的工作方式，离开了 Apache。然后先后创建了 SLF4J 和 Logback 两个项目并回瑞典创建了 QOS 公司。SLF4J 类似于 Commons Logging，属于日志门面，而 Logback 是对 SLF4J 日志门面的实现，QOS 官网上是这样描述 Logback 的：The Generic, Reliable Fast&Flexible Logging Framework（一个通用、可靠、快速且灵活的日志框架）。

现今，Java 日志领域被划分为两大阵营：Commons Logging 阵营和 SLF4J 阵营。

Commons Logging 在 Apache 大树的笼罩下，有很大的用户基数。但有证据表明，形式正在发生变化。2013 年底，有人分析了 GitHub 上的 30 000 个项目，统计出了流行的 100 个 Libraries，从图 8-1 中可以看出 SLF4J 的发展趋势更好。

Apache 眼看有被 Logback 反超的势头，于 2012 年重写了 Log4j 1.x，成立了新的项目 Log4j 2。Log4j 2 具有 logback 的所有特性。

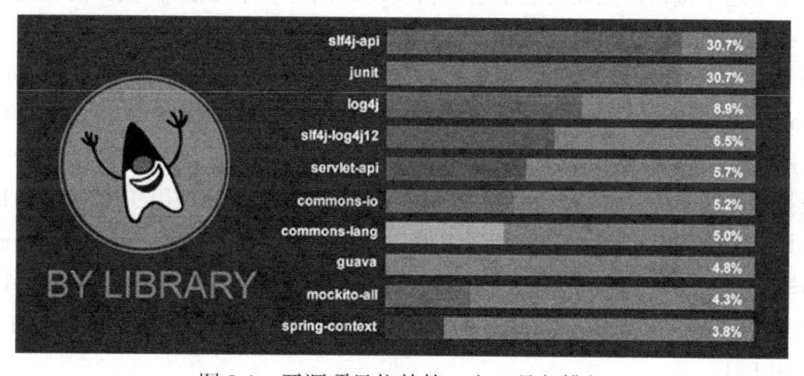

图 8-1　开源项目依赖第三方工具包排行

总结一下，这些日志框架之间的关系如图 8-2 所示。JCL 和 SLF4J 属于日志接口，提供统一的日志操作规范，输入日志功能由具体的日志实现框架（例如 Log4j、Logback 等）完成。

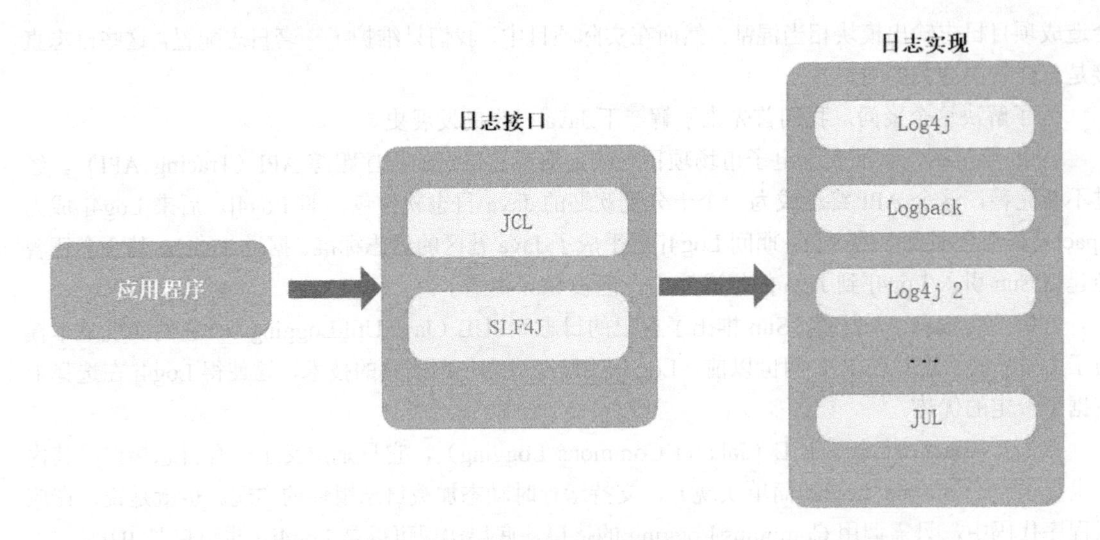

图 8-2 Java 日志框架之间的关系

日志接口需要与具体的日志框架进行绑定，如果项目中使用 JCL 作为日志接口，则需要在 Classpath 下新增一个 commons-logging.properties 文件，通过该文件指定日志工厂的具体实现，例如：

```
org.apache.commons.logging.Log=org.apache.commons.logging.impl.Jdk14Logger
```

如果需要修改具体的日志实现，则只需要修改 org.apache.commons.logging.Log 属性值，应用代码无须做任何调整。

SLF4J 的设计相对较为精巧，将接口和实现分开。其中，SLF4J-api 中定义了日志接口。开发者需要关心的就是这个接口，无须关心下层如何实现，同时各个 SLF4J 接口的实现者只要遵循这个接口，就能够做到日志系统间的无缝兼容。

有接口就要有实现，比较推崇的实现是 Logback 框架，Logback 完全实现了 SLF4J-api 的接口，并且性能比 Log4j 更好，同时实现了变参占位符日志输出方式等新特性。但是 Log4j 框架的使用仍然比较普遍，所以支持这批用户是必需的。SLF4J-log4j12 也实现了 SLF4J-api，这个是对 Log4j 的适配器。同样推理，也有对 JUL 的适配器 SLF4J-jdk14 等。为了让使用 JCL 等其他日志系统的用户可以很简单地切换到 SLF4J 上来，这些日志框架给出了各种桥接工程，比如 jcl-over-SLF4J 把对 JCL 的调用都桥接到 SLF4J 上，可以看出 jcl-over-SLF4J 的 API 和 JCL 是相同的，所以这两个 JAR 包是不能共存的。jul-to-SLF4J 是把对 JUL 的调用桥接到 SLF4J 上，log4j-over-SLF4J 是把对 Log4j 的调用桥接到 SLF4J。

这些模块之间的关系如图 8-3 所示，最上层表示桥阶层，用于使其他日志框架的调用转接到 SLF4J-api。最下层表示具体的实现层，即针对其他日志框架实现的适配器，这些适配器都实现了 SLF4J-api 中定义的日志操作规范。中间是 SLF4J-api 接口，可以看出图 8-3 中所有的 JAR 都是围绕着 SLF4J-api 活动的。

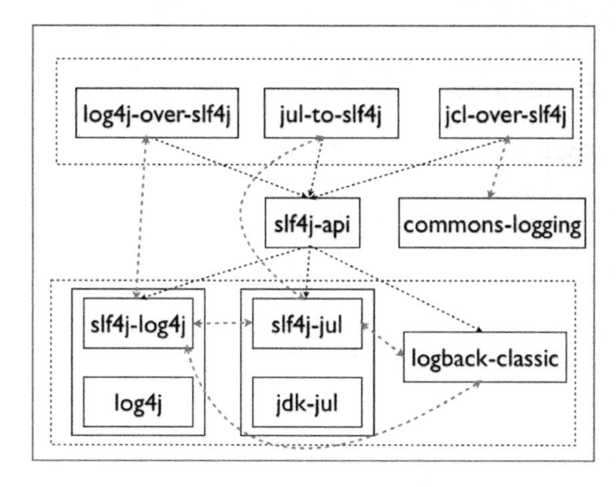

图 8-3 SLF4J 日志框架适配器

使用 SLF4J 绑定其他日志框架需要的 JAR 包如图 8-4 所示。例如，在应用程序中，如果使用 SLF4J 接口编写日志输出代码，底层的日志框架为 Log4j，则需要在项目中同时引入 SLF4J-api.jar、SLF4J-log412.jar 和 log4j.jar。当我们需要将日志输出框架换成 Logback 时，只需要将 SLF4J-log412.jar、log4j.jar 替换成 bagback-classic.jar 和 logback-core.jar 即可，应用程序代码无须做任何调整。

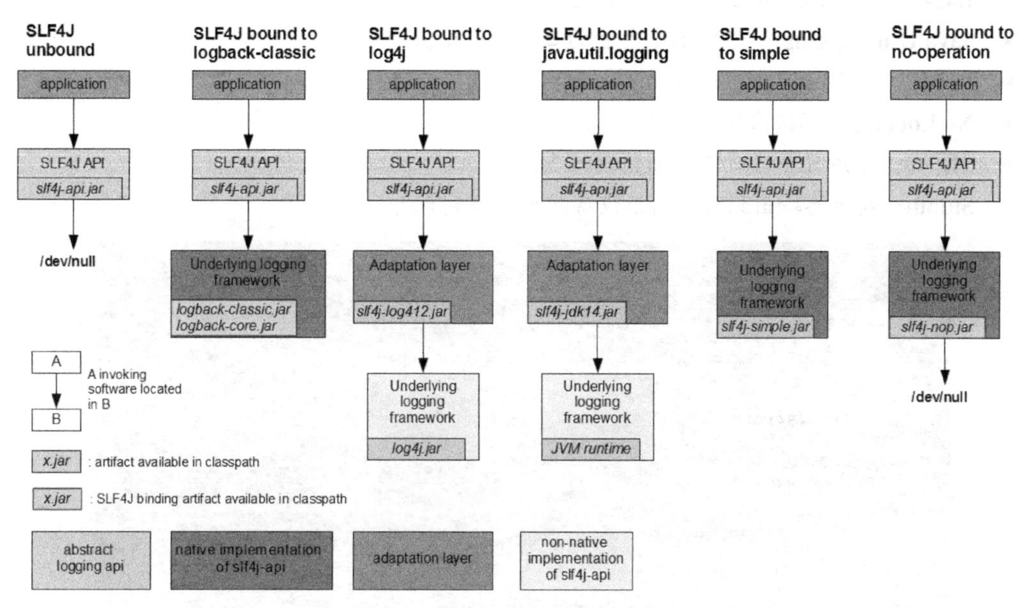

图 8-4 SLF4J 绑定其他日志框架

8.2 MyBatis 日志实现

8.1 节详细地介绍了 Java 的日志框架体系，本节我们来了解一下 MyBatis 的日志实现。MyBatis 通过 Log 接口定义日志操作规范，Log 接口内容如下：

```
public interface Log {

  boolean isDebugEnabled();

  boolean isTraceEnabled();

  void error(String s, Throwable e);

  void error(String s);

  void debug(String s);

  void trace(String s);

  void warn(String s);

}
```

MyBatis 针对不同的日志框架提供对 Log 接口对应的实现，Log 接口的实现类如图 8-5 所示。从实现类可以看出，MyBatis 支持 7 种不同的日志实现，具体如下。

- **Apache Commons Logging**：使用 JCL 输出日志。
- **Log4j 2**：使用 Log4j 2 框架输入日志。
- **Java Util Logging**：使用 JDK 内置的日志模块输出日志。
- **Log4j**：使用 Log4j 框架输出日志。
- **No Logging**：不输出任何日志。
- **SLF4J**：使用 SLF4J 日志门面输出日志。
- **Stdout**：将日志输出到标准输出设备（例如控制台）。

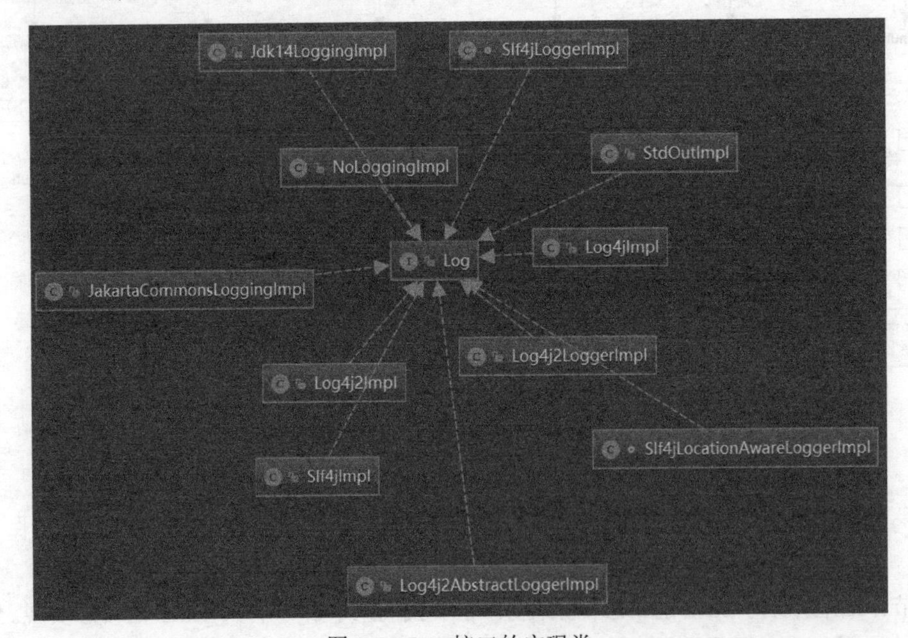

图 8-5　Log 接口的实现类

Log 实现类的逻辑比较简单，只是调用对应日志框架相关的 API 打印日志。以 Log4jImpl 实现类为例，代码如下：

```
public class Log4jImpl implements Log {
  private static final String FQCN = Log4jImpl.class.getName();
  private final Logger log;
  public Log4jImpl(String clazz) {
    log = Logger.getLogger(clazz);
  }
  ... // 省略
  @Override
  public void error(String s, Throwable e) {
    log.log(FQCN, Level.ERROR, s, e);
  }

    @Override
  public void warn(String s) {
    log.log(FQCN, Level.WARN, s, null);
  }

}
```

如上面的代码所示，在 Log4jImpl 构造方法中，获取 Log4j 框架中的 Logger 对象，然后将日志输出操作委托给 Logger 对象来完成。其他日志实现类逻辑与之类似，具体读者可参考 MyBatis 相关源码。

MyBatis 支持 7 种不同的日志输出策略，在实际使用 MyBatis 框架时，具体使用哪种方式输出日志呢？

接下来我们就来揭开这个谜团。MyBatis 的 Log 实例采用工厂模式创建。下面是使用 LogFactory 获取 Log 实例的案例，代码如下：

```
@Test
public void testLog() {
    // 指定使用 Log4j 框架输出日志
    LogFactory.useLog4JLogging();
    // 获取 Log 实例
    Log log = LogFactory.getLog(LogExample.class);
    // 输出日志
    log.error("LogExample.testLog function.");
}
```

在上面的代码中，首先调用 LogFactory 类的 useLog4JLogging()方法显式地指定使用 Log4j 框架对应的 Log 实现类打印日志。除了 useLog4JLogging()方法外，LogFactory 中还提供了一系列类似的方法，用于指定具体使用哪种日志实现类输出日志，这些方法如下：

```
// 自定义日志实现
public static synchronized void useCustomLogging(Class<? extends Log> clazz)
{
  setImplementation(clazz);
}
```

```
// 使用 SLF4J 框架输出日志
public static synchronized void useSLF4JLogging() {
  setImplementation(org.apache.ibatis.logging.SLF4J.SLF4JImpl.class);
}
// 使用 JCL 框架输出日志
public static synchronized void useCommonsLogging() {

setImplementation(org.apache.ibatis.logging.commons.JakartaCommonsLoggingIm
pl.class);
}
// 使用 Log4j 框架输出日志
public static synchronized void useLog4JLogging() {
  setImplementation(org.apache.ibatis.logging.log4j.Log4jImpl.class);
}
// 使用 Log4j 2 框架输出日志
public static synchronized void useLog4J2Logging() {
  setImplementation(org.apache.ibatis.logging.log4j2.Log4j2Impl.class);
}
// 使用 JUL 输出日志
public static synchronized void useJdkLogging() {

setImplementation(org.apache.ibatis.logging.jdk14.Jdk14LoggingImpl.class);
}
// 使用标准输出设备输出日志
public static synchronized void useStdOutLogging() {
  setImplementation(org.apache.ibatis.logging.stdout.StdOutImpl.class);
}
// 不输出日志
public static synchronized void useNoLogging() {

setImplementation(org.apache.ibatis.logging.nologging.NoLoggingImpl.class);
}
```

这些方法中，都会调用setImplementation()方法指定日志实现类。我们可以了解一下LogFactory类setImplementation()方法的实现，内容如下：

```
private static void setImplementation(Class<? extends Log> implClass) {
  try {
    // 获取日志实现类的 Constructor 对象
    Constructor<? extends Log> candidate =
implClass.getConstructor(String.class);
    // 根据日志实现类创建 Log 实例
    Log log = candidate.newInstance(LogFactory.class.getName());
    if (log.isDebugEnabled()) {
      log.debug("Logging initialized using '" + implClass + "' adapter.");
    }
    // 记录当前使用的日志实现类的 Constructor 对象
    logConstructor = candidate;
  } catch (Throwable t) {
    throw new LogException("Error setting Log implementation.  Cause: " + t, t);
  }
}
```

如上面的代码所示，在 setImplementation()方法中，首先获取 MyBatis 日志实现类对应的 Constructor 对象，然后通过 LogFactory 类的 logConstructor 属性记录当前日志实现类的 Constructor 对象。所以当我们调用 LogFactory 类的 useLog4JLogging()方法时，就确定了使用 org.apache.ibatis.logging.log4j.Log4jImpl 实现类输出日志，而 Log4jImpl 实现类又将日志输出操作委托给 Log4j 框架，这样就确定了使用 Log4j 框架输出日志。

MyBatis 日志模块设计得比较巧妙的一点是当我们未指定使用哪种日志实现时，MyBatis 能够按照顺序查找 Classpath 下的日志框架相关 JAR 包。如果 Classpath 下有对应的日志包，则使用该日志框架打印日志。

接下来我们了解一下 MyBatis 动态查找日志框架的实现细节。在 LogFactory 类中有一个初始化代码块，内容如下：

```
public final class LogFactory {
  private static Constructor<? extends Log> logConstructor;
  static {
    tryImplementation(new Runnable() {
      @Override
      public void run() {
        useSLF4JLogging();
      }
    });
    tryImplementation(new Runnable() {
      @Override
      public void run() {
        useCommonsLogging();
      }
    });
    tryImplementation(new Runnable() {
      @Override
      public void run() {
        useLog4J2Logging();
      }
    });
    tryImplementation(new Runnable() {
      @Override
      public void run() {
        useLog4JLogging();
      }
    });
    tryImplementation(new Runnable() {
      @Override
      public void run() {
        useJdkLogging();
      }
    });
    tryImplementation(new Runnable() {
      @Override
      public void run() {
        useNoLogging();
      }
    });
  }
```

```
    ...
}
```

如上面的代码所示，在初始化代码块中，调用 LogFactory 类的 tryImplementation()方法确定日志实现类，tryImplementation()方法的参数是一个 Runnable 的匿名对象，在 run()方法中调用 useSLF4JLogging()等方法指定日志实现类。提到 Runnable 接口，我们容易联想到 Java 的多线程，但是这里和线程没有任何关系。我们可以关注一下 tryImplementation()方法的实现，代码如下：

```
private static void tryImplementation(Runnable runnable) {
  if (logConstructor == null) {
    try {
      runnable.run();
    } catch (Throwable t) {
      // ignore
    }
  }
}
```

如上面的代码所示，在 tryImplementation()方法中，只是将 Runnable 匿名对象的 run()方法作为普通方法调用，所以这里不涉及任何 Java 多线程相关的内容。

回归正题，在 LogFactory 初始化代码块中，首先调用 tryImplementation()尝试调用 useSLF4JLogging()方法使用 SLF4J 日志框架，如果 Classpath 中不存在 SLF4J 日志框架相关的 JAR 包，则 useSLF4JLogging()方法会抛出 ClassNotFoundException 异常或 NoClassDefFoundError 错误。ClassNotFoundException 和 NoClassDefFoundError 都实现了 Throwable 接口，tryImplementation()方法中对 ClassNotFoundException 和 NoClassDefFoundError 都进行捕获，不做任何处理，然后查找下一个日志框架 JAR 包是否存在，直至找到 Classpath 中存在的日志框架。若 Classpath 中存在 SLF4J 框架相关 JAR 包，则使用 SLF4JImpl 日志实现类输出日志，并将 LogFacotry 的 logConstructor 属性指定为 SLF4JImpl 类对应的 Constructor 对象，由于 tryImplementation()方法中会判断 logConstructor 是否为空，因此后续设置日志实现类的逻辑都不会执行。MyBatis 查找日志框架的顺序为 SLF4J→JCL→Log4j 2→Log4j→JUL→No Logging。如果 Classpath 下不存在任何日志框架，则使用 NoLoggingImpl 日志实现类，即不输出任何日志。

在使用 MyBatis 时，我们还可以通过 logImpl 参数指定使用哪种框架输出日志，例如：

```
<settings>
  ...
  <setting name="logImpl" value="LOG4J"/>
</settings>
```

logImpl 属性可能的属性值有 SLF4J、COMMONS_LOGGING、LOG4J、LOG4J2、JDK_LOGGING、STDOUT_LOGGING、NO_LOGGING 或日志实现类的完全限定名，原因是 Configuration 类的构造方法中，为这些日志实现类注册了别名，代码如下：

```
typeAliasRegistry.registerAlias("SLF4J", Slf4jImpl.class);
typeAliasRegistry.registerAlias("COMMONS_LOGGING",
JakartaCommonsLoggingImpl.class);
typeAliasRegistry.registerAlias("LOG4J", Log4jImpl.class);
```

```
typeAliasRegistry.registerAlias("LOG4J2", Log4j2Impl.class);
typeAliasRegistry.registerAlias("JDK_LOGGING", Jdk14LoggingImpl.class);
typeAliasRegistry.registerAlias("STDOUT_LOGGING", StdOutImpl.class);
typeAliasRegistry.registerAlias("NO_LOGGING", NoLoggingImpl.class);
```

另外，Configuration 类中维护了一个 logImpl 属性，具体如下：

```
protected Class<? extends Log> logImpl;
```

当 MyBatis 框架启动时，解析主配置文件中的 logImpl 参数，然后调用 Configuration 类的 setLogImpl()方法设置日志实现类。setLogImpl()方法内容如下：

```
public void setLogImpl(Class<? extends Log> logImpl) {
  if (logImpl != null) {
    this.logImpl = logImpl;
    // 调用 LogFactory 类的 useCustomLogging()方法指定日志实现类
    LogFactory.useCustomLogging(this.logImpl);
  }
}
```

如上面的代码所示，在 Configuration 类的 setLogImpl()方法中，调用 LogFactory 类的 useCustomLogging()方法指定日志实现类。而 MyBatis 中所有的 Log 实例都是由 LogFactory 创建的，这样就保证了整个系统输出日志使用同一种框架。

8.3　本章小结

日志是 Java 应用中不可缺少的部分，Java 语言开源的日志框架较多，比较有名的有 Log4j、Logback、SLF4J 等，如果搞不清这些日志框架之间的关系，就可能会造成项目中日志框架之间出现冲突，而且使用第三方框架或者工具包间接引入的日志框架会造成项目中日志输出很混乱，因此搞清楚这些日志框架之间的关系非常有必要。本章首先介绍了 Java 语言中的日志体系，以及各个日志框架的发展史及它们之间的关系。接着介绍了 MyBatis 框架的日志实现。通过本章的学习我们了解到，MyBatis 框架在未指定日志实现的情况下能够自动从 Classpath 中发现日志框架，查找日志框架的顺序为 SLF4J→JCL→Log4j 2→Log4j→JUL→No Logging，如果在 Classpath 中找到日志框架相应的 JAR 包，则使用该日志框架输出日志。

第 9 章

动态 SQL 实现原理

如果读者有过 JDBC 编程经验，肯定能体会到 SQL 语句拼接的痛苦。在有些情况下，我们需要根据不同的查询条件动态地拼接 SQL 语句，拼接时要确保不能忘记添加必要的空格，还要注意去掉列表最后一个列名的逗号，这个过程非常容易出错，导致我们需要在调试 SQL 语句的正确性上花费一定的时间。MyBatis 的动态 SQL 特性能够彻底解决我们的烦恼，本章我们就来学习 MyBatis 动态 SQL 的使用及它的实现原理。

9.1 动态 SQL 的使用

在介绍 MyBatis 动态 SQL 实现原理之前，我们先来了解一下 MyBatis 动态 SQL 的使用。顾名思义，动态 SQL 指的是事先无法预知具体的条件，需要在运行时根据具体的情况动态地生成 SQL 语句。

假设我们有一个获取用户信息查询操作，具体的查询条件是不确定的，取决于 Web 前端表单提交的数据，可能根据用户的 Id 进行查询，也可能根据用户手机号或姓名进行查询，还有可能是这几个条件的组合。这个时候就需要使用 MyBatis 的动态 SQL 特性了。下面是使用 MyBatis 动态 SQL 进行条件查询的一个案例，代码如下：

```
<select id="getUserByEntity"
resultType="com.blog4java.mybatis.example.entity.UserEntity">
    select
    <include refid="userAllField"/>
    from user
    <where>
        <if test="id != null">
            AND id = #{id}
        </if>
```

```
        <if test="name != null">
            AND name = #{name}
        </if>
        <if test="phone != null">
            AND phone = #{phone}
        </if>
    </where>
</select>
```

完整案例代码读者可参考本书随书源码 mybatis-chapter09 项目的 UserMapper.xml 配置。在上面的 Mapper 配置中，当我们不确定查询条件时，可以使用<where>和<if>标签，通过 OGNL 表达式判断参数内容是否为空，如果表达式结果为 true，则 MyBatis 框架会自动拼接<if>标签内的 SQL 内容，否则会对<if>标签内的 SQL 片段进行忽略。

如上面配置中的<where>标签用于保证至少有一个查询条件时，才会在 SQL 语句中追加 WHERE 关键字，同时能够剔除 WHERE 关键字后相邻的 OR 和 AND 关键字。

除了<if>和<where>标签外，MyBatis 动态 SQL 相关的标签还有下面几个。

- **<choose|when| otherwise>:** 这几个标签需要组合使用，类似于 Java 中的 switch 语法，使用如下：

```
<select id="getUserInfo"
resultType="com.blog4java.mybatis.example.entity.UserEntity">
    select
    <include refid="userAllField"/>
    from user where 1 = 1
    <choose>
        <when test="id != null">
          AND  id = #{id}
        </when>
        <when test="name != null">
            AND  name = #{name}
        </when>
        <otherwise>
            AND phone is not null
        </otherwise>
    </choose>
</select>
```

这组标签与<if>标签不同的是，所有的<when>标签和<otherwise>标签是互斥的，当任何一个<when>标签满足条件时，其他标签均视为条件不成立。

- **<foreach>:** 该标签用于对集合参数进行遍历，通常用于构建 IN 条件语句或者 INSERT 批量插入语句。例如，当我们需要根据一组手机号查询用户信息时，可以使用如下配置：

```
<select id="getUserByPhones"
resultType="com.blog4java.mybatis.example.entity.UserEntity">
    select
    <include refid="userAllField"/>
    from user
    where phone in
    <foreach item="phone" index="index" collection="phones"
```

```
            open="(" separator="," close=")">
        #{phone}
    </foreach>
</select>
```

- **<trim|set>**：这两个标签的作用和<where>标签的作用类似，用于 WHERE 子句中因为不同的条件成立时导致 AND 或 OR 关键字多余，或者 SET 子句中出现多余的逗号问题。

假如我们使用<if>标签进行动态 SQL 配置，具体配置内容如下：

```
<select id="getUserByEntity"
resultType="com.blog4java.mybatis.example.entity.UserEntity">
    select * from user
    where
    <if test="id != null">
        id = #{id}
    </if>
    <if test="name != null">
       AND name = #{name}
    </if>
</select>
```

当调用 Mapper 时传入的 id 参数和 name 参数都不为空时，生成的 SQL 是没问题的。但是当没有传入 id 参数或传入的 id 为空，而 name 参数不为空时，生成的 SQL 语句如下：

```
select * from user
where
AND name = ?
```

显然这种情况下生成的 SQL 语句是存在语法问题的，此时除了使用<where>标签外，还可以使用<trim>标签来解决这个问题。<trim>标签的使用如下：

```
<select id="getUserByEntity"
resultType="com.blog4java.mybatis.example.entity.UserEntity">
    select * from user
    <trim prefix="WHERE" prefixOverrides="AND |OR">
        <if test="id != null">
            id = #{id}
        </if>
        <if test="name != null">
            AND name = #{name}
        </if>
    </trim>
</select>
```

<set>标签的作用和<trim>标签类似，用于避免 SET 子句中出现多余的逗号。这里就不做过多介绍了，读者可参考 MyBatis 官方文档。

9.2　SqlSource 与 BoundSql 详解

9.1 节我们学习了 MyBatis 动态 SQL 的用法，本节开始介绍 MyBatis 动态 SQL 实现原理。在介绍原理之前，我们首先需要了解 MyBatis 中和 SQL 语句有关的两个组件，即 SqlSource 和 BoundSql。

MyBatis 中的 SqlSource 用于描述 SQL 资源，通过前面章节的介绍，我们知道 MyBatis 可以通过两种方式配置 SQL 信息，一种是通过@Selelect、@Insert、@Delete、@Update 或者@SelectProvider、@InsertProvider、@DeleteProvider、@UpdateProvider 等注解；另一种是通过 XML 配置文件。SqlSource 就代表 Java 注解或者 XML 文件配置的 SQL 资源。下面是 SqlSource 接口的定义：

```
public interface SqlSource {

  BoundSql getBoundSql(Object parameterObject);

}
```

如上面的代码所示，SqlSource 接口的定义非常简单，只有一个 getBoundSql()方法，该方法返回一个 BoundSql 实例。BoundSql 是对 SQL 语句及参数信息的封装，它是 SqlSource 解析后的结果。

如图 9-1 所示，SqlSource 接口有 4 个不同的实现，分别为 StaticSqlSource、DynamicSqlSource、RawSqlSource 和 ProviderSqlSource。

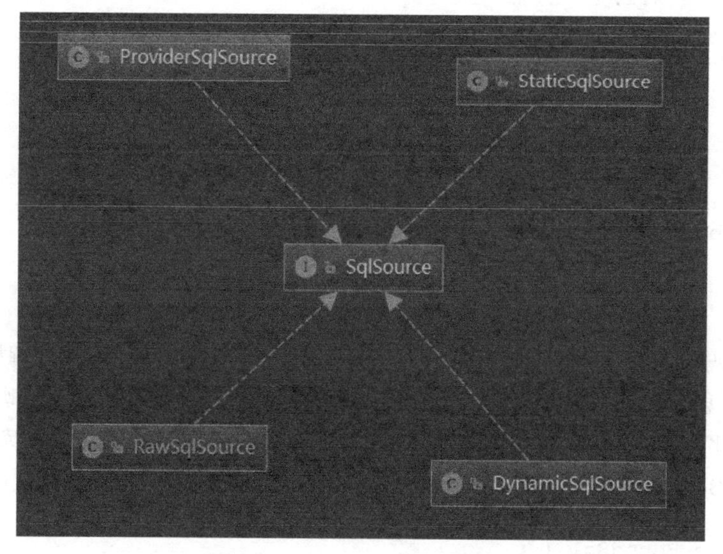

图 9-1　SqlSource 接口实现类

这 4 种 SqlSource 实现类的作用如下。

- **ProviderSqlSource**：用于描述通过@Select、@SelectProvider 等注解配置的 SQL 资源信息。
- **DynamicSqlSource**：用于描述 Mapper XML 文件中配置的 SQL 资源信息，这些 SQL 通常

包含动态 SQL 配置或者${}参数占位符，需要在 Mapper 调用时才能确定具体的 SQL 语句。

- **RawSqlSource**: 用于描述 Mapper XML 文件中配置的 SQL 资源信息，与 DynamicSqlSource 不同的是，这些 SQL 语句在解析 XML 配置的时候就能确定，即不包含动态 SQL 相关配置。
- **StaticSqlSource**: 用于描述 ProviderSqlSource、DynamicSqlSource 及 RawSqlSource 解析后得到的静态 SQL 资源。

无论是 Java 注解还是 XML 文件配置的 SQL 信息，在 Mapper 调用时都会根据用户传入的参数将 Mapper 配置转换为 StaticSqlSource 类。我们不妨了解一下 StaticSqlSource 类的实现，代码如下：

```
public class StaticSqlSource implements SqlSource {
  // Mapper解析后的sql内容
  private final String sql;
  // 参数映射信息
  private final List<ParameterMapping> parameterMappings;
  private final Configuration configuration;

  public StaticSqlSource(Configuration configuration, String sql) {
    this(configuration, sql, null);
  }

  public StaticSqlSource(Configuration configuration, String sql,
List<ParameterMapping> parameterMappings) {
    this.sql = sql;
    this.parameterMappings = parameterMappings;
    this.configuration = configuration;
  }

  @Override
  public BoundSql getBoundSql(Object parameterObject) {
    return new BoundSql(configuration, sql, parameterMappings,
parameterObject);
  }
}
```

如上面的代码所示，StaticSqlSource 类的内容比较简单，只封装了 Mapper 解析后的 SQL 内容和 Mapper 参数映射信息。我们知道 Executor 组件与数据库交互，除了需要参数映射信息外，还需要参数信息。因此，Executor 组件并不是直接通过 StaticSqlSource 对象完成数据库操作的，而是与 BoundSql 交互。BoundSql 是对 Executor 组件执行 SQL 信息的封装，具体实现代码如下：

```
public class BoundSql {
  // Mapper配置解析后的sql语句
  private final String sql;
  // Mapper参数映射信息
  private final List<ParameterMapping> parameterMappings;
  // Mapper参数对象
  private final Object parameterObject;
  // 额外参数信息，包括<bind>标签绑定的参数，内置参数
```

```
  private final Map<String, Object> additionalParameters;
  // 参数对象对应的MetaObject对象
  private final MetaObject metaParameters;

  public BoundSql(Configuration configuration, String sql,
List<ParameterMapping> parameterMappings, Object parameterObject) {
    this.sql = sql;
    this.parameterMappings = parameterMappings;
    this.parameterObject = parameterObject;
    this.additionalParameters = new HashMap<String, Object>();
    this.metaParameters = configuration.newMetaObject(additionalParameters);
  }

  ...
}
```

如上面的代码所示，BoundSql除了封装了Mapper解析后的SQL语句和参数映射信息外，还封装了Mapper调用时传入的参数对象。另外，MyBatis任意一个Mapper都有两个内置的参数，即_parameter和_databaseId。_parameter代表整个参数，包括<bind>标签绑定的参数信息，这些参数存放在BoundSql对象的additionalParameters属性中。_databaseId为Mapper配置中通过databaseId属性指定的数据库类型。

9.3 LanguageDriver详解

在9.2节的内容中，我们了解到MyBatis通过SqlSource描述XML文件或者Java注解中配置的SQL资源，那么SQL配置信息是如何转换为SqlSource对象的呢？

实际上，SQL配置信息到SqlSource对象的转换是由LanguageDriver组件来完成的。下面来看一下LanguageDriver接口的定义，代码如下：

```
public interface LanguageDriver {
  ParameterHandler createParameterHandler(MappedStatement mappedStatement,
Object parameterObject, BoundSql boundSql);
  SqlSource createSqlSource(Configuration configuration, XNode script,
Class<?> parameterType);
  SqlSource createSqlSource(Configuration configuration, String script,
Class<?> parameterType);
}
```

如上面的代码所示，LanguageDriver接口中一共有3个方法，其中createParameterHandler()方法用于创建ParameterHandler对象，另外还有两个重载的createSqlSource()方法，这两个重载的方法用于创建SqlSource对象。

MyBatis中为LanguageDriver接口提供了两个实现类，分别为XMLLanguageDriver和RawLanguageDriver。XMLLanguageDriver为XML语言驱动，为MyBatis提供了通过XML标签（我们常用的<if>、<where>等标签）结合OGNL表达式语法实现动态SQL的功能。而RawLanguageDriver表示仅支持静态SQL配置，不支持动态SQL功能。

接下来我们重点了解一下XMLLanguageDriver实现类的内容，代码如下：

```
public class XMLLanguageDriver implements LanguageDriver {

  @Override
  public ParameterHandler createParameterHandler(MappedStatement
mappedStatement, Object parameterObject, BoundSql boundSql) {
    return new DefaultParameterHandler(mappedStatement, parameterObject,
boundSql);
  }

  @Override
  public SqlSource createSqlSource(Configuration configuration, XNode script,
Class<?> parameterType) {
    // 该方法用于解析XML文件中配置的SQL信息
    // 创建XMLScriptBuilder对象
    XMLScriptBuilder builder = new XMLScriptBuilder(configuration, script,
parameterType);
    // 调用XMLScriptBuilder对象parseScriptNode()方法解析SQL资源
    return builder.parseScriptNode();
  }

  @Override
  public SqlSource createSqlSource(Configuration configuration, String script,
Class<?> parameterType) {
    // 该方法用于解析Java注解中配置的SQL信息
    // 若字符串以<script>标签开头，则以XML方式解析
    if (script.startsWith("<script>")) {
      XPathParser parser = new XPathParser(script, false,
configuration.getVariables(), new XMLMapperEntityResolver());
      return createSqlSource(configuration, parser.evalNode("/script"),
parameterType);
    } else {
      // 解析SQL配置中的全局变量
      script = PropertyParser.parse(script, configuration.getVariables());
      TextSqlNode textSqlNode = new TextSqlNode(script);
      // 如果SQL中仍包含${}参数占位符，则返回DynamicSqlSource实例，否则返回
RawSqlSource
      if (textSqlNode.isDynamic()) {
        return new DynamicSqlSource(configuration, textSqlNode);
      } else {
        return new RawSqlSource(configuration, script, parameterType);
      }
    }
  }
}
```

如上面的代码所示，XMLLanguageDriver类实现了LanguageDriver接口中两个重载的createSqlSource()方法，分别用于处理XML文件和Java注解中配置的SQL信息，将SQL配置转换为SqlSource对象。

第一个重载的createSqlSource()方法用于处理XML文件中配置的SQL信息，该方法中创建了一个XMLScriptBuilder对象，然后调用XMLScriptBuilder对象的parseScriptNode()方法将SQL资

源转换为 SqlSource 对象。

第二个重载的 createSqlSource()方法用于处理 Java 注解中配置的 SQL 信息，该方法中首先判断 SQL 配置是否以<script>标签开头，如果是，则以 XML 方式处理 Java 注解中配置的 SQL 信息，否则简单处理，替换 SQL 中的全局参数。如果 SQL 中仍然包含${}参数占位符，则 SQL 语句仍然需要根据传递的参数动态生成，所以使用 DynamicSqlSource 对象描述 SQL 资源，否则说明 SQL 语句不需要根据参数动态生成，使用 RawSqlSource 对象描述 SQL 资源。

从 XMLLanguageDriver 类的 createSqlSource()方法的实现来看，我们除了可以通过 XML 配置文件结合 OGNL 表达式配置动态 SQL 外，还可以通过 Java 注解的方式配置，只需要注解中的内容加上<script>标签。下面是使用 Java 注解配置动态 SQL 的案例代码：

```
@Select("<script>" +
       "select * from user\n" +
       "<where>\n" +
       "    <if test=\"name != null\">\n" +
       "        AND name = #{name}\n" +
       "    </if>\n" +
       "    <if test=\"phone != null\">\n" +
       "        AND phone = #{phone}\n" +
       "    </if>\n" +
       "</where>" +
       "</script>")
UserEntity getUserByPhoneAndName(@Param("phone") String phone, @Param("name")
String name);
```

MyBatis 从 3.2 版本开始支持可插拔脚本语言，这允许我们插入一种脚本语言驱动，并基于这种语言来编写动态 SQL 语句。例如，我们可以让 MyBatis 的 Mapper 配置支持 Velocity（或者 Freemaker）语法，并基于 Velocity（或者 Freemaker）语法编写动态 SQL。

要实现自定义的脚本语言驱动，只需要实现 LanguageDriver 接口，创建自定义的 SqlSource 对象，然后对 SqlSource 对象进行解析，生成最终的 BoundSql 对象即可。有兴趣的读者可以参考 velocity-scripting 模块的源码，该模块为 MyBatis 的 Mapper 配置提供 Velocity 语法支持。

接下来笔者就以 velocity-scripting 模块为例介绍自定义 LanguageDriver 的使用。要使用 velocity-scripting 模块，首先需要在项目中添加该模块的依赖，如果是 Maven 项目，则只需要在 pom.xml 文件中增加如下内容：

```
<dependency>
   <groupId>org.mybatis.scripting</groupId>
   <artifactId>mybatis-velocity</artifactId>
   <version>2.0-SNAPSHOT</version>
</dependency>
```

为了简化 LanguageDriver 的类型限定名，便于在使用时引用，我们可以在 MyBatis 主配置文件中为 velocity-scripting 模块自定义的 LanguageDriver 指定一个别名，代码如下：

```
<typeAliases>
  <typeAlias alias="velocityDriver"
type="org.mybatis.scripting.velocity.Driver"/>
```

```
</typeAliases>
```

接下来就可以在配置 Mapper 时使用 Velocity 语法了，例如：

```
<select id="getUserByNames" lang="velocityDriver"
      resultType="com.blog4java.mybatis.example.entity.UserEntity">
    select * from user
    #where()
      #in( $_parameter.names $name "name" )
        @{name}
      #end
    #end
</select>
```

需要注意的是，在配置 Mapper 时，需要通过 lang 属性指定 velocity-scripting 模块中定义的 LanguageDriver 的别名。上面代码中的#where()和#in()指令是 velocity-scripting 模块自定义的指令，更多细节读者可以参考 velocity-scripting 模块官方文档。

注 意
velocity-scripting 文档：http://www.mybatis.org/velocity-scripting/。
velocity-scripting 模块：https://github.com/mybatis/velocity-scripting。

9.4 SqlNode 详解

SqlNode 用于描述 Mapper SQL 配置中的 SQL 节点，它是 MyBatis 框架实现动态 SQL 的基石。我们首先来看一下 SqlNode 接口的内容，代码如下：

```
public interface SqlNode {
  boolean apply(DynamicContext context);
}
```

如上面的代码所示，SqlNode 接口的内容非常简单，只有一个 apply()方法，该方法用于解析 SQL 节点，根据参数信息生成静态 SQL 内容。apply()方法需要接收一个 DynamicContext 对象作为参数，DynamicContext 对象中封装了 Mapper 调用时传入的参数信息及 MyBatis 内置的_parameter 和 _databaseId 参数。

在使用动态 SQL 时，我们可以使用<if>、<where>、<trim>等标签，这些标签都对应一种具体的 SqlNode 实现类，这些实现类如图 9-2 所示。

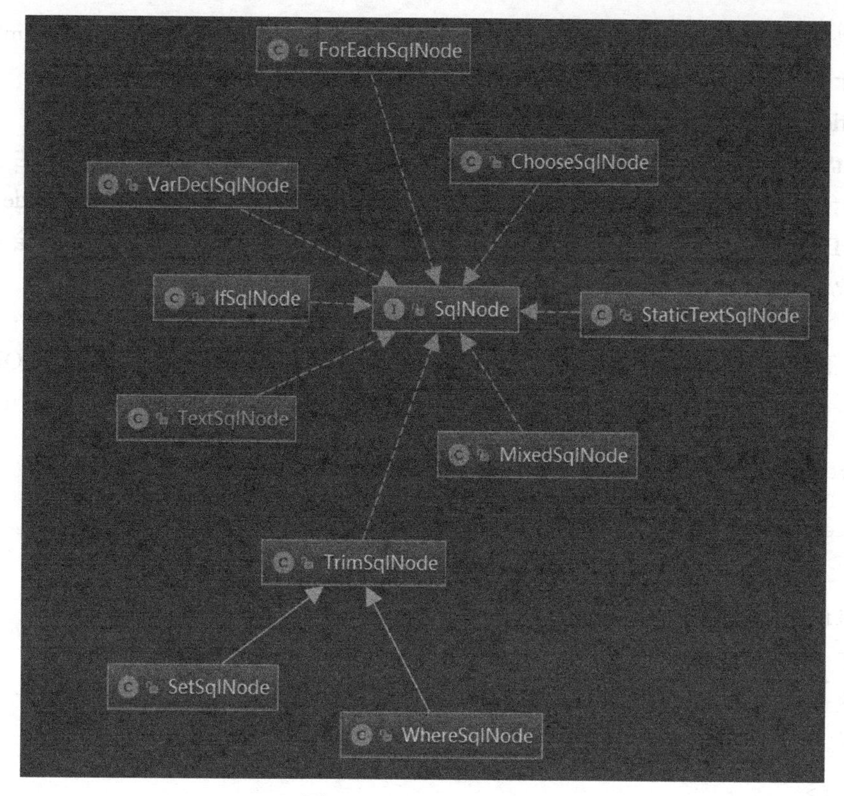

图9-2 SqlNode实现类

这些SqlNode实现类的作用如下。

- **IfSqlNode**：用于描述动态SQL中<if>标签的内容，XMLLanguageDriver在解析Mapper SQL配置生成SqlSource时，会对动态SQL中的<if>标签进行解析，将<if>标签转换为IfSqlNode对象。
- **ChooseSqlNode**：用于描述动态SQL配置中的<choose>标签内容，Mapper解析时会把<choose>标签配置内容转换为ChooseSqlNode对象。
- **ForEachSqlNode**：用于描述动态SQL配置中的<foreach>标签，<foreach>标签配置信息在Mapper解析时会转换为ForEachSqlNode对象。
- **MixedSqlNode**：用于描述一组SqlNode对象，通常一个Mapper配置是由多个SqlNode对象组成的，这些SqlNode对象通过MixedSqlNode进行关联，组成一个完整的动态SQL配置。
- **SetSqlNode**：用于描述动态SQL配置中的<set>标签，Mapper解析时会把<set>标签配置信息转换为SetSqlNode对象。
- **WhereSqlNode**：用于描述动态SQL中的<where>标签，动态SQL解析时，会把<where>标签内容转换为WhereSqlNode对象。
- **TrimSqlNode**：用于描述动态SQL中的<trim>标签，动态SQL解析时，会把<trim>标签内容转换为TrimSqlNode对象。在9.1节学习MyBatis动态SQL使用时，我们了解到<where>标签和<set>标签实际上是<trim>标签的一种特例，<where>标签和<set>标签实现的内容都可以使用<trim>标签来完成，因此 WhereSqlNode 和 SetSqlNodel 类设计为 TrimSqlNode 类的子类，属于特殊的 TrimSqlNode。

- **StaticTextSqlNode**：用于描述动态 SQL 中的静态文本内容。
- **TextSqlNode**：该类与 StaticTextSqlNode 类不同的是，当静态文本中包含${}占位符时，说明${}需要在 Mapper 调用时将${}替换为具体的参数值。因此，使用 TextSqlNode 类来描述。
- **VarDeclSqlNode**：用于描述动态 SQL 中的<bind>标签，动态 SQL 解析时，会把<bind>标签配置信息转换为 VarDeclSqlNode 对象。

了解了各个 SqlNode 实现类的作用后，接下来我们来了解一下 SqlNode 与动态 SQL 配置之间的对应关系。假如我们有如下 Mapper 配置：

```
<select id="getUserByEntity"
resultType="com.blog4java.mybatis.example.entity.UserEntity">
    select * from user where 1=1
    <if test="id != null">
        AND id = #{id}
    </if>
    <if test="name != null">
        AND name = #{name}
    </if>
    <if test="phone != null">
        AND phone = #{phone}
    </if>
</select>
```

上面是一个完整的 Mapper SQL 配置，从 MyBatis 动态 SQL 的角度来看，它是由 4 个 SqlNode 对象构成的。该 Mapper 配置转换为 SqlNode 代码如下。读者可参考本书随书源码 mybatis-chapter09 项目的 com.blog4java.mybatis.example.DynamicSqlExample 类的 testSqlNode()方法。

```
@Test
public void testSqlNode() {
    // 构建 SqlNode
    SqlNode sn1 = new StaticTextSqlNode("select * from user where 1=1");
    SqlNode sn2 = new IfSqlNode(new StaticTextSqlNode(" AND id = #{id}"),"id !=
null");
    SqlNode sn3 = new IfSqlNode(new StaticTextSqlNode(" AND name =
#{name}"),"name != null");
    SqlNode sn4 = new IfSqlNode(new StaticTextSqlNode(" AND phone =
#{phone}"),"phone != null");
    SqlNode mixedSqlNode = new MixedSqlNode(Arrays.asList(sn1, sn2, sn3, sn4));
    // 创建参数对象
    Map<String, Object> paramMap = new HashMap<>();
    paramMap.put("id","1");
    // 创建动态 SQL 解析上下文
    DynamicContext context = new
DynamicContext(sqlSession.getConfiguration(),paramMap);
    // 调用 SqlNode 的 apply()方法解析动态 SQL
    mixedSqlNode.apply(context);
    // 调用 DynamicContext 对象的 getSql()方法获取动态 SQL 解析后的 SQL 语句
```

```
    System.out.println(context.getSql());
  }
```

在上面的代码中，我们创建了一个 StaticTextSqlNode 和三个 IfSqlNode 来描述 Mapper 中动态 SQL 的配置，其中 IfSqlNode 由一个 StaticTextSqlNode 和条件表达式组成。

接着创建了一个 MixedSqlNode 将这些 SqlNode 组合起来，这样就完成了通过 Java 对象来描述动态 SQL 配置。

SqlNode 对象创建完毕后，我们就可以调用 MixedSqlNode 的 apply()方法根据参数内容动态地生成 SQL 内容了。该方法接收一个 DynamicContext 对象作为参数，DynamicContext 对象中封装了 Mapper 调用时的参数信息。上面的代码中，我们创建了一个 DynamicContext，然后调用 MixedSqlNode 对象的 apply()方法，动态 SQL 的解析结果封装在 DynamicContext 对象中，我们只需要调用 DynamicContext 对象的 getSql()方法即可获取动态 SQL 解析后的 SQL 语句。运行上面这段代码后，生成的 SQL 内容如下：

```
select * from user where 1=1  AND id = #{id}
```

接下来我们再来了解一下 SqlNode 解析生成 SQL 语句的过程。首先来看 MixedSqlNode 的实现，代码如下：

```
public class MixedSqlNode implements SqlNode {
  private final List<SqlNode> contents;

  public MixedSqlNode(List<SqlNode> contents) {
    this.contents = contents;
  }

  @Override
  public boolean apply(DynamicContext context) {
    for (SqlNode sqlNode : contents) {
      sqlNode.apply(context);
    }
    return true;
  }
}
```

如上面的代码所示，MixedSqlNode 类的实现比较简单，通过一个 List 对象维护所有的 SqlNode 对象，MixedSqlNode 类的 apply()方法中对所有 SqlNode 对象进行遍历，以当前 DynamicContext 对象作为参数，调用所有 SqlNode 对象的 apply()方法。

接下来我们再来看一下 StaticTextSqlNode 的实现，代码如下：

```
public class StaticTextSqlNode implements SqlNode {
  // 静态 SQL 文本内容
  private final String text;
  public StaticTextSqlNode(String text) {
    this.text = text;
  }
  @Override
  public boolean apply(DynamicContext context) {
```

```
    // 追加 SQL 内容
    context.appendSql(text);
    return true;
  }

}
```

如上面的代码所示，StaticTextSqlNode 实现类比较简单，该类中维护了 Mapper 配置中的静态 SQL 节点内容。调用 apply()方法时，将静态 SQL 文本内容追加到 DynamicContext 对象中。

最后我们了解一下实现动态 SQL 比较关键的 SqlNode 实现类之一——IfSqlNode 的实现，代码如下：

```
public class IfSqlNode implements SqlNode {
  // evaluator属性用于解析 OGNL 表达式
  private final ExpressionEvaluator evaluator;
  // 保存<if>标签test属性内容
  private final String test;
  // <if>标签内的 SQL 内容
  private final SqlNode contents;

  public IfSqlNode(SqlNode contents, String test) {
    this.test = test;
    this.contents = contents;
    this.evaluator = new ExpressionEvaluator();
  }

  @Override
  public boolean apply(DynamicContext context) {
    // 如果 OGNL 表达式值为 true,则调用<if>标签内容对应的 SqlNode 的 apply()方法
    if (evaluator.evaluateBoolean(test, context.getBindings())) {
      contents.apply(context);
      return true;
    }
    return false;
  }

}
```

如上面的代码所示，IfSqlNode 中维护了一个 ExpressionEvaluator 类的实例，该实例用于根据当前参数对象解析 OGNL 表达式。另外，IfSqlNode 维护了<if>标签 test 属性指定的表达式内容和<if>标签中的 SQL 内容对应的 SqlNode 对象。

在 IfSqlNode 类的 apply()方法中，首先解析 test 属性指定的 OGNL 表达式，只有当表达式值为 true 的情况下，才会执行<if>标签中 SQL 内容对应的 SqlNode 的 apply()方法。这样就实现了只有当<if>标签 test 属性表达式值为 true 的情况下，才会追加<if>标签中配置的 SQL 信息。

其他 SqlNode 实现类（例如 ForEachSqlNode、TrimSqlNode）的原理与 IfSqlNode 类似，读者可自行阅读其源码。

9.5　动态 SQL 解析过程

通过前面几节的学习，我们了解了 MyBatis 动态 SQL 相关的一些组件。其中，SqlSource 用于描述通过 XML 文件或者 Java 注解配置的 SQL 资源信息；SqlNode 用于描述动态 SQL 中<if>、<where>等标签信息；LanguageDriver 用于对 Mapper SQL 配置进行解析，将 SQL 配置转换为 SqlSource 对象。

要了解 MyBatis 动态 SQL 的解析过程，我们可以从 XMLLanguageDriver 类的 createSqlSource()方法出发进行分析，该方法代码如下：

```
public class XMLLanguageDriver implements LanguageDriver {
  ...
  @Override
  public SqlSource createSqlSource(Configuration configuration, XNode script,
Class<?> parameterType) {
    // 该方法用于解析 XML 文件中配置的 SQL 信息
    // 创建 XMLScriptBuilder 对象
    XMLScriptBuilder builder = new XMLScriptBuilder(configuration, script,
parameterType);
    // 调用 XMLScriptBuilder 对象 parseScriptNode()方法解析 SQL 资源
    return builder.parseScriptNode();
  }
  ...
}
```

如上面的代码所示，在 XMLLanguageDriver 类 createSqlSource()方法中，Mapper SQL 配置的解析实际上是委托给 XMLScriptBuilder 类来完成的，该方法中首先创建了一个 XMLScriptBuilder 对象，然后调用 XMLScriptBuilder 对象的 parseScriptNode()方法完成解析工作。XMLScriptBuilder 类的 parseScriptNode()方法代码如下：

```
public SqlSource parseScriptNode() {
  // 调用 parseDynamicTags()方法将 SQL 配置转换为 SqlNode 对象
  MixedSqlNode rootSqlNode = parseDynamicTags(context);
  SqlSource sqlSource = null;
  // 判断 Mapper SQL 配置中是否包含动态 SQL 元素，如果是，就创建 DynamicSqlSource 对象，
否则创建 RawSqlSource 对象
  if (isDynamic) {
    sqlSource = new DynamicSqlSource(configuration, rootSqlNode);
  } else {
    sqlSource = new RawSqlSource(configuration, rootSqlNode, parameterType);
  }
  return sqlSource;
}
```

如上面的代码所示，在 XMLScriptBuilder 类的 parseScriptNode()方法中，调用 parseDynamicTags()方法将 SQL 配置转换为 SqlNode 对象，然后判断 SQL 配置是否为动态 SQL，

如果为动态 SQL，则创建 DynamicSqlSource 对象，否则创建 RawSqlSource 对象。需要注意的是，MyBatis 中判断 SQL 配置是否属于动态 SQL 的标准是 SQL 配置是否包含<if>、<where>、<trim>等元素或者${}参数占位符。

接下来，我们再来看一下 XMLScriptBuilder 类的 parseDynamicTags()方法的实现，代码如下：

```
protected MixedSqlNode parseDynamicTags(XNode node) {
  List<SqlNode> contents = new ArrayList<SqlNode>();
  NodeList children = node.getNode().getChildNodes();
  // 对 XML 子元素进行遍历
  for (int i = 0; i < children.getLength(); i++) {
    XNode child = node.newXNode(children.item(i));
    // 如果子元素为 SQL 文本内容，则使用 TextSqlNode 描述该节点
    if (child.getNode().getNodeType() == Node.CDATA_SECTION_NODE ||
child.getNode().getNodeType() == Node.TEXT_NODE) {
      String data = child.getStringBody("");
      TextSqlNode textSqlNode = new TextSqlNode(data);
      // 若 SQL 文本中包含${}参数占位符，则为动态 SQL
      if (textSqlNode.isDynamic()) {
        contents.add(textSqlNode);
        isDynamic = true;
      } else {
        // 如果 SQL 文本中不包含${}参数占位符，则不是动态 SQL
        contents.add(new StaticTextSqlNode(data));
      }
    } else if (child.getNode().getNodeType() == Node.ELEMENT_NODE) {
      // 如果子元素为<if>、<where>等标签，则使用对应的 NodeHandler 处理
      String nodeName = child.getNode().getNodeName();
      NodeHandler handler = nodeHandlerMap.get(nodeName);
      if (handler == null) {
        throw new BuilderException("Unknown element <" + nodeName + "> in SQL
statement.");
      }
      handler.handleNode(child, contents);
      isDynamic = true;
    }
  }
  return new MixedSqlNode(contents);
}
```

如上面的代码所示，XMLScriptBuilder 类的 parseDynamicTags()方法的逻辑相当复杂，在该方法中对 SQL 配置的所有子元素进行遍历，如果子元素类型为 SQL 文本，则使用 TextSqlNode 对象描述 SQL 节点信息，若 SQL 节点中存在${}参数占位符，则设置 XMLScriptBuilder 对象的 isDynamic 属性值为 true；如果子元素为<if>、<where>等标签，则使用对应的 NodeHandler 处理。

XMLScriptBuilder 类中定义了一个私有的 NodeHandler 接口，并为每种动态 SQL 标签提供了一个 NodeHandler 接口的实现类，通过实现类处理对应的动态 SQL 标签，把动态 SQL 标签转换为对应的 SqlNode 对象。

如图 9-3 所示，XMLScriptBuilder 类中为 NodeHandler 接口提供了 8 个实现类，每个实现类用于处理对应的动态 SQL 标签，例如 IfHandler 用于处理动态 SQL 配置中的<if>标签，将<if>标签内容转换为 IfSqlNode 对象。

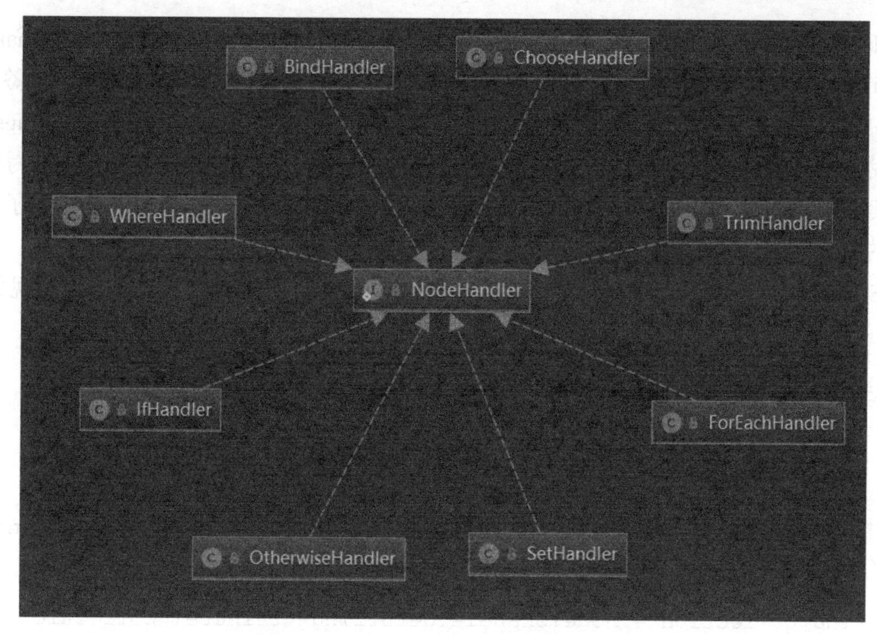

图 9-3　NodeHandler 接口所有实现类

接下来我们来看一下 NodeHandler 接口的定义，代码如下：

```
private interface NodeHandler {
  void handleNode(XNode nodeToHandle, List<SqlNode> targetContents);
}
```

如上面的代码所示，NodeHandler 接口中只有一个 handleNode()方法，该方法接收一个动态 SQL 标签对应的 XNode 对象和一个存放 SqlNode 对象的 List 对象，handleNode()方法中对 XML 标签进行解析后，把生成的 SqlNode 对象添加到 List 对象中。我们可以参考一下 IfHandler 类的实现，代码如下：

```
private class IfHandler implements NodeHandler {
  public IfHandler() {
    // Prevent Synthetic Access
  }

  @Override
  public void handleNode(XNode nodeToHandle, List<SqlNode> targetContents) {
    // 继续调用 parseDynamicTags()方法解析<if>标签中的子节点
    MixedSqlNode mixedSqlNode = parseDynamicTags(nodeToHandle);
    // 获取<if>标签 test 属性
    String test = nodeToHandle.getStringAttribute("test");
    // 创建 IfSqlNode 对象
    IfSqlNode ifSqlNode = new IfSqlNode(mixedSqlNode, test);
    // 将 IfSqlNode 对象添加到 List 中
    targetContents.add(ifSqlNode);
  }
}
```

在 IfHandler 类的 handleNode()方法中会继续调用 XMLScriptBuilder 类的 parseDynamicTags()方法完成<if>标签子节点的解析，将子节点转换为 MixedSqlNode 对象，然后获取<if>标签 test 属性对应的 OGNL 表达式，接着创建 IfSqlNode 对象并添加到 List 对象中。parseDynamicTags()方法的内容前面我们已经分析过了，该方法中会获取当前节点的所有子节点，如果子节点内容为动态 SQL 标签，继续调用动态 SQL 标签对应的 NodeHandler 进行处理，这样就“递归”地完成了所有动态 SQL 标签的解析。

其他 SqlNode 实现类的处理逻辑与之类似。例如，下面是 ForEachHandler 类的实现代码：

```
private class ForEachHandler implements NodeHandler {
  public ForEachHandler() {
    // Prevent Synthetic Access
  }

  @Override
  public void handleNode(XNode nodeToHandle, List<SqlNode> targetContents) {
    // 首先调用 parseDynamicTags()方法解析<foreach>标签子元素
    MixedSqlNode mixedSqlNode = parseDynamicTags(nodeToHandle);
    String collection = nodeToHandle.getStringAttribute("collection");
    String item = nodeToHandle.getStringAttribute("item");
    String index = nodeToHandle.getStringAttribute("index");
    String open = nodeToHandle.getStringAttribute("open");
    String close = nodeToHandle.getStringAttribute("close");
    String separator = nodeToHandle.getStringAttribute("separator");
    ForEachSqlNode forEachSqlNode = new ForEachSqlNode(configuration,
mixedSqlNode, collection, index, item, open, close, separator);
    targetContents.add(forEachSqlNode);
  }
}
```

如上面的代码所示，ForEachHandler 类的 handleNode()方法中也会调用 XMLScriptBuilder 类的 parseDynamicTags()解析<foreach>标签所有子元素，如果子元素中包含<if>标签或<foreach>标签，则继续调用 IfHandler 或者 ForEachHandler 对象的 handleNode()方法进行处理，直到所有的动态 SQL 元素全部被转换成 SqlNode 对象。

需要注意的是，XMLScriptBuilder 类的构造方法中，会调用 initNodeHandlerMap()方法将所有 NodeHandler 的实例注册到 Map 中，代码如下：

```
public XMLScriptBuilder(Configuration configuration, XNode context, Class<?>
parameterType) {
  super(configuration);
  this.context = context;
  this.parameterType = parameterType;
  initNodeHandlerMap();
}
private void initNodeHandlerMap() {
  nodeHandlerMap.put("trim", new TrimHandler());
  nodeHandlerMap.put("where", new WhereHandler());
  nodeHandlerMap.put("set", new SetHandler());
  nodeHandlerMap.put("foreach", new ForEachHandler());
  nodeHandlerMap.put("if", new IfHandler());
```

```
    nodeHandlerMap.put("choose", new ChooseHandler());
    nodeHandlerMap.put("when", new IfHandler());
    nodeHandlerMap.put("otherwise", new OtherwiseHandler());
    nodeHandlerMap.put("bind", new BindHandler());
  }
```

需要解析动态 SQL 标签时，只需要根据标签名称获取对应的 NodeHander 对象进行处理即可，而不用每次都创建对应的 NodeHandler 实例，这也是享元思想的应用。

上面是动态 SQL 配置转换为 SqlNode 对象的过程，那么 SqlNode 对象是如何根据调用 Mapper 时传入的参数动态生成 SQL 语句的呢？

接下来我们回顾一下 XMLScriptBuilder 类的 parseScriptNode()方法，代码如下：

```
  public SqlSource parseScriptNode() {
    // 调用 parseDynamicTags()方法将 SQL 配置转换为 SqlNode 对象
    MixedSqlNode rootSqlNode = parseDynamicTags(context);
    SqlSource sqlSource = null;
    // 判断 Mapper SQL 配置中是否包含动态 SQL 元素，如果是，就创建 DynamicSqlSource 对象，
  否则创建 RawSqlSource 对象
    if (isDynamic) {
      sqlSource = new DynamicSqlSource(configuration, rootSqlNode);
    } else {
      sqlSource = new RawSqlSource(configuration, rootSqlNode, parameterType);
    }
    return sqlSource;
  }
```

动态 SQL 标签解析完成后，将解析后生成的 SqlNode 对象封装在 SqlSource 对象中。通过前面的学习我们知道，MyBatis 中的 MappedStatement 用于描述 Mapper 中的 SQL 配置，SqlSource 创建完毕后，最终会存放在 MappedStatement 对象的 sqlSource 属性中，Executor 组件操作数据库时，会调用 MappedStatement 对象的 getBoundSql()方法获取 BoundSql 对象，代码如下：

```
  public final class MappedStatement {
  ...
    private SqlSource sqlSource; // 解析 SQL 语句生成的 SqlSource 实例
    ...
    public BoundSql getBoundSql(Object parameterObject) {
      //调用 SqlSource 对象的 getBoundSql()方法获取 BoundSql 对象
        BoundSql boundSql = sqlSource.getBoundSql(parameterObject);
        List<ParameterMapping> parameterMappings =
  boundSql.getParameterMappings();
        if (parameterMappings == null || parameterMappings.isEmpty()) {
          boundSql = new BoundSql(configuration, boundSql.getSql(),
  parameterMap.getParameterMappings(), parameterObject);
        }
    ...
  }
```

如上面的代码所示，MappedStatement 对象的 getBoundSql()方法会调用 SqlSource 对象的 getBoundSql()方法，这个过程就完成了 SqlNode 对象解析成 SQL 语句的过程。我们可以了解一下

DynamicSqlSource 类的 getBoundSql()方法的实现，代码如下：

```
public class DynamicSqlSource implements SqlSource {

  private final Configuration configuration;
  private final SqlNode rootSqlNode;
  public DynamicSqlSource(Configuration configuration, SqlNode rootSqlNode) {
    this.configuration = configuration;
    this.rootSqlNode = rootSqlNode;
  }
  @Override
  public BoundSql getBoundSql(Object parameterObject) {
    // 通过参数对象创建动态 SQL 上下文对象
    DynamicContext context = new DynamicContext(configuration,
parameterObject);
    // 以 DynamicContext 对象作为参数调用 SqlNode 的 apply()方法
    rootSqlNode.apply(context);
    // 创建 SqlSourceBuilder 对象
    SqlSourceBuilder sqlSourceParser = new SqlSourceBuilder(configuration);
    Class<?> parameterType = parameterObject == null ? Object.class :
parameterObject.getClass();
    // 调用 DynamicContext 的 getSql()方法获取动态 SQL 解析后的 SQL 内容
    // 然后调用 SqlSourceBuilder 的 parse()方法对 SQL 内容做进一步处理，生成
StaticSqlSource 对象
    SqlSource sqlSource = sqlSourceParser.parse(context.getSql(),
parameterType, context.getBindings());
    // 调用 StaticSqlSource 对象的 getBoundSql()方法获得 BoundSql 实例
    BoundSql boundSql = sqlSource.getBoundSql(parameterObject);
    // 将<bind>标签绑定的参数添加到 BoundSql 对象中
    for (Map.Entry<String, Object> entry : context.getBindings().entrySet())
{
      boundSql.setAdditionalParameter(entry.getKey(), entry.getValue());
    }
    return boundSql;
  }
}
```

如上面的代码所示，在 DynamicSqlSource 类的 getBoundSql()方法中，首先根据参数对象创建 DynamicContext 对象，然后调用 SqlNode 对象的 apply()方法对动态 SQL 进行解析，解析过程可参考 9.4 节的内容。动态 SQL 解析完成后，调用 DynamicContext 对象的 getSql()方法获取动态 SQL 解析后的结果。接着调用 SqlSourceBuilder 对象的 parse()方法对动态 SQL 解析后的结果进一步解析处理，该方法返回一个 StaticSqlSource 对象，StaticSqlSource 用于描述动态 SQL 解析后的静态 SQL 资源。

接下来，我们再来了解一下 SqlSourceBuilder 类的 parse()方法对动态 SQL 解析后的结果到底做了什么操作。该方法的代码如下：

```
public class SqlSourceBuilder extends BaseBuilder {

  ...
```

```
  public SqlSource parse(String originalSql, Class<?> parameterType,
Map<String, Object> additionalParameters) {
    // ParameterMappingTokenHandler为Mybatis参数映射处理器，用于处理SQL中的#{}
参数占位符
    ParameterMappingTokenHandler handler = new
ParameterMappingTokenHandler(configuration, parameterType,
additionalParameters);
    // Token解析器，用于解析#{}参数
    GenericTokenParser parser = new GenericTokenParser("#{", "}", handler);
    // 调用GenericTokenParser对象的parse()方法将#{}参数占位符转换为?
    String sql = parser.parse(originalSql);
    return new StaticSqlSource(configuration, sql,
handler.getParameterMappings());
  }
  ...
  }
```

如上面的代码所示，在SqlSourceBuilder类的parse()方法中，首先创建了一个ParameterMappingTokenHandler对象，ParameterMappingTokenHandler为MyBatis参数映射处理器，用于处理SQL中的#{}参数占位符。接着创建了一个GenericTokenParser对象，GenericTokenParser用于对SQL中的#{}参数占位符进行解析，获取#{}参数占位符中的内容.

例如下面是一个可能的#{}参数占位符配置：

#{userId,javaType=long,jdbcType=NUMERIC,typeHandler=MyTypeHandler}

该参数占位符经过GenericTokenParser解析后，获取参数占位符内容，即userId,javaType=long,jdbcType=NUMERIC,typeHandler=MyTypeHandler，该内容会经过ParameterMappingTokenHandler对象进行替换处理。

我们首先来看GenericTokenParser类解析#{}参数占位符的过程，代码如下：

```
public String parse(String text) {
  if (text == null || text.isEmpty()) {
    return "";
  }
  // 获取第一个#{在SQL中的位置
  int start = text.indexOf(openToken, 0);
  // start为-1说明SQL中不存在任何#{}参数占位符
  if (start == -1) {
    return text;
  }
  // 将SQL转换为char数组
  char[] src = text.toCharArray();
  // offset用于记录已解析的#{或者}的偏移量，避免重复解析
  int offset = 0;
  final StringBuilder builder = new StringBuilder();
  // expression为#{}中的参数内容
  StringBuilder expression = null;
  // 遍历获取所有#{}参数占位符的内容，然后调用TokenHandler的handleToken()方法替换参
数占位符
  while (start > -1) {
    if (start > 0 && src[start - 1] == '\\') {
      // this open token is escaped. remove the backslash and continue.
```

```
        builder.append(src, offset, start - offset - 1).append(openToken);
        offset = start + openToken.length();
      } else {
        // found open token. let's search close token.
        if (expression == null) {
          expression = new StringBuilder();
        } else {
          expression.setLength(0);
        }
        builder.append(src, offset, start - offset);
        offset = start + openToken.length();
        int end = text.indexOf(closeToken, offset);
        while (end > -1) {
          if (end > offset && src[end - 1] == '\\') {
            // this close token is escaped. remove the backslash and continue.
            expression.append(src, offset, end - offset - 1).append(closeToken);
            offset = end + closeToken.length();
            end = text.indexOf(closeToken, offset);
          } else {
            expression.append(src, offset, end - offset);
            offset = end + closeToken.length();
            break;
          }
        }
        if (end == -1) {
          // close token was not found.
          builder.append(src, start, src.length - start);
          offset = src.length;
        } else {
          // 调用 TokenHandler 的 handleToken()方法替换参数占位符
          builder.append(handler.handleToken(expression.toString()));
          offset = end + closeToken.length();
        }
      }
      start = text.indexOf(openToken, offset);
    }
    if (offset < src.length) {
      builder.append(src, offset, src.length - offset);
    }
    return builder.toString();
  }
```

如上面的代码所示，在 GenericTokenParser 的 parse()方法中，对 SQL 配中的所有#{}参数占位符进行解析，获取参数占位符的内容，然后调用 ParameterMappingTokenHandler 的 handleToken()方法对参数占位符内容进行替换。那么#{}占位符内容到底被替换成了什么呢？我们不妨看一下 ParameterMappingTokenHandler 的 handleToken()方法的实现代码：

```
  private static class ParameterMappingTokenHandler extends BaseBuilder
    implements TokenHandler {
      ...
    @Override
    public String handleToken(String content) {
      parameterMappings.add(buildParameterMapping(content));
```

```
      return "?";
    }
  ...
  }
```

从上面的代码可以看出，SQL 配置中的所有#{}参数占位符内容都被替换成了“?”字符，为什么要替换成一个“?”字符呢？读者可能会联想到 JDBC 中的 PreparedStatement，MyBatis 默认情况下会使用 PreparedStatement 对象与数据库进行交互，因此#{}参数占位符内容被替换成了问号，然后调用 PreparedStatement 对象的 setXXX()方法为参数占位符设置值。除此之外，ParameterMappingTokenHandler 的 handleToken()方法中还做了另一件事情，就是调用 buildParameterMapping()方法对占位符内容进行解析，将占位符内容转换为 ParameterMapping 对象。ParameterMapping 对象用于描述 MyBatis 参数映射信息，便于后续根据参数映射信息获取对应的 TypeHandler 为 PreparedStatement 对象设置值。buildParameterMapping()方法解析参数占位符生成 ParameterMapping 对象的过程如下：

```
private ParameterMapping buildParameterMapping(String content) {
  // 将占位符内容转换为 Map 对象
  Map<String, String> propertiesMap = parseParameterMapping(content);
  // property 对应的值为参数占位符名称，例如 userId
  String property = propertiesMap.get("property");
  Class<?> propertyType;
  // 如果内置参数或<bind>标签绑定的参数包含该属性，则参数类型为 Getter 方法返回值类型
  if (metaParameters.hasGetter(property)) {
    propertyType = metaParameters.getGetterType(property);
    // 判读该参数类型是否注册了 TypeHandler,如果注册了，则使用参数类型
  } else if (typeHandlerRegistry.hasTypeHandler(parameterType)) {
    propertyType = parameterType;
    // 如果指定了 jdbcType 属性，并且为 CURSOR 类型，则使用 ResultSet 类型
  } else if (JdbcType.CURSOR.name().equals(propertiesMap.get("jdbcType"))) {
    propertyType = java.sql.ResultSet.class;
    // 如果参数类型为 Map 接口的子类型，则使用 Object 类型
  } else if (property == null || Map.class.isAssignableFrom(parameterType)) {
    propertyType = Object.class;
  } else {
    // 获取 parameterType 对应的 MetaClass 对象，方便获取参数类型的反射信息
    MetaClass metaClass = MetaClass.forClass(parameterType,
configuration.getReflectorFactory());
    // 如果参数类型中包含 property 属性指定的内容，则使用 Getter 方法返回类型
    if (metaClass.hasGetter(property)) {
      propertyType = metaClass.getGetterType(property);
    } else {
      propertyType = Object.class;
    }
  }
  // 使用建造者模式构建 ParameterMapping 对象
  ParameterMapping.Builder builder = new
ParameterMapping.Builder(configuration, property, propertyType);
  Class<?> javaType = propertyType;
  String typeHandlerAlias = null;
  for (Map.Entry<String, String> entry : propertiesMap.entrySet()) {
```

```
    String name = entry.getKey();
    String value = entry.getValue();
    // 指定 ParameterMapping 对象的属性
    if ("javaType".equals(name)) {
      javaType = resolveClass(value);
      builder.javaType(javaType);
    } else if ("jdbcType".equals(name)) {
      builder.jdbcType(resolveJdbcType(value));
    } else if ("mode".equals(name)) {
      builder.mode(resolveParameterMode(value));
    } else if ("numericScale".equals(name)) {
      builder.numericScale(Integer.valueOf(value));
    } else if ("resultMap".equals(name)) {
      builder.resultMapId(value);
    } else if ("typeHandler".equals(name)) {
      typeHandlerAlias = value;
    } else if ("jdbcTypeName".equals(name)) {
      builder.jdbcTypeName(value);
    } else if ("property".equals(name)) {
      // Do Nothing
    } else if ("expression".equals(name)) {
      throw new BuilderException("Expression based parameters are not supported
yet");
    } else {
      throw new BuilderException("An invalid property '" + name + "' was found
in mapping #{" + content + "}.  Valid properties are " + parameterProperties);
    }
  }
  if (typeHandlerAlias != null) {
    builder.typeHandler(resolveTypeHandler(javaType, typeHandlerAlias));
  }
  // 返回 ParameterMapping 对象
  return builder.build();
}
```

如上面的代码所示，在 ParameterMappingTokenHandler 类的 buildParameterMapping()方法中首先将参数占位符内容转换为 Map 对象，例如参数占位符内容如下：

#{userId,javaType=long,jdbcType=NUMERIC,typeHandler=MyTypeHandler}

将会转换成如下 Map 对象：

```
Map<String, String> map = new HashMap<>();
  map.put("property","userId");
  map.put("javaType","long");
  map.put("jdbcType","NUMERIC");
  map.put("typeHandler","MyTypeHandler");
```

然后通过一系列的逻辑判断参数的类型（javaType 属性值），具体逻辑读者可参考上面代码中的注释内容。最后通过建造者模式构建 ParameterMapping 对象。到此为止，动态 SQL 的解析已经全部完成。

9.6 从源码角度分析#{}和${}的区别

前面几节介绍了 MyBatis 动态 SQL 相关的一些概念，并分析了 MyBatis 动态 SQL 配置的解析过程，本节我们就从源码的角度分析一下 MyBatis 两种常用的参数占位符#{}和${}的区别。

我们首先来看${}参数占位符的解析过程。当动态 SQL 配置中存在${}参数占位符时，MyBatis 会使用 TextSqlNode 对象描述对应的 SQL 节点，在调用 TextSqlNode 对象的 apply()方法时会完成动态 SQL 的解析。也就是说，${}参数占位符的解析是在 TextSqlNode 类的 apply()方法中完成的，下面是该方法的实现：

```
public class TextSqlNode implements SqlNode {

  ...
  @Override
  public boolean apply(DynamicContext context) {
    // 通过 GenericTokenParser 对象解析${}参数占位符，使用 BindingTokenParser 对象处
理参数占位符内容
    GenericTokenParser parser = createParser(new BindingTokenParser(context,
injectionFilter));
    // 调用 GenericTokenParser 对象的 parse()方法解析
    context.appendSql(parser.parse(text));
    return true;
  }
  ...
  }
```

如上面的代码所示，在 TextSqlNode 类的 apply()方法中，首先调用 createParser()方法创建一个 GenericTokenParser 对象，通过 GenericTokenParser 对象解析${}参数占位符，然后通过 BindingTokenParser 对象处理参数占位符的内容。createParser()内容如下：

```
private GenericTokenParser createParser(TokenHandler handler) {
  return new GenericTokenParser("${", "}", handler);
}
```

该方法返回一个 GenericTokenParser 对象，指定 openToken 属性为“${”，closeToken 属性为“}”，TokenHandler 为 BindingTokenParser 对象。GenericTokenParser 解析参数占位符的过程前面已经介绍过了，这里我们回顾一下：

```
public class GenericTokenParser {
  ...
  public String parse(String text) {
    if (text == null || text.isEmpty()) {
      return "";
    }
    // 获取第一个 openToken 在 SQL 中的位置
    int start = text.indexOf(openToken, 0);
```

```
    // start 为-1 说明 SQL 中不存在任何参数占位符
    if (start == -1) {
      return text;
    }
    // 将 SQL 转换为 char 数组
    char[] src = text.toCharArray();
    // offset 用于记录已解析的#{或者}的偏移量，避免重复解析
    int offset = 0;
    final StringBuilder builder = new StringBuilder();
    // expression 为参数占位符中的内容
    StringBuilder expression = null;
    // 遍历获取所有参数占位符的内容，然后调用 TokenHandler 的 handleToken()方法替换参数
占位符
    while (start > -1) {
      if (start > 0 && src[start - 1] == '\\') {
        builder.append(src, offset, start - offset - 1).append(openToken);
        offset = start + openToken.length();
      } else {
        // found open token. let's search close token.
        if (expression == null) {
          expression = new StringBuilder();
        } else {
          expression.setLength(0);
        }
        builder.append(src, offset, start - offset);
        offset = start + openToken.length();
        int end = text.indexOf(closeToken, offset);
        while (end > -1) {
          if (end > offset && src[end - 1] == '\\') {
            expression.append(src, offset, end - offset - 1).append(closeToken);
            offset = end + closeToken.length();
            end = text.indexOf(closeToken, offset);
          } else {
            expression.append(src, offset, end - offset);
            offset = end + closeToken.length();
            break;
          }
        }
        if (end == -1) {
          // close token was not found.
          builder.append(src, start, src.length - start);
          offset= src.length;
        } else {
          // 调用 TokenHandler 的 handleToken()方法替换参数占位符
          builder.append(handler.handleToken(expression.toString()));
          offset = end + closeToken.length();
        }
      }
      start = text.indexOf(openToken, offset);
    }
    if (offset < src.length) {
      builder.append(src, offset, src.length - offset);
    }
```

```
    return builder.toString();
  }
}
```

上面代码的核心内容是遍历获取所有${}参数占位符的内容，然后调用 BindingTokenParser 对象的 handleToken()方法对参数占位符内容进行替换。BindingTokenParser 类的 handleToken()方法实现如下：

```
private static class BindingTokenParser implements TokenHandler {
  ...
  @Override
  public String handleToken(String content) {
    // 获取 Mybatis 内置参数_parameter，_parameter 属性中保存所有参数信息
    Object parameter = context.getBindings().get("_parameter");
    if (parameter == null) {
      context.getBindings().put("value", null);
    } else if (SimpleTypeRegistry.isSimpleType(parameter.getClass())) {
      // 将参数对象添加到 ContextMap 对象中
      context.getBindings().put("value", parameter);
    }
    // 通过 OGNL 表达式获取参数值
    Object value = OgnlCache.getValue(content, context.getBindings());
    String srtValue = (value == null ? "" : String.valueOf(value)); // issue
#274 return "" instead of "null"
    checkInjection(srtValue);
    // 返回参数值
    return srtValue;
  }
  ...
}
```

如上面的代码所示，在 BindingTokenParser 类的 handleToken()方法中，根据参数占位符名称获取对应的参数值，然后替换为对应的参数值。假设我们的 SQL 配置如下：

```
<select id="getUserByName" parameterType="java.lang.String"
      resultType="com.blog4java.mybatis.example.entity.UserEntity">
  select * from user where name = ${userName}
</select>
```

如果 Mapper 调用时传入的参数值如下：

```
@Test
public void testGetUserByName() {
    String userName = "Test4";
    UserEntity userEntity = userMapper.getUserByName(userName);
    System.out.println(userEntity);
}
```

上面的 Mapper 调用将会抛出异常，原因是 TextSqlNode 类的 apply()方法中解析${}参数占位符时，只是对参数占位符内容进行替换，将参数占位符替换为对应的参数值，因此 SQL 配置解析

后的内容如下：

```
select * from user where name = Test4
```

上面的内容是一条不合法的 SQL 语句，因此会执行失败，如果希望${}参数占位符解析后生成正确的 SQL 语句，则可以在参数内容前后加上一个单引号，具体如下：

```
@Test
public void testGetUserByName() {
    String userName = "'Test4'";
    UserEntity userEntity = userMapper.getUserByName(userName);
    System.out.println(userEntity);
}
```

#{}参数占位符的解析过程前面已经介绍过了，读者可参考 SqlSourceBuilder 类的 parse()方法。假设我们有如下 SQL 配置：

```
<select id="getUserByName" parameterType="java.lang.String"
      resultType="com.blog4java.mybatis.example.entity.UserEntity">
  select * from user where name = #{userName}
</select>
```

#{}参数占位符的内容将会被替换为“？”。上面的 SQL 语句解析后的结果如下：

```
select * from user where name = ?
```

MyBatis 将会使用 PreparedStatement 对象与数据库进行交互，过程大致如下：

```
Connection connection = DriverManager.getConnection("xxx");
PreparedStatement statement = connection.prepareStatement("select * from user
where name = ?");
statement.setString(1,"Test4");
statement.execute();
```

最后我们再来总结一下#{}和${}参数占位符的区别。使用#{}参数占位符时，占位符内容会被替换成“?”，然后通过 PreparedStatement 对象的 setXXX()方法为参数占位符设置值；而${}参数占位符内容会被直接替换为参数值。使用#{}参数占位符能够有效避免 SQL 注入问题，所以我们可以优先考虑使用#{}占位符，当#{}参数占位符无法满足需求时，才考虑使用${}参数占位符。

9.7 本章小结

本章首先介绍了 MyBatis 中动态 SQL 的使用，接着介绍了动态 SQL 中几个相关的概念，其中 SqlSource 用于描述 MyBatis 中的 SQL 资源信息，LanguageDriver 用于解析 SQL 配置，将 SQL 配置信息转换为 SqlSource 对象，SqlNode 用于描述动态 SQL 中<if>、<where>等标签信息，LanguageDriver 解析 SQL 配置时，会把<if>、<where>等动态 SQL 标签转换为 SqlNode 对象，封装在 SqlSource 中。而解析后的 SqlSource 对象会作为 MappedStatement 对象的属性保存在 MappedStatement 对象中。执行 Mapper 时，会根据传入的参数信息调用 SqlSource 对象的 getBoundSql()方法获取 BoundSql 对象，这个过程就完成了将 SqlNode 对象转换为 SQL 语句的过程。本章的最后一节还介绍了 MyBatis 中#{}和${}参数占位符的区别，这里简单描述一下，#{}占位符会被替换为“?”，然后调用 JDBC 中 PreparedStatement 对象的 setXXX()方法为参数占位符设置值，而${}占位符则会直接替换为传入的参数文本内容。

第 10 章

MyBatis 插件原理及应用

MyBatis 框架允许用户通过自定义拦截器的方式改变 SQL 的执行行为，例如在 SQL 执行时追加 SQL 分页语法，从而达到简化分页查询的目的。用户自定义的拦截器也被称为 MyBatis 插件，本章我们就来分析一下 MyBatis 插件的实现原理以及如何开发一个插件。

10.1 MyBatis 插件实现原理

为了弄清楚 MyBatis 插件的实现原理，我们可以从插件的配置及解析过程开始分析。在 MyBatis 主配置文件中，可以通过<plugins>标签注册用户自定义的插件信息，例如：

```
<plugins>
   <plugin interceptor="org.mybatis.example.ExamplePlugin">
      <property name="someProperty" value="100"/>
   </plugin>
</plugins>
```

MyBatis 的插件实际上就是一个拦截器，Configuration 类中维护了一个 InterceptorChain 的实例，代码如下：

```
public class Configuration {
    ...
   protected final InterceptorChain interceptorChain = new InterceptorChain();
    ...
   public void addInterceptor(Interceptor interceptor) {
       interceptorChain.addInterceptor(interceptor);
     }
   ...
}
```

interceptorChain 属性是一个拦截器链，用于存放通过<plugins>标签注册的所有拦截器，Configration 类中还定义了一个 addInterceptor()方法，用于向拦截器链中添加拦截器。MyBatis 框架在应用启动时会对<plugins>标签进行解析。下面是 XMLConfigBuilder 类的 pluginElement()方法解析<plugins>标签的过程：

```
private void pluginElement(XNode parent) throws Exception {
  if (parent != null) {
    for (XNode child : parent.getChildren()) {
      // 获取<plugin>标签的 interceptor 属性
      String interceptor = child.getStringAttribute("interceptor");
      // 获取拦截器属性，转换为 Properties 对象
      Properties properties = child.getChildrenAsProperties();
      // 创建拦截器实例
      Interceptor interceptorInstance = (Interceptor)
resolveClass(interceptor).newInstance();
      // 设置拦截器实例属性信息
      interceptorInstance.setProperties(properties);
      // 将拦截器实例添加到拦截器链中
      configuration.addInterceptor(interceptorInstance);
    }
  }
}
```

如上面的代码所示，在 XMLConfigBuilder 类的 pluginElement()方法中，首先获取<plugin>标签的 interceptor 属性，然后获取用户指定的拦截器属性并转换为 Properties 对象，然后通过 Java 的反射机制实例化拦截器对象，设置完拦截器对象的属性信息后，将拦截器对象添加到 Configuration 类中维护的拦截器链中。

到此为止，拦截器的注册过程已经分析完毕。接下来我们来看一下拦截器的执行过程。

用户自定义的插件只能对 MyBatis 中的 4 种组件的方法进行拦截，这 4 种组件及方法如下：

- Executor (update, query, flushStatements, commit, rollback, getTransaction, close, isClosed)
- ParameterHandler (getParameterObject, setParameters)
- ResultSetHandler (handleResultSets, handleOutputParameters)
- StatementHandler (prepare, parameterize, batch, update, query)

为什么 MyBatis 插件能够对 Executor、ParameterHandler、ResultSetHandler、StatementHandler 四种组件的实例进行拦截呢？

我们可以从 MyBatis 源码中获取答案。前面在介绍 Configuration 组件的作用时，我们了解到 Configuration 组件有 3 个作用，分别如下：

（1）用于描述 MyBatis 配置信息，项目启动时，MyBatis 的所有配置信息都被转换为 Configuration 对象。

（2）作为中介者简化 MyBatis 各个组件之间的交互，解决了各个组件错综复杂的调用关系，属于中介者模式的应用。

（3）作为 Executor、ParameterHandler、ResultSetHandler、StatementHandler 组件的工厂创建这些组件的实例。

MyBatis 使用工厂方法创建 Executor、ParameterHandler、ResultSetHandler、StatementHandler 组件的实例，其中一个原因是可以根据用户配置的参数创建不同实现类的实例；另一个比较重要的原因是可以在工厂方法中执行拦截逻辑。我们不妨看一下 Configuration 类中这些工厂方法的实现，代码如下：

```
public ParameterHandler newParameterHandler(MappedStatement mappedStatement,
Object parameterObject, BoundSql boundSql) {
  ParameterHandler parameterHandler =
mappedStatement.getLang().createParameterHandler(mappedStatement,
parameterObject, boundSql);
  // 创建 ParameterHandler 代理对象
  parameterHandler = (ParameterHandler)
interceptorChain.pluginAll(parameterHandler);
  return parameterHandler;
}
public ResultSetHandler newResultSetHandler(Executor executor,
MappedStatement mappedStatement, RowBounds rowBounds, ParameterHandler
parameterHandler,
    ResultHandler resultHandler, BoundSql boundSql) {
  ResultSetHandler resultSetHandler = new DefaultResultSetHandler(executor,
mappedStatement, parameterHandler, resultHandler, boundSql, rowBounds);
  // 创建 ResultSetHandler 代理对象
  resultSetHandler = (ResultSetHandler)
interceptorChain.pluginAll(resultSetHandler);
  return resultSetHandler;
}
public StatementHandler newStatementHandler(Executor executor,
MappedStatement mappedStatement, Object parameterObject, RowBounds rowBounds,
ResultHandler resultHandler, BoundSql boundSql) {
  StatementHandler statementHandler = new RoutingStatementHandler(executor,
mappedStatement, parameterObject, rowBounds, resultHandler, boundSql);
  // 创建 StatementHandler 代理对象
  statementHandler = (StatementHandler)
interceptorChain.pluginAll(statementHandler);
  return statementHandler;
}
public Executor newExecutor(Transaction transaction, ExecutorType
executorType) {
  executorType = executorType == null ? defaultExecutorType : executorType;
  executorType = executorType == null ? ExecutorType.SIMPLE : executorType;
  ...
  // 创建 Executor 代理对象
  executor = (Executor) interceptorChain.pluginAll(executor);
  return executor;
}
```

如上面的代码所示，在 Configuration 类的 newParameterHandler()、newResultSetHandler()、 newStatementHandler()、newExecutor()这些工厂方法中，都调用了 InterceptorChain 对象的 pluginAll()方法，pluginAll()方法返回 ParameterHandler、ResultSetHandler、StatementHandler 或者 Executor 对象的代理对象，拦截逻辑都是在代理对象中完成的。这就解释了为什么 MyBatis 自定义插件只能对 Executor、ParameterHandler、ResultSetHandler、StatementHandler 这 4 种组件的方法进行拦截。

接下来我们再来了解一下拦截器链 InterceptorChain 类的实现，代码如下：

```
public class InterceptorChain {

  // 通过 List 对象维护所有拦截器实例
  private final List<Interceptor> interceptors = new ArrayList<Interceptor>();

  // 调用所有拦截器对象的 plugin()方法执行拦截逻辑
  public Object pluginAll(Object target) {
    for (Interceptor interceptor : interceptors) {
      target = interceptor.plugin(target);
    }
    return target;
  }

  public void addInterceptor(Interceptor interceptor) {
    interceptors.add(interceptor);
  }

  public List<Interceptor> getInterceptors() {
    return Collections.unmodifiableList(interceptors);
  }

}
```

在 InterceptorChain 类中通过一个 List 对象维护所有的拦截器实例，在 InterceptorChain 的 pluginAll()方法中，会调用所有拦截器实例的 plugin()方法，该方法返回一个目标对象的代理对象。

MyBatis 中所有用户自定义的插件都必须实现 Interceptor 接口，该接口的定义如下：

```
public interface Interceptor {

  Object intercept(Invocation invocation) throws Throwable;

  Object plugin(Object target);

  void setProperties(Properties properties);

}
```

Interceptor 接口中定义了 3 个方法，intercept()方法用于定义拦截逻辑，该方法会在目标方法调用时执行。plugin()方法用于创建 Executor、ParameterHandler、ResultSetHandler 或 StatementHandler 的代理对象，该方法的参数即为 Executor、ParameterHandler、ResultSetHandler 或 StatementHandler 组件的实例。setProperties()方法用于设置插件的属性值。需要注意的是，intercept()接收一个 Invocation 对象作为参数，Invocation 对象中封装了目标对象的方法及参数信息。Invocation 类的实现代码如下：

```
public class Invocation {
  // 目标对象，即 ParameterHandler、ResultSetHandler、StatementHandler 或者
Executor 实例
  private final Object target;
  // 目标方法，即拦截的方法
  private final Method method;
  // 目标方法参数
  private final Object[] args;

  public Invocation(Object target, Method method, Object[] args) {
    this.target = target;
    this.method = method;
    this.args = args;
  }

  public Object getTarget() {
    return target;
  }

  public Method getMethod() {
    return method;
  }

  public Object[] getArgs() {
    return args;
  }

  /**
   * 执行目标方法
   * @return 目标方法执行结果
   * @throws InvocationTargetException
   * @throws IllegalAccessException
   */
  public Object proceed() throws InvocationTargetException,
IllegalAccessException {
    return method.invoke(target, args);
  }

}
```

如上面的代码所示，Invocation 类中封装了目标对象、目标方法及参数信息，我们可以通过 Invocation 对象获取目标对象（Executor、ParameterHandler、ResultSetHandler 或 StatementHandler）的所有信息。另外，Invocation 类中提供了一个 proceed()方法，该方法用于执行目标方法的逻辑。所以在自定义插件类中，拦截逻辑执行完毕后一般都需要调用 proceed()方法执行目标方法的原有逻辑。

为了便于用户创建 Executor、ParameterHandler、ResultSetHandler 或 StatementHandler 实例的代理对象，MyBatis 中提供了一个 Plugin 工具类，该类的关键代码如下：

```
public class Plugin implements InvocationHandler {
  //目标对象，即 Executor、ParameterHandler、ResultSetHandler、StatementHandler
对象
```

```
  private final Object target;
  // 用户自定义拦截器实例
  private final Interceptor interceptor;
  // Intercepts 注解指定的方法
  private final Map<Class<?>, Set<Method>> signatureMap;

  private Plugin(Object target, Interceptor interceptor, Map<Class<?>,
Set<Method>> signatureMap) {
    this.target = target;
    this.interceptor = interceptor;
    this.signatureMap = signatureMap;
  }
  ...

  @Override
  public Object invoke(Object proxy, Method method, Object[] args) throws
Throwable {
    try {
      // 如果该方法是 Intercepts 注解指定的方法，则调用拦截器实例的 intercept()方法执行
拦截逻辑
      Set<Method> methods = signatureMap.get(method.getDeclaringClass());
      if (methods != null && methods.contains(method)) {
        return interceptor.intercept(new Invocation(target, method, args));
      }
      return method.invoke(target, args);
    } catch (Exception e) {
      throw ExceptionUtil.unwrapThrowable(e);
    }
  }
  ...
  }
```

如上面的代码所示，Plugin 类实现了 InvocationHandler 接口，即采用 JDK 内置的动态代理方式创建代理对象。Plugin 类中维护了 Executor、ParameterHandler、ResultSetHandler 或者 StatementHandler 类的实例，以及用户自定义的拦截器实例和拦截器中通过 Intercepts 注解指定的拦截方法。Plugin 类的 invoke()方法会在调用目标对象的方法时执行，在 invoke()方法中首先判断该方法是否被 Intercepts 注解指定为被拦截的方法，如果是，则调用用户自定义拦截器的 intercept()方法，并把目标方法信息封装成 Invocation 对象作为 intercept()方法的参数。

Plugin 类中还提供了一个静态的 wrap()方法，该方法用于简化动态代理对象的创建，代码如下：

```
public static Object wrap(Object target, Interceptor interceptor) {
  // 调用 getSignatureMap()方法获取自定义插件中，通过 Intercepts 注解指定的方法
  Map<Class<?>, Set<Method>> signatureMap = getSignatureMap(interceptor);
  Class<?> type = target.getClass();
  Class<?>[] interfaces = getAllInterfaces(type, signatureMap);
  if (interfaces.length > 0) {
    return Proxy.newProxyInstance(
        type.getClassLoader(),
        interfaces,
        new Plugin(target, interceptor, signatureMap));
  }
```

```
  return target;
}
```

如上面的代码所示，wrap()方法的第一个参数为目标对象，即 Executor、ParameterHandler、ResultSetHandler、StatementHandler 类的实例；第二个参数为拦截器实例。在 wrap()方法中首先调用 getSignatureMap()方法获取 Intercepts 注解指定的要拦截的组件及方法，然后调用 getAllInterfaces()方法获取当前 Intercepts 注解指定要拦截的组件的接口信息，接着调用 Proxy 类的静态方法 newProxyInstance()创建一个动态代理对象。

Intercepts 注解用于修饰拦截器类，告诉拦截器要对哪些组件的方法进行拦截。下面是 Intercepts 注解的一个使用案例：

```
@Intercepts( {
        @Signature(method = "query", type = Executor.class, args = {
                MappedStatement.class, Object.class, RowBounds.class,
                ResultHandler.class }),
        @Signature(method = "prepare", type = StatementHandler.class, args =
{ Connection.class }) }
)
```

如上面的代码所示，通过 Intercepts 注解指定拦截 ResultHandler 组件的 query()方法，同时拦截 StatementHandler 组件的 prepare()方法。

接下来我们就来了解一下 Plugin 类的 getSignatureMap()方法解析 Intercepts 注解的过程，代码如下：

```
private static Map<Class<?>, Set<Method>> getSignatureMap(Interceptor
interceptor) {
  // 获取 Intercepts 注解信息
  Intercepts interceptsAnnotation =
interceptor.getClass().getAnnotation(Intercepts.class);
  if (interceptsAnnotation == null) {
    throw new PluginException("No @Intercepts annotation was found in
interceptor " + interceptor.getClass().getName());
  }
  // 获取所有 Signature 注解信息
  Signature[] sigs = interceptsAnnotation.value();
  Map<Class<?>, Set<Method>> signatureMap = new HashMap<Class<?>,
Set<Method>>();
  // 对所有 Signature 注解进行遍历，把 Signature 注解指定拦截的组件及方法添加到 Map 中
  for (Signature sig : sigs) {
    Set<Method> methods = signatureMap.get(sig.type());
    if (methods == null) {
      methods = new HashSet<Method>();
      signatureMap.put(sig.type(), methods);
    }
    try {
      Method method = sig.type().getMethod(sig.method(), sig.args());
      methods.add(method);
    } catch (NoSuchMethodException e) {
      throw new PluginException("Could not find method on " + sig.type() + " named
" + sig.method() + ". Cause: " + e, e);
```

```
      }
    }
    return signatureMap;
  }
```

如上面的代码所示，在 Plugin 类的 getSignatureMap()方法中，首先获取 Intercepts 注解，然后获取 Intercepts 注解中配置的所有 Signature 注解，接着对所有的 Signature 注解信息进行遍历，将 Signature 注解中指定要拦截的组件及方法添加到 Map 对象中，其中 Key 为 Executor、ParameterHandler、ResultSetHandler 或 StatementHandler 对应的 Class 对象，Value 为拦截的所有方法对应的 Method 对象数组。

当我们需要自定义一个 MyBatis 插件时，只需要实现 Interceptor 接口，在 intercept()方法中编写拦截逻辑，通过 plugin()方法返回一个动态代理对象，通过 setProperties()方法设置<plugin>标签中配置的属性值即可。MyBatis 源码中提供了一个自定义插件案例，代码如下：

```
@Intercepts({})
public class ExamplePlugin implements Interceptor {
  private Properties properties;
  @Override
  public Object intercept(Invocation invocation) throws Throwable {
    // TODO:自定义拦截逻辑
    return invocation.proceed();
  }
  @Override
  public Object plugin(Object target) {
    // 调用 Plugin 类的 wrap()方法返回一个动态代理对象
    return Plugin.wrap(target, this);
  }
  @Override
  public void setProperties(Properties properties) {
    // 设置插件的属性信息
    this.properties = properties;
  }

  public Properties getProperties() {
    return properties;
  }
}
```

如上面的代码所示，由于 MyBatis 提供了 Plugin 工具类用于创建拦截目标的代理对象，因此我们只需要在 plugin()方法中调用 Plugin.wrap()方法创建一个代理对象并返回即可。

最后，我们再来回顾 MyBatis 插件的工作原理。以执行一个查询操作为例，通过前面章节的介绍，我们知道 SqlSession 是 MyBatis 中提供的面向用户的操作数据库的接口，而真正执行 SQL 操作的是 Executor 组件。MyBatis 通过工厂模式创建 Executor 实例，Configuration 类中提供了一个 newExecutor()工厂方法，该方法返回的实际上是一个 Executor 的动态代理对象。

如图 10-1 所示，SqlSession 获取 Executor 实例的过程如下：

（1）SqlSession 中会调用 Configuration 类提供的 newExecutor()工厂方法创建 Executor 对象。

（2）Configuration 类中通过一个 InterceptorChain 对象维护了用户自定义的拦截器链。newExecutor()工厂方法中调用 InterceptorChain 对象的 pluginAll()方法。

（3）InterceptorChain 对象的 pluginAll()方法中会调用自定义拦截器的 plugin()方法。

（4）自定义拦截器的 plugin()方法是由我们来编写的，通常会调用 Plugin 类的 wrap()静态方法创建一个代理对象。

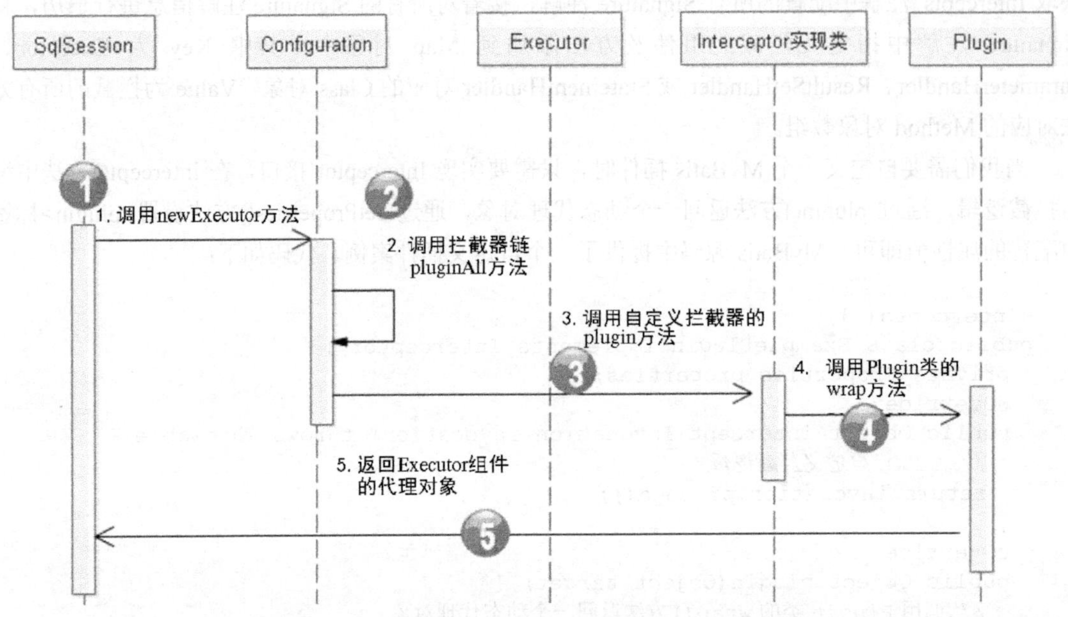

图 10-1 MyBatis 插件工作原理——动态代理对象创建过程

SqlSession 获取到的 Executor 实例实际上已经是一个动态代理对象了。接下来我们就以 SqlSession 执行查询操作为例介绍自定义插件执行拦截逻辑的过程。

如图 10-2 所示，当我们调用 SqlSession 对象的 selectOne()方法执行查询操作时，大致会经历下面几个过程：

（1）SqlSession 操作数据库需要依赖于 Executor 组件，SqlSession 会调用 Configuration 对象的 newExecutor()方法获取 Executor 的实例。

（2）SqlSession 获取到的是 Executor 组件的代理对象，执行查询操作时会调用代理对象的 query()方法。

（3）按照 JDK 动态代理机制，调用 Executor 代理对象的 query()方法时，会调用 Plugin 类的 invoke()方法。

（4）Plugin 类的 invoke()方法中会调用自定义拦截器对象的 intercept()方法执行拦截逻辑。

（5）自定义拦截器对象的 intercept()方法调用完毕后，调用目标 Executor 对象的 query()方法。

（6）所有操作执行完毕后，会将查询结果返回给 SqlSession 对象。

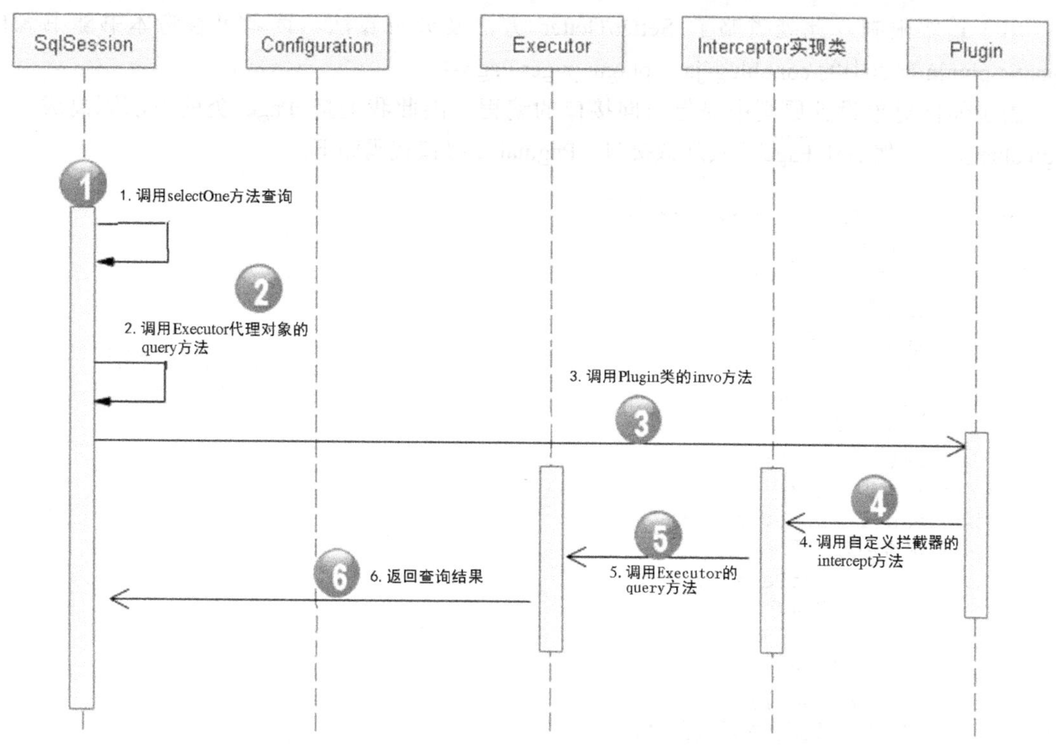

图 10-2　MyBatis 插件工作原理——插件拦截逻辑执行过程

10.2　自定义一个分页插件

10.1 节介绍了 MyBatis 插件的实现原理，本节我们结合 10.1 节所学的内容自定义一个分页插件。分页查询在日常开发中非常常见，实现方式一般有两种，第一种是从数据库中查询出所有满足条件的数据，然后通过应用程序进行分页处理，这种方式在数据量过大时效率比较低，而且可能会造成内存溢出，所以不太常用；另一种是通过数据库提供的分页语句进行物理分页，这种方式效率较高且查询数据量较少，所以是一种比较常用的分页方式。

本节我们就基于数据库物理分页方式编写一个 MyBatis 分页插件。在编写分页插件之前，我们需要有一个 Page 类来描述分页信息，例如总的页数、当前页数等信息。Page 类代码如下：

```
public class Page<T>  implements Paginable<T> {
    public static final int DEFAULT_PAGE_SIZE = 10; // 默认每页记录数
    public static final int PAGE_COUNT = 10;
    private int pageNo = 1; // 页码
    private int pageSize = DEFAULT_PAGE_SIZE; // 每页记录数
    private int totalCount = 0; // 总记录数
    private int totalPage = 0; // 总页数
    private long timestamp = 0; // 查询时间戳
    private boolean full = false; // 是否全量更新 //若 false，则不更新 totalcount
    // 省略 Getter/Setter 方法及分页算法，具体可参看随书源码
}
```

出于篇幅限制，此处省略了 Setter/Getter 方法及分页算法，读者可参考本书随书源码 mybatis-plugin 项目中的 com.blog4java.plugin.pager.Page 类。

由于面向对象设计原则中提倡面向接口的编程，因此我们把 Page 类的方法剥离成一个 Paginable 接口，然后让 Page 类实现该接口。Paginable 接口代码如下：

```
public interface Paginable<T> {
    /** 总记录数 */
    int getTotalCount();
    /** 总页数 */
    int getTotalPage();
    /** 每页记录数 */
    int getPageSize();
    /** 当前页号 */
    int getPageNo();
    /** 是否第一页 */
    boolean isFirstPage();
    /** 是否最后一页 */
    boolean isLastPage();
    /** 返回下页的页号 */
    int getNextPage();
    /** 返回上页的页号 */
    int getPrePage();
    /** 取得当前页显示的项的起始序号 */
    int getBeginIndex();
    /** 取得当前页显示的末项序号 */
    int getEndIndex();
    /** 获取开始页*/
    int getBeginPage();
    /** 获取结束页*/
    int getEndPage();
}
```

接下来就可以编写插件类了。下面是我们自定义的拦截器类 PageInterceptor 的代码：

```
@Intercepts({
        @Signature(method = "prepare", type = StatementHandler.class, args =
{Connection.class, Integer.class})
})
public class PageInterceptor implements Interceptor {
    private String databaseType;
    public Object intercept(Invocation invocation) throws Throwable {
        // 获取拦截的目标对象
        RoutingStatementHandler handler = (RoutingStatementHandler)
invocation.getTarget();
        StatementHandler delegate = (StatementHandler)
ReflectionUtils.getFieldValue(handler, "delegate");
        BoundSql boundSql = delegate.getBoundSql();
        // 获取参数对象，当参数对象为 Page 的子类时执行分页操作
        Object parameterObject = boundSql.getParameterObject();
        if (parameterObject instanceof Page<?>) {
            Page<?> page = (Page<?>) parameterObject;
```

```
            MappedStatement mappedStatement = (MappedStatement)
    ReflectionUtils.getFieldValue(delegate, "mappedStatement");
            Connection connection = (Connection) invocation.getArgs()[0];
            String sql = boundSql.getSql();
            if (page.isFull()) {
                // 获取记录总数
                this.setTotalCount(page, mappedStatement, connection);
            }
            page.setTimestamp(System.currentTimeMillis());
            // 获取分页 SQL
            String pageSql = this.getPageSql(page, sql);
            // 将原始 SQL 语句替换成分页语句
            ReflectionUtils.setFieldValue(boundSql, "sql", pageSql);
        }
        return invocation.proceed();
    }
    /**
     * 拦截器对应的封装原始对象的方法
     */
    public Object plugin(Object target) {
        return Plugin.wrap(target, this);
    }
    /**
     * 设置注册拦截器时设定的属性
     */
    public void setProperties(Properties properties) {
        this.databaseType = properties.getProperty("databaseType");
    }
    ...
}
```

MyBatis 用户自定义插件类都必须实现 Interceptor 接口，因此我们自定义的 PageInterceptor 类也实现了该接口。除此之外，自定义的插件类还需要通过 Intercepts 注解指定对哪些组件的哪些方法进行拦截。这里我们指定对 StatementHandler 实例的 prepare()方法进行拦截，因此在调用 StatementHandler 对象的 prepare()方法之前都会调用 PageInterceptor 对象的 intercept()方法，我们只需要在该方法中把执行的 SQL 语句替换成分页查询 SQL 即可。

在 PageInterceptor 类的 intercept()方法中，我们通过反射机制获取到 BoundSql 对象，BoundSql 封装了执行的 SQL 语句和参数对象，我们需要获取 SQL 语句和参数对象，如果参数对象是 Page 的子类，则调用 getPageSql()方法把 SQL 语句包装成分页语句。getPageSql()实现代码如下：

```
/**
 * 根据 page 对象获取对应的分页查询 SQL 语句
 * 这里只做了 3 种数据库类型，MySQL、Oracle、HSQLDB
 * 其他的数据库都没有进行分页
 *
 * @param page 分页对象
 * @param sql  原始 SQL 语句
 * @return
 */
private String getPageSql(Page<?> page, String sql) {
    StringBuffer sqlBuffer = new StringBuffer(sql);
```

```
    if ("mysql".equalsIgnoreCase(databaseType)) {
        return getMysqlPageSql(page, sqlBuffer);
    } else if ("oracle".equalsIgnoreCase(databaseType)) {
        return getOraclePageSql(page, sqlBuffer);
    } else if ("hsqldb".equalsIgnoreCase(databaseType)) {
        return getHSQLDBPageSql(page, sqlBuffer);
    }
    return sqlBuffer.toString();
}
```

目前该分页插件支持 3 种数据库厂商，分别为 MySQL、Oracle、HSQLDB，各自包装分页 SQL 方法实现如下：

```
/**
 * 获取MySQL数据库的分页查询语句
 *
 * @param page        分页对象
 * @param sqlBuffer 包含原SQL语句的StringBuffer对象
 * @return MySQL数据库分页语句
 */
private String getMysqlPageSql(Page<?> page, StringBuffer sqlBuffer) {
    int offset = (page.getPageNo() - 1) * page.getPageSize();
    sqlBuffer.append(" limit
").append(offset).append(",").append(page.getPageSize());
    return sqlBuffer.toString();
}
/**
 * 获取Oracle数据库的分页查询语句
 * @param page        分页对象
 * @param sqlBuffer 包含原SQL语句的StringBuffer对象
 * @return Oracle数据库的分页查询语句
 */
private String getOraclePageSql(Page<?> page, StringBuffer sqlBuffer) {
    int offset = (page.getPageNo() - 1) * page.getPageSize() + 1;
    sqlBuffer.insert(0, "select u.*, rownum r from (").append(") u where rownum
< ")
            .append(offset + page.getPageSize());
    sqlBuffer.insert(0, "select * from (").append(") where r >=
").append(offset);
    return sqlBuffer.toString();
}
/**
 * 获取HSQLDB数据库的分页查询语句
 *
 * @param page        分页对象
 * @param sqlBuffer 包含原SQL语句的StringBuffer对象
 * @return Oracle数据库的分页查询语句
 */
private String getHSQLDBPageSql(Page<?> page, StringBuffer sqlBuffer) {
    int offset = (page.getPageNo() - 1) * page.getPageSize() + 1;
    String sql = "select limit " + offset + " " + page.getPageSize() + " * from
(" + sqlBuffer.toString() + " )";
    return sql;
```

```
}
```

为了计算总页数，我们还需要知道该查询语句对应查询结果的总记录数。当 Page 对象的 full 参数为 true 时，会调用 setTotalCount()方法设置总的记录数，该方法实现如下：

```
/**
 * 给当前的参数对象 page 设置总记录数
 *
 * @param page            Mapper 映射语句对应的参数对象
 * @param mappedStatement Mapper 映射语句
 * @param connection      当前的数据库连接
 */
private void setTotalCount(Page<?> page, MappedStatement mappedStatement,
Connection connection) {
   BoundSql boundSql = mappedStatement.getBoundSql(page);
   String sql = boundSql.getSql();
   // 根据原 SQL 语句获取对应的查询总记录数的 SQL 语句
   String countSql = this.getCountSql(sql);
   List<ParameterMapping> parameterMappings =
boundSql.getParameterMappings();
   BoundSql countBoundSql = new BoundSql(mappedStatement.getConfiguration(),
countSql, parameterMappings, page);
   ParameterHandler parameterHandler = new
DefaultParameterHandler(mappedStatement, page, countBoundSql);
   PreparedStatement pstmt = null;
   ResultSet rs = null;
   try {
      pstmt = connection.prepareStatement(countSql);
      parameterHandler.setParameters(pstmt);
      // 执行获取总记录的 SQL 语句
            rs = pstmt.executeQuery();
            if (rs.next()) {
               int totalCount = rs.getInt(1);
         // 设置总记录数
                  page.setTotalCount(totalCount);
               }
            } catch (SQLException e) {
               e.printStackTrace();
            } finally {
               IOUtils.closeQuietly(rs);
               IOUtils.closeQuietly(pstmt);
            }
         }
```

到此为止，我们的分页插件已经编写完成了。完整代码读者可参考本书随书源码 mybatis-plugin 项目的 com.blog4java.plugin.pager.PageInterceptor 类。

接下来我们再来看一下该分页插件的使用。自定义插件后，需要在 MyBatis 主配置文件中对插件进行注册，例如：

```
<plugins>
  <plugin interceptor="com.blog4java.plugin.pager.PageInterceptor">
    <property name="databaseType" value="hsqldb"/>
```

```
    </plugin>
  </plugins>
```

上面的配置中，我们通过 databaseType 属性指定数据库类型为 HSQLDB。

由于我们的分页插件仅当参数对象是 Page 类的子类对象时才会执行分页逻辑，因此需要编写一个 UserQuery 类继承 Page 类，代码如下：

```
public class UserQuery extends Page<UserEntity> {
}
```

接下来是查询 Mapper 的定义：

```
public interface UserMapper {
    @Select("select * from user")
    List<UserEntity> getUserPageable(UserQuery query);
}
```

最后，我们编写代码调用分页查询 Mapper，代码如下：

```
@Test
public void testPageInterceptor() {
    UserQuery query = new UserQuery();
    query.setPageSize(5);
    query.setFull(true);
    List<UserEntity> users = userMapper.getUserPageable(query);
    System.out.println("总数据量：" + query.getTotalCount() + ",总页数："
            + query.getTotalPage() + ",当前查询数据：" + JSON.toJSONString(users));
}
```

运行上面的测试用例后，输出结果如下：

```
总数据量：14,总页数：3，当前查询数据：
[{"id":1,"name":"User2","password":"test","phone":"18700001111"},{"id":2,"n
ame":"User3","password":"test","phone":"18700001111"},{"id":3,"name":"User4
","password":"test","phone":"18700001111"},{"id":4,"name":"User5","password
":"test","phone":"18700001111"},{"id":5,"name":"User6","password":"test","p
hone":"18700001111"}]
```

PageInterceptor 分页插件的完整使用案例可参考随书源码 mybatis-chapter10 项目的 com.blog4java.mybatis.example.PageInterceptorExample 类。

10.3 自定义慢 SQL 统计插件

10.2 节介绍了如何通过 MyBatis 插件实现分页查询功能，本节我们再来编写一个统计慢 SQL 插件。通过该插件，我们可以把执行时间超过若干秒的 SQL 语句输出到日志中，这样就可以有针对性地对 SQL 语句进行优化。该插件代码如下：

```
@Intercepts({
        @Signature(type = StatementHandler.class, method = "query", args =
{Statement.class, ResultHandler.class}),
        @Signature(type = StatementHandler.class, method = "update", args =
{Statement.class}),
        @Signature(type = StatementHandler.class, method = "batch", args =
{Statement.class})
})
public class SlowSqlInterceptor implements Interceptor {

    private Integer limitSecond;

    @Override
    public Object intercept(Invocation invocation) throws
InvocationTargetException, IllegalAccessException {
        long beginTimeMillis = System.currentTimeMillis();
        StatementHandler statementHandler = (StatementHandler)
invocation.getTarget();
        try {
            return invocation.proceed();
        } finally {
            long endTimeMillis = System.currentTimeMillis();
            long costTimeMillis = endTimeMillis - beginTimeMillis;
            if (costTimeMillis > limitSecond * 1000) {
                BoundSql boundSql = statementHandler.getBoundSql();
                // 调用getFormatedSql()方法对参数占位符进行替换
                String sql = getFormatedSql(boundSql);
                System.out.println("SQL语句【" + sql + "】，执行耗时：" +
costTimeMillis + "ms");
            }
        }
    }

    @Override
    public Object plugin(Object target) {
        return Plugin.wrap(target, this);
    }

    @Override
    public void setProperties(Properties properties) {
        String limitSecond = (String) properties.get("limitSecond");
        this.limitSecond = Integer.parseInt(limitSecond);
    }
    ...
}
```

如上面的代码所示，在SlowSqlInterceptor拦截器类中，我们使用Intercepts注解指定对StatementHandler组件的query()、update()、batch()方法进行拦截，这些方法调用之前会调用SlowSqlInterceptor对象的intercept()方法中的拦截逻辑。

SlowSqlInterceptor对象实例化后，会调用setProperties()方法设置<plugin>标签中配置的属性，这里我们通过limitSecond属性指定SQL执行时间超过多少秒被定义为慢SQL。在SlowSqlInterceptor类的intercept()方法中，首先获取SQL语句执行前的时间戳，然后计算SQL执行后的消耗时长，如果时长超过我们通过 limitSecond 属性指定的时长，则调用 getFormatedSql()方法对执行的 SQL 进行参数占位符替换及格式化，然后将处理后的 SQL 输出。该插件出于演示目的，只是将 SQL 语句输出到控制台，实际项目中，可以输出到一个单独的日志文件中。

SlowSqlInterceptor 类的完整实现代码可参考随书源码 mybatis-plugin 项目的 com.blog4java.plugin.slowsql.SlowSqlInterceptor 类。

最后，我们再来看一下 SlowSqlInterceptor 插件的使用，在 MyBatis 主配置文件中注册该插件即可，配置如下：

```
<plugins>
  <plugin interceptor="com.blog4java.plugin.pager.PageInterceptor">
    <property name="databaseType" value="hsqldb"/>
  </plugin>

  <plugin interceptor="com.blog4java.plugin.slowsql.SlowSqlInterceptor">
    <property name="limitSecond" value="0"/>
  </plugin>
</plugins>
```

10.4 本章小结

MyBatis 提供了扩展机制，能够在执行 Mapper 时改变 SQL 的执行行为。这种扩展机制是通过拦截器来实现的，用户自定义的拦截器也被称为 MyBatis 插件。MyBatis 框架支持对 Executor、ParameterHandler、ResultSetHandler、StatementHandler 四种组件的方法进行拦截。本章介绍了 MyBatis 插件的实现原理，然后通过案例介绍了如何实现一个分页查询插件和慢 SQL 统计插件，当读者需要的功能 MyBatis 框架无法满足时，可以考虑通过自定义插件来实现。

第11章

MyBatis 级联映射与懒加载

MyBatis 其中一个比较强大的功能是支持查询结果级联映射。使用 MyBatis 级联映射，我们可以很轻松地实现一对多、一对一或者多对多关联查询，甚至可以利用 MyBatis 提供的级联映射实现懒加载。所谓的懒加载，就是当我们在一个实体对象中关联其他实体对象时，如果不需要获取被关联的实体对象，则不需要为被关联的实体执行额外的查询操作，仅当调用当前实体的 Getter 方法获取被关联实体对象时，才会执行一次额外的查询操作。通过这种方式在一定程度上能够减轻数据库的压力。本章我们就来学习一下 MyBatis 的级联映射和懒加载机制以及它的实现原理。

11.1 MyBatis 级联映射详解

11.1.1 准备工作

假设我们在开发一个电商应用，需要通过数据库记录用户信息和订单信息，用户和订单是典型的一对多关系，一个用户可以对应多笔订单，但是一笔订单只会对应一个用户。为了模拟这个场景，我们可以新建一张 user 表和一张 order 表，建表语句如下：

```
drop table user if exists;
create table user (
  id int generated by default as identity,
  createTime varchar(20) ,
  name varchar(20),
  password varchar(36),
  phone varchar(20),
  nickName varchar(20),
  gender varchar(20),
  primary key (id)
);
drop table "order" if exists;
```

```
create table "order" (
  id int generated by default as identity,
  createTime varchar(20) ,
  userId int,
  amount int,
  orderNo varchar(32),
  address varchar(20),
  primary key (id)
);
```

需要注意的是，order 是 SQL 中的关键字，笔者使用的是 HSQLDB 数据库进行演示，因此需要加上双引号进行转义。

为了便于演示，我们还需要往两张表中初始化一些数据，初始化数据脚本内容如下：

```
insert into user (createTime, name, password, phone, nickName, gender)
values('2010-10-23 10:20:30', 'User1', 'test', '18700001111',
'User1','male');
insert into user (createTime, name, password, phone, nickName, gender)
values('2010-10-24 10:20:30', 'User2', 'test', '18700001111', 'User2',
'male');
insert into user (createTime, name, password, phone, nickName, gender)
values('2010-10-25 10:20:30', 'User3', 'test', '18700001111', 'User3',
'female');

insert into "order" (createTime,userId,amount,orderNo,address)
values('2010-10-26 10:20:30',1,100,'order_2314234','浙江杭州');
insert into "order" (createTime,userId,amount,orderNo,address)
values('2010-10-27 10:20:30',1,110,'order_2314235','浙江杭州');
insert into "order" (createTime,userId,amount,orderNo,address)
values('2010-10-27 10:20:30',2,110,'order_2314236','浙江杭州');
```

订单表和用户表通过 userId 进行关联，建表及初始化脚本可参看 mybatis-chapter11 项目的 create-table-c11.sql 和 init-data-c11.sql 脚本文件。

项目启动时，我们可以通过代码将 create-table-c11.sql 和 init-data-c11.sql 脚本中的内容初始化到 HSQLDB 数据库中，初始化代码如下：

```
try {
    Class.forName("org.hsqldb.jdbcDriver");
    // 获取 Connection 对象
    Connection conn =
DriverManager.getConnection("jdbc:hsqldb:mem:mybatis","sa", "");
    // 使用 MyBatis 的 ScriptRunner 工具类执行数据库脚本
    ScriptRunner scriptRunner = new ScriptRunner(conn);
    // 不输出 SQL 日志
    scriptRunner.setLogWriter(null);

scriptRunner.runScript(Resources.getResourceAsReader("create-table-c11.sql"
));

scriptRunner.runScript(Resources.getResourceAsReader("init-data-c11.sql"));
} catch (Exception e) {
```

```
        e.printStackTrace();
    }
```

另外，我们还需要两个实体类建立与数据库表之间的映射关系，其中 User 实体类代码如下：

```
@Data
public class User {
    private Long id;
    private String name;
    private Date createTime;
    private String password;
    private String phone;
    private String gender;
    private String nickName;
    private List<Order> orders;
}
```

需要注意的是，User 类中维护了一个 List 类型的 orders 属性，用于存放用户相关联的订单信息，即一个用户可以对应多笔订单。

另外，我们还需要一个 Order 类，用于建立与 order 表的映射关系。Order 类代码如下：

```
@Data
public class Order {
    private Long id;
    private Date createTime;
    private BigDecimal amount;
    private Long userId;
        private String orderNo;
        private String address;
        private User user;
    }
```

Order 类中维护了一个 User 属性，用于关联订单对应的用户信息，订单与用户是一对一关系。

接下来，我们可以测试一下基本查询功能，新增 order 和 user 表相关的 Mapper 配置。OrderMapper 和 UserMapper 接口如下：

```
public interface OrderMapper {
    List<Order> listOrdersByUserId(@Param("userId") Long userId);
}

public interface UserMapper {
    User getUserById(@Param("userId") Long userId);
}
```

对应的 SQL 配置 OrderMapper.xml 和 UserMapper.xml 中的内容如下：

```
<select id="getUserById"
resultType="com.blog4java.mybatis.example.entity.User">
    select * from user where id = #{userId}
```

```
</select>

<select id="listOrdersByUserId"
resultType="com.blog4java.mybatis.example.entity.Order">
   select * from "order" where userId = #{userId}
</select>
```

Mapper 配置完毕后，我们就可以编写测试用例通过 Mapper 接口与数据库交互了，代码如下：

```
@Test
public void testSimpleQuery() {
    User user = userMapper.getUserById(1L);
    System.out.println(JSON.toJSONString(user));
    List<Order> orders = orderMapper.listOrdersByUserId(1L);
    System.out.println(JSON.toJSONString(orders));
}
```

完整代码可参看 mybatis-chapter11 项目 ComplexQueryExample 类的 testSimpleQuery()方法。运行测试方法，输出内容如下：

```
Logging initialized using 'class org.apache.ibatis.logging.stdout.StdOutImpl'
adapter.
    Opening JDBC Connection
    Setting autocommit to false on JDBC Connection
[org.hsqldb.jdbc.JDBCConnection@2c039ac6]
    ==>  Preparing: select * from user where id = ?
    ==> Parameters: 1(Long)
    <==    Columns: ID, CREATETIME, NAME, PASSWORD, PHONE, NICKNAME, GENDER
    <==        Row: 1, 2010-10-24 10:20:30, User2, test, 18700001111, User2, male
    <==      Total: 1

{"createTime":1287886830000,"gender":"male","id":1,"name":"User2","nickName
":"User2","password":"test","phone":"18700001111"}
    ==>  Preparing: select * from "order" where userId = ?
    ==> Parameters: 1(Long)
    <==    Columns: ID, CREATETIME, USERID, AMOUNT, ORDERNO, ADDRESS
    <==        Row: 0, 2010-10-26 10:20:30, 1, 100, order_2314234, 浙江杭州
    <==        Row: 1, 2010-10-27 10:20:30, 1, 110, order_2314235, 浙江杭州
    <==      Total: 2
    [{"address":"浙江杭州
","amount":100,"createTime":1288059630000,"id":0,"orderNo":"order_2314234",
"userId":1},{"address":"浙江杭州
","amount":110,"createTime":1288146030000,"id":1,"orderNo":"order_2314235",
"userId":1}]
```

到此为止，我们的准备工作已经完成了。11.1.2 节开始学习如何配置 MyBatis 的级联映射以及懒加载。

11.1.2　一对多关联映射

11.1.1 节中我们新建了一张用户表和一张订单表，用户与订单属于一对多关系，即一个用户可以有多笔订单。当我们需要查询用户信息时，可能需要获取用户所关联的订单信息，在 User 实体类中可以维护一个 List 类型的 orders 属性存放订单信息，但是在查询时如何填充 orders 属性的内容呢？

本节我们就来学习如何通过 MyBatis 的级联映射实现一对多的级联查询。MyBatis 的 Mapper 配置中提供了一个<collection>标签，用于建立实体间一对多的关系。该标签的使用如下：

```
<resultMap id="detailMap" type="com.blog4java.mybatis.example.entity.User">
   <collection property="orders"
ofType="com.blog4java.mybatis.example.entity.Order"

select="com.blog4java.mybatis.example.mapper.OrderMapper.listOrdersByUserId
"
              javaType="java.util.ArrayList"
              column="id">
   </collection>
</resultMap>
```

如上面的代码所示，<collection>标签需要嵌套在<resultMap>标签中使用，可以使用<collection>标签为 User 实体的 orders 属性关联一个外部的查询 Mapper，我们使用 ofType 属性指定 orders 属性中存放的类型为 com.blog4java.mybatis.example.entity.Order 类型，使用 select 属性指定通过执行 Id 为 com.blog4java.mybatis.example.mapper.OrderMapper.listOrdersByUserId 的 Mapper 来为 User 实体的 orders 属性填充值。

然后只需要在定义 Mapper SQL 配置时，通过 resultMap 属性指定结果集映射即可，例如：

```
<select id="getUserByIdFull" resultMap="detailMap">
   select * from user where id = #{userId}
</select>
```

当我们使用下面的代码执行 Mapper 时，在默认情况下，MyBatis 会先后执行两条 SQL 语句，第一条查询 user 表为 User 实体的属性赋值，接着会执行<collection>标签关联的查询 Mapper 为 orders 属性设置值。

```
@Test
public void testOne2ManyQuery() {
   User user = userMapper.getUserByIdFull(1L);
}
```

运行上面的测试用例，输出日志内容如下。从输出结果可以看出，MyBatis 框架先后执行了两条查询语句，第一条语句查询用户信息，第二条语句查询用户关联的订单信息。

```
Opening JDBC Connection
```

```
Setting autocommit to false on JDBC Connection
[org.hsqldb.jdbc.JDBCConnection@2c039ac6]
==>  Preparing: select * from user where id = ?
==> Parameters: 1(Long)
<==    Columns: ID, CREATETIME, NAME, PASSWORD, PHONE, NICKNAME, GENDER
<==        Row: 1, 2010-10-24 10:20:30, User2, test, 18700001111, User2, male
====>  Preparing: select * from "order" where userId = ?
====> Parameters: 1(Integer)
<====    Columns: ID, CREATETIME, USERID, AMOUNT, ORDERNO, ADDRESS
<====        Row: 0, 2010-10-26 10:20:30, 1, 100, order_2314234, 浙江杭州
<====        Row: 1, 2010-10-27 10:20:30, 1, 110, order_2314235, 浙江杭州
<====      Total: 2
<==      Total: 1
```

除了可以通过<collection>标签关联一个外部定义的Mapper来完成一对多关联查询外，MyBatis还支持通过JOIN子句实现一对多查询，Mapper SQL配置如下：

```
<select id="getUserByIdForJoin" resultMap="detailMapForJoin">
   select u.*,o.* from user u left join "order" o on (o.userId = u.id) where
u.id = #{userId}
</select>
```

对应的ResultMap配置如下：

```
<resultMap autoMapping="true" id="detailMapForJoin"
type="com.blog4java.mybatis.example.entity.User">
   <collection property="orders"
ofType="com.blog4java.mybatis.example.entity.Order">
       <id column="id" property="id"></id>
       <result column="createTime" property="createTime"></result>
       <result column="userId" property="userId"></result>
       <result column="amount" property="amount"></result>
       <result column="orderNo" property="orderNo"></result>
       <result column="address" property="address"></result>
   </collection>
</resultMap>
```

这种情况下，<collection>标签相当于一个嵌套的ResultMap，通过ofType属性指定User实体的orders属性中存放的类型为com.blog4java.mybatis.example.entity.Order，然后通过<result>标签配置Order实体中的每个属性配置与数据库字段之间的映射。

11.1.3 一对一关联映射

11.1.2节介绍了MyBatis一对多关联映射，我们知道用户与订单属于一对多关系，一个用户可以有多笔订单，但是一笔订单只能对应一个用户，当我们查询订单信息时，可能希望一起查询出订单对应的用户信息，这就涉及MyBatis的一对一关联映射。

MyBatis一对一关联映射的配置方式与一对多映射类似， 不同的是我们在定义ResultMap时需要使用<association>标签。下面是使用<association>标签配置一对一映射的案例：

```
<resultMap id="detailMap" type="com.blog4java.mybatis.example.entity.Order">
    <association property="user"
javaType="com.blog4java.mybatis.example.entity.User"

select="com.blog4java.mybatis.example.mapper.UserMapper.getUserById"
column="userId">
    </association>
</resultMap>
```

如上面的代码所示，在配置 ResultMap 结果集映射时，我们通过<association>标签为 Order 实体的 user 属性关联一个 Id 为 com.blog4java.mybatis.example.mapper.UserMapper.getUserById 的外部 SQL Mapper 配置，当 MyBatis 进行结果集映射时，会以 order 表的 userId 字段内容作为参数执行一次额外的查询操作，然后使用查询结果为 Order 实体的 user 属性填充值。

该 ResultMap 对应的 Mapper 配置如下：

```
<select id="getOrderByNo" resultMap="detailMap">
  select * from "order" where orderNo = #{orderNo}
</select>
```

当我们使用如下代码执行 Mapper 时：

```
@Test
public void testOne2OneQuery() {
  Order order = orderMapper.getOrderByNo("order_2314234");
  System.out.println(JSON.toJSONString(order));
}
```

输出日志内容如下。可以看出 MyBatis 连续执行两条 SQL 语句，第一条语句根据订单编号获取订单信息；第二条语句根据订单关联的 userId 查询对应的用户信息，然后为 Order 实体的 user 属性设置值。

```
Logging initialized using 'class org.apache.ibatis.logging.stdout.StdOutImpl'
adapter.
Opening JDBC Connection
Setting autocommit to false on JDBC Connection
[org.hsqldb.jdbc.JDBCConnection@79e4c792]
==>  Preparing: select * from "order" where orderNo = ?
==> Parameters: order_2314234(String)
<==    Columns: ID, CREATETIME, USERID, AMOUNT, ORDERNO, ADDRESS
<==        Row: 0, 2010-10-26 10:20:30, 1, 100, order_2314234, 浙江杭州
====>  Preparing: select * from user where id = ?
====> Parameters: 1(Integer)
<====    Columns: ID, CREATETIME, NAME, PASSWORD, PHONE, NICKNAME, GENDER
<====        Row: 1, 2010-10-24 10:20:30, User2, test, 18700001111, User2, male
<====      Total: 1
<==      Total: 1
{"address":"浙江杭州
","amount":100,"createTime":1288059630000,"id":0,"orderNo":"order_2314234",
"user":{"createTime":1287886830000,"gender":"male","id":1,"name":"User2","n
ickName":"User2","password":"test","phone":"18700001111"}}
```

MyBatis 同样支持通过 JOIN 查询实现一对一级联查询。SQL Mapper 配置如下：

```
<select id="getOrderByNoWithJoin" resultMap="detailNestMap">
  select o.*,u.* from "order" o left join user u on (u.id = o.userId) where
orderNo = #{orderNo}
</select>
```

对应的 ResultMap 结果集映射配置如下：

```
<resultMap id="detailNestMap"
type="com.blog4java.mybatis.example.entity.Order">
   <id column="id" property="id"></id>
   <result column="createTime" property="createTime"></result>
   <result column="userId" property="userId"></result>
   <result column="amount" property="amount"></result>
   <result column="orderNo" property="orderNo"></result>
   <result column="address" property="address"></result>
   <association property="user"
javaType="com.blog4java.mybatis.example.entity.User" >
      <id column="userId" property="id"></id>
      <result column="name" property="name"></result>
      <result column="createTime" property="createTime"></result>
      <result column="password" property="password"></result>
      <result column="phone" property="phone"></result>
      <result column="nickName" property="nickName"></result>
   </association>
</resultMap>
```

这种情况下，<association>标签相当于一个嵌套的 ResultMap。我们使用 JOIN 语句同时查询 order 表和 user 表，不仅获取了订单相关的信息，还获取了订单相关的用户信息，只需要使用<association>标签将用户相关的字段映射到 User 实体对应的属性即可。

当我们使用如下代码执行该 Mapper 时：

```
@Test
public void testGetOrderByNoWithJoin() {
   Order order = orderMapper.getOrderByNoWithJoin("order_2314234");
   System.out.println(JSON.toJSONString(order));
}
```

控制台输出内容如下。查询结果与第一种方式完全相同，不同的是通过 JOIN 语句进行级联查询只查一次数据库。

```
Logging initialized using 'class org.apache.ibatis.logging.stdout.StdOutImpl'
adapter.
Opening JDBC Connection
Setting autocommit to false on JDBC Connection
[org.hsqldb.jdbc.JDBCConnection@2c039ac6]
==>  Preparing: select o.*,u.* from "order" o left join user u on (u.id = o.userId)
where orderNo = ?
==> Parameters: order_2314234(String)
```

```
<==    Columns: ID, CREATETIME, USERID, AMOUNT, ORDERNO, ADDRESS, ID, CREATETIME,
NAME, PASSWORD, PHONE, NICKNAME, GENDER
<==        Row: 0, 2010-10-26 10:20:30, 1, 100, order_2314234, 浙江杭州, 1,
2010-10-24 10:20:30, User2, test, 18700001111, User2, male
<==      Total: 1
{"address":"浙江杭州
","amount":100,"createTime":1288059630000,"id":0,"orderNo":"order_2314234",
"user":{"createTime":1288059630000,"id":1,"name":"User2","nickName":"User2"
,"password":"test","phone":"18700001111"},"userId":1}
```

11.1.4　Discriminator 详解

前面两节介绍了 MyBatis 中的一对多和一对一级联映射，本节我们学习 MyBatis 级联映射中另一个比较重要的概念——Discriminator，该单词的意思是“鉴别器”。从单词含义上并不能看出 Discriminator 的作用。实际上，MyBatis 中的 Discriminator 类似于 Java 中的 switch 语法，能够根据数据库记录中某个字段的值映射到不同的 ResultMap。

假设我们有这样一个需求，当查询用户信息时，如果用户性别为女性，则获取用户对应的订单信息，如果用户性别为男性，则不获取订单信息。

即根据 user 表的 gender 字段值不同，做不同的映射处理。这时我们可以使用 MyBatis 中的 Discriminator 来实现，具体的 ResultMap 可以配置成如下形式：

```
<resultMap id="detailMapForDiscriminator"
type="com.blog4java.mybatis.example.entity.User">
   <discriminator javaType="String" column="gender">
      <case value="female"
resultType="com.blog4java.mybatis.example.entity.User">
         <collection property="orders"
ofType="com.blog4java.mybatis.example.entity.Order"

select="com.blog4java.mybatis.example.mapper.OrderMapper.listOrdersByUserId
"
                     javaType="java.util.ArrayList"
                     column="id">
         </collection>
      </case>
   </discriminator>
</resultMap>
```

如上面的配置所示，我们使用<discriminator>标签对 user 表的 gender 字段进行映射。当 gender 字段值为 female 时，为 User 实体的 orders 属性关联一个外部的查询 Mapper；当 gender 字段值为 male 时，则不做映射处理。

该 ResultMap 对应的 SQL Mapper 配置如下：

```
<select id="getUserByIdForDiscriminator"
resultMap="detailMapForDiscriminator">
   select * from user where id = #{userId}
</select>
```

我们可以使用如下测试用例执行 Mapper：

```
@Test
public void testGetUserByIdForDiscriminator() {
    User femaleUser = userMapper.getUserByIdForDiscriminator(2L);
    System.out.println(JSON.toJSONString(femaleUser));
    User maleUser = userMapper.getUserByIdForDiscriminator(1L);
    System.out.println(JSON.toJSONString(maleUser));
}
```

控制台输出内容如下。从输出日志内容可以看出，当 user 表 gender 字段值为 female 时，用户关联的订单信息也被查询出来了；而当 gender 字段值为 male 时，则不查询用户对应的订单信息。

```
Setting autocommit to false on JDBC Connection
[org.hsqldb.jdbc.JDBCConnection@2c039ac6]
==>  Preparing: select * from user where id = ?
==> Parameters: 2(Long)
<==    Columns: ID, CREATETIME, NAME, PASSWORD, PHONE, NICKNAME, GENDER
<==        Row: 2, 2010-10-25 10:20:30, User3, test, 18700001111, User3, female
====>  Preparing: select * from "order" where userId = ?
====> Parameters: 2(Integer)
<====    Columns: ID, CREATETIME, USERID, AMOUNT, ORDERNO, ADDRESS
<====        Row: 2, 2010-10-27 10:20:30, 2, 110, order_2314236, 浙江杭州
<====      Total: 1
<==      Total: 1
{"createTime":1287973230000,"gender":"female","name":"User3","nickName":"Us
er3","orders":[{"address":"浙江杭州
","amount":110,"createTime":1288146030000,"id":2,"orderNo":"order_2314236",
"userId":2}],"password":"test","phone":"18700001111"}
==>  Preparing: select * from user where id = ?
==> Parameters: 1(Long)
<==    Columns: ID, CREATETIME, NAME, PASSWORD, PHONE, NICKNAME, GENDER
<==        Row: 1, 2010-10-24 10:20:30, User2, test, 18700001111, User2, male
<==      Total: 1
{"createTime":1287886830000,"gender":"male","id":1,"name":"User2","nickName
":"User2","password":"test","phone":"18700001111"}
```

11.2 MyBatis 懒加载机制

11.1 节介绍了 MyBatis 的一对一和一对多映射，我们知道 MyBatis 的级联映射可以通过两种方式实现，其中一种方式是为实体的属性关联一个外部的查询 Mapper，这种情况下，MyBatis 实际上为实体的属性执行一次额外的查询操作；另一种方式是通过 JOIN 查询来实现，这种方式需要为实体关联的其他实体对应的属性配置映射关系，通过 JOIN 查询方式只需要一次查询即可。

在一些情况下，我们需要按需加载，即当我们查询用户信息时，如果不需要获取用户订单信息，则不需要执时订单查询对应的 Mapper，仅当调用 Getter 方法获取订单数据时，才执行一次额外的查询操作。这种方式能够在一定程度上能够减少数据库 IO 次数，提升系统性能。

MyBatis中提供了懒加载机制，能够帮助我们实现这种需求，接下来我们就来了解一下MyBatis懒加载机制的使用方式。

MyBatis主配置文件中提供了lazyLoadingEnabled和aggressiveLazyLoading参数用来控制是否开启懒加载机制。

lazyLoadingEnabled 参数值为 true 时表示开启懒加载，否则表示不开启懒加载。aggressiveLazyLoading参数用于控制ResultMap默认的加载行为，参数值为false表示ResultMap默认的加载行为为懒加载，否则为积极加载。

除此之外，<collection>和<association>标签还提供了一个fetchType属性，用于控制级联查询的加载行为，fetchType属性值为lazy时表示该级联查询采用懒加载方式，当fetchType属性值为eager时表示该级联查询采用积极加载方式。

我们可以使用如下配置开启懒加载：

```
<settings>
    ...
    <!-- 打开延迟加载的开关 -→
    <setting name="lazyLoadingEnabled" value="true" />
    <!-- 将积极加载改为懒加载即按需加载 -→
    <setting name="aggressiveLazyLoading" value="false" />
    <!-- toString,hashCode等方法不触发懒加载 -→
    <setting name="lazyLoadTriggerMethods" value=""/>
    ...
</settings>
```

我们可以使用如下测试用例测试MyBatis的懒加载机制：

```
@Test
public void testLazyQuery() {
    Order order =  orderMapper.getOrderByNo("order_2314234");
    System.out.println("完成Order数据查询");
    // 调用getUser()方法时执行懒加载
    order.getUser();
}
```

执行测试用例时，控制台输出内容如下。从控制台日志输出内容可以看出，开启懒加载机制后，当我们调用OrderMapper的getOrderByNo()方法查询订单信息时，Order实体user属性关联的外部Mapper并没有被执行，当我们调用Order对象的getUser()方法获取订单对应的用户信息时，才会执行Order实体user属性关联的Mapper查询用户信息。

```
Logging initialized using 'class org.apache.ibatis.logging.stdout.StdOutImpl'
adapter.
Opening JDBC Connection
Setting autocommit to false on JDBC Connection
[org.hsqldb.jdbc.JDBCConnection@2c039ac6]
==>  Preparing: select * from "order" where orderNo = ?
==> Parameters: order_2314234(String)
<==    Columns: ID, CREATETIME, USERID, AMOUNT, ORDERNO, ADDRESS
<==        Row: 0, 2010-10-26 10:20:30, 1, 100, order_2314234, 浙江杭州
```

```
<==      Total: 1
完成 Order 数据查询
==>  Preparing: select * from user where id = ?
==> Parameters: 1(Integer)
<==    Columns: ID, CREATETIME, NAME, PASSWORD, PHONE, NICKNAME, GENDER
<==        Row: 1, 2010-10-24 10:20:30, User2, test, 18700001111, User2, male
<==      Total: 1
```

11.3 MyBatis 级联映射实现原理

11.3.1 ResultMap 详解

通过前面两节的学习，我们了解了 MyBatis 一对多和一对一级联映射和懒加载机制的使用，本节我们就开始从源码角度分析一下 MyBatis 级联映射和懒加载机制的实现原理。由于 MyBatis 中的 ResultMap 是实现级联映射和懒加载机制的基础，因此在介绍 MyBatis 级联映射源码之前，我们首先需要对 MyBatis 中的 ResultMap 有较为详细的了解。

MyBatis 是一个半自动化的 ORM 框架，可以将数据库中的记录转换为 Java 实体对象，但是 Java 实体属性通常采用驼峰命名法，而数据库字段习惯采用下画线分割命名法，因此需要用户指定 Java 实体属性与数据库表字段之间的映射关系。

MyBatis 的 Mapper 配置中提供了一个<resultMap>标签，用于建立数据库字段与 Java 实体属性之间的映射关系。下面是一个简单的 ResultMap 配置：

```
<resultMap autoMapping="true" id="detailMap"
type="com.blog4java.mybatis.example.entity.User">
    <id column="id" property="id"></id>
    <result column="createTime" property="createTime"></result>
</resultMap>
```

如上面的配置所示，每个 ResultMap 需要有一个全局唯一的 Id，由<resultMap>标签的 id 属性指定。除此之外，ResultMap 还需要通过 type 属性指定与哪一个 Java 实体进行映射。在<resultMap>标签中，需要使用<id>或<result>标签配置具体的某个表字段与 Java 实体属性之间的映射关系。数据库主键通常使用<id>标签建立映射关系，普通数据库字段则使用<reuslt>标签。

除了属性映射外，ResultMap 还支持使用构造器映射，构造器映射需要使用<constructor>标签。下面是构造器映射案例，配置如下：

```
<resultMap autoMapping="true" id="detailMap"
type="com.blog4java.mybatis.example.entity.User">
    <constructor>
        <idArg column="id" javaType="int"/>
        <arg column="name" javaType="String"/>
    </constructor>
    <result column="gender" property="gender"></result>
    </resultMap>
```

如上面的配置所示，使用构造器映射的前提是建立映射的 Java 实体需要提供对应的构造方法。<idArg>标签用于配置数据库主键的映射，<arg>标签用于配置普通数据库字段的映射。

最后我们来总结一下，<resultMap>标签中可以使用下面几种子标签。

- **<constructor>**：该标签用于建立构造器映射。该标签有两个子标签，<idArg>标签用于配置主键映射，标记出主键，可以提高整体性能；<arg>标签用于配置普通字段的映射。
- **<id>**：用于配置数据库主键映射，标记出数据库主键，有助于提高整体性能。
- **<result>**：用于配置数据库字段与 Java 实体属性之间的映射关系。
- **<association>**：用于配置一对一关联映射，可以关联一个外部的查询 Mapper 或者配置一个嵌套的 ResultMap。
- **<collection>**：用于配置一对多关联映射，可以关联一个外部的查询 Mapper 或者配置一个嵌套的 ResultMap。
- **<discriminator>**：用于配置根据字段值使用不同的 ResultMap。该标签有一个子标签，<case>标签用于枚举字段值对应的 ResultMap，类似于 Java 中的 switch 语法。

11.3.2 ResultMap 解析过程

MyBatis 在启动时，所有配置信息都会被转换为 Java 对象，通过<resultMap>标签配置的结果集映射信息也不例外。MyBatis 通过 ResultMap 类描述<resultMap>标签的配置信息，ResultMap 类的所有属性如下：

```
public class ResultMap {
  private Configuration configuration;
  // <resultMap>标签 id 属性
  private String id;
  // <resultMap>标签 type 属性
  private Class<?> type;
  // <result>标签配置的映射信息
  private List<ResultMapping> resultMappings;
  // <id>标签配置的主键映射信息
  private List<ResultMapping> idResultMappings;
  // <constructor>标签配置的构造器映射信息
  private List<ResultMapping> constructorResultMappings;
  // <result>标签配置的结果集映射信息
  private List<ResultMapping> propertyResultMappings;
  // 存放所有映射的数据库字段信息
  private Set<String> mappedColumns;
  // 存放所有映射的属性信息
  private Set<String> mappedProperties;
  // <discriminator>标签配置的鉴别器信息
  private Discriminator discriminator;
  // 是否有嵌套的<resultMap>
  private boolean hasNestedResultMaps;
  // 是否存在嵌套查询
  private boolean hasNestedQueries;
  // autoMapping 属性值，是否自动映射
```

```
  private Boolean autoMapping;
  ...
  // 略
}
```

这些属性的含义如下。

- **Id**：通过<resultMap>标签的 id 属性和 Mapper 命名空间组成的全局唯一的 Id。
- **Type**：通过<resultMap>标签的 type 属性指定与数据库表建立映射的 Java 实体。
- **resultMappings**：通过<result>标签配置的所有数据库字段与 Java 实体属性之间的映射信息。
- **idResultMappings**：通过<id>标签配置的数据库主键与 Java 实体属性的映射信息。需要注意的是，<id>标签与<result>标签没有本质的区别。
- **constructorResultMappings**：通过<constructor>标签配置的构造器映射信息。
- **propertyResultMappings**：通过<result>标签配置的数据库字段与 Java 实体属性的映射信息。
- **mappedColumns**：该属性存放所有映射的数据库字段。当使用 columnPrefix 属性配置了前缀时，MyBatis 会对 mappedColumns 属性进行遍历，为所有数据库字段追加 columnPrefix 属性配置的前缀。
- **mappedProperties**：该属性存放所有映射的 Java 实体属性信息。
- **discriminator**：该属性为在<resultMap>标签中通过<discriminator>标签配置的鉴别器信息。
- **hasNestedResultMaps**：该属性用于标识是否有嵌套的 ResultMap，当使用<association>或<collection>标签以 JOIN 查询方式配置一对一或一对多级联映射时，<association>或<collection>标签相当于一个嵌套的 ResultMap，因此 hasNestedResultMaps 属性值为 true。
- **hasNestedQueries**：该属性用于标识是否有嵌套的查询，当使用<association>或<collection>标签关联一个外部的查询 Mapper 建立一对一或一对多级联映射时，hasNestedQueries 属性值为 true。
- **autoMapping**：autoMapping 属性为 true，表示开启自动映射，即使未使用<result>或<id>标签配置映射字段，MyBatis 也会自动对这些字段进行映射。

弄清楚 ResultMap 类各属性的作用后，我们来了解一下<resultMap>标签解析生成 ResultMap 对象的过程。

MyBatis 中的 Mapper 配置信息解析都是通过 XMLMapperBuilder 类完成的，该类提供了一个 parse()方法，用于解析 Mapper 中的所有配置信息，代码如下：

```
public class XMLMapperBuilder extends BaseBuilder {
  ... // 略
  public void parse() {
    if (!configuration.isResourceLoaded(resource)) {
      // 调用 XPathParser 的 evalNode()方法获取根节点对应的 XNode 对象
      configurationElement(parser.evalNode("/mapper"));
      // 将资源路径添加到 Configuration 对象中
      configuration.addLoadedResource(resource);
```

```
        bindMapperForNamespace();
      }
      // 继续解析之前解析出现异常的 ResultMap 对象
      parsePendingResultMaps();
      // 继续解析之前解析出现异常的 CacheRef 对象
      parsePendingCacheRefs();
      // 继续解析之前解析出现异常的<select|update|delete|insert>标签配置
      parsePendingStatements();
    }
      ... // 略
  }
```

如上面的代码所示，在 XMLMapperBuilder 的 parse()方法中，调用 XMLMapperBuilder 类的 configurationElement()进行处理，该方法定义如下：

```
  private void configurationElement(XNode context) {
    try {
      // 获取命名空间
      String namespace = context.getStringAttribute("namespace");
      if (namespace == null || namespace.equals("")) {
        throw new BuilderException("Mapper's namespace cannot be empty");
      }
      // 设置当前正在解析的 Mapper 配置的命名空间
      builderAssistant.setCurrentNamespace(namespace);
      // 解析<cache-ref>标签
      cacheRefElement(context.evalNode("cache-ref"));
      // 解析<cache>标签
      cacheElement(context.evalNode("cache"));
      // 解析所有的<parameterMap>标签
      parameterMapElement(context.evalNodes("/mapper/parameterMap"));
      // 解析所有的<resultMap>标签
          resultMapElements(context.evalNodes("/mapper/resultMap"));

      ...//略
      }
```

在 XMLMapperBuilder 类的 configurationElement()方法中，调用 resultMapElements()方法对所有<resultMap>标签进行解析。resultMapElements()方法最终会调用重载的 resultMapElement()方法对每个<resultMap>标签进行解析，该方法代码如下：

```
  private ResultMap resultMapElement(XNode resultMapNode, List<ResultMapping>
  additionalResultMappings) throws Exception {
    ErrorContext.instance().activity("processing " +
  resultMapNode.getValueBasedIdentifier());
    String id = resultMapNode.getStringAttribute("id",
        resultMapNode.getValueBasedIdentifier());
    // 属性优先级按照 type→ofType→resultType→javaType 的顺序,type 属性为空或者无 type
  属性，则使用 ofType 属性，以此类推
    String type = resultMapNode.getStringAttribute("type",
        resultMapNode.getStringAttribute("ofType",
            resultMapNode.getStringAttribute("resultType",
                resultMapNode.getStringAttribute("javaType"))));
```

```
  // 是否继承其他 ResultMap
    String extend = resultMapNode.getStringAttribute("extends");
    Boolean autoMapping = resultMapNode.getBooleanAttribute("autoMapping");
    Class<?> typeClass = resolveClass(type);
    Discriminator discriminator = null;
    // 参数映射列表
    List<ResultMapping> resultMappings = new ArrayList<ResultMapping>();
    resultMappings.addAll(additionalResultMappings);
    List<XNode> resultChildren = resultMapNode.getChildren();
    for (XNode resultChild : resultChildren) {
      if ("constructor".equals(resultChild.getName())) {
        // 解析<constructor>标签
        processConstructorElement(resultChild, typeClass, resultMappings);
      } else if ("discriminator".equals(resultChild.getName())) {
        // 解析<discriminator>标签
        discriminator = processDiscriminatorElement(resultChild, typeClass,
resultMappings);
      } else {
        List<ResultFlag> flags = new ArrayList<ResultFlag>();
        if ("id".equals(resultChild.getName())) {
          flags.add(ResultFlag.ID);
        }
        resultMappings.add(buildResultMappingFromContext(resultChild,
typeClass, flags));
      }
    }
    // 通过 ResultMapResolver 对象构建 ResultMap 对象
    ResultMapResolver resultMapResolver = new
ResultMapResolver(builderAssistant, id, typeClass, extend, discriminator
    , resultMappings, autoMapping);
  try {
    return resultMapResolver.resolve();
  } catch (IncompleteElementException  e) {
    configuration.addIncompleteResultMap(resultMapResolver);
    throw e;
  }
}
```

如上面的代码所示，在 XMLMapperBuilder 类的 resultMapElement()方法中，首先获取<resultMap>标签的所有属性信息，然后对<id>、<constructor>、<discriminator>子标签进行解析，接着创建一个 ResultMapResolver 对象，调用 ResultMapResolver 对象的 resolve()方法返回一个 ResultMap 对象。ResultMapResolver 对象的 resolve()方法代码如下：

```
public ResultMap resolve() {
  return assistant.addResultMap(this.id, this.type, this.extend,
this.discriminator, this.resultMappings, this.autoMapping);
}
```

如上面的代码所示，ResultMapResolver 对象的 resolve()方法的逻辑非常简单，调用 MapperBuilderAssistant 对象的 addResultMap()方法创建 ResultMap 对象，并把 ResultMap 对象添加到 Configuration 对象中。MapperBuilderAssistant 的 addResultMap()方法代码如下：

```
public ResultMap addResultMap(
    String id,
    Class<?> type,
    String extend,
    Discriminator discriminator,
    List<ResultMapping> resultMappings,
    Boolean autoMapping) {
  id = applyCurrentNamespace(id, false);
  extend = applyCurrentNamespace(extend, true);

  if (extend != null) {
    // 如果继承了其他 ResultMap
    if (!configuration.hasResultMap(extend)) {
      throw new IncompleteElementException("Could not find a parent resultmap
with id '" + extend + "'");
    }
    // 获取继承的父 ResultMap 对象
    ResultMap resultMap = configuration.getResultMap(extend);
    List<ResultMapping> extendedResultMappings = new
ArrayList<ResultMapping>(resultMap.getResultMappings());
    extendedResultMappings.removeAll(resultMappings);
    // 如果父 ResultMap 定义了构造器映射，则移除构造器映射
    boolean declaresConstructor = false;
    for (ResultMapping resultMapping : resultMappings) {
      if (resultMapping.getFlags().contains(ResultFlag.CONSTRUCTOR)) {
        declaresConstructor = true;
        break;
      }
    }
    if (declaresConstructor) {
      Iterator<ResultMapping> extendedResultMappingsIter =
extendedResultMappings.iterator();
      while (extendedResultMappingsIter.hasNext()) {
        if
(extendedResultMappingsIter.next().getFlags().contains(ResultFlag.CONSTRUCT
OR)) {
          extendedResultMappingsIter.remove();
        }
      }
    }
    // 将父 ResultMap 配置的映射信息添加到当前 ResultMap 中
    resultMappings.addAll(extendedResultMappings);
  }
  // 通过建造者模式创建 ResultMap 对象
  ResultMap resultMap = new ResultMap.Builder(configuration, id, type,
resultMappings, autoMapping)
      .discriminator(discriminator)
      .build();
  configuration.addResultMap(resultMap);
  return resultMap;
}
```

在 MapperBuilderAssistant 类的 addResultMap()方法中，首先判断该 ResultMap 是否继承了其他 ResultMap。如果是，则获取父 ResultMap 对象，然后去除父 ResultMap 中的构造器映射信息，

将父ResultMap中配置的映射信息添加到当前ResultMap对象，最后通过建造者模式创建ResultMap对象。在ResultMap.Builder类中创建了一个ResultMap对象，然后为ResultMap对象的所有属性赋值。

11.3.3 级联映射实现原理

11.3.2节介绍了Mapper配置中<resultMap>标签转换为ResultMap对象的过程，本节我们来了解一下MyBatis级联映射的实现原理。

在本书第4章介绍MyBatis核心组件时已经提到过，StatementHandler组件与数据库完成交互后，会使用ResultSetHandler组件对结果集进行处理。下面是PreparedStatementHandler类的query()方法的处理逻辑：

```
public class PreparedStatementHandler extends BaseStatementHandler {
  ...

  @Override
  public <E> List<E> query(Statement statement, ResultHandler resultHandler)
throws SQLException {
    PreparedStatement ps = (PreparedStatement) statement;
    // 调用PreparedStatement对象的execute()方法执行SQL语句
    ps.execute();
    // 调用ResultSetHandler的handleResultSets()方法处理结果集
    return resultSetHandler.<E> handleResultSets(ps);
  }
  ...
}
```

如上面的代码所示，在PreparedStatementHandler类的query()方法中，调用PreparedStatement对象的execute()方法完成与数据库交互之后，会调用ResultSetHandler对象的handleResultSets()方法对结果集进行处理。

ResultSetHandler接口只有一个默认的实现，即DefaultResultSetHandler类。DefaultResultSetHandler类中handleResultSets()方法的实现如下：

```
@Override
public List<Object> handleResultSets(Statement stmt) throws SQLException {
  ErrorContext.instance().activity("handling
results").object(mappedStatement.getId());
  final List<Object> multipleResults = new ArrayList<Object>();
  int resultSetCount = 0;
  // 1.获取ResultSet对象，将ResultSet对象包装为ResultSetWrapper
  ResultSetWrapper rsw = getFirstResultSet(stmt);
  // 2.获取ResultMap信息，一般只有一个ResultMap
  List<ResultMap> resultMaps = mappedStatement.getResultMaps();
  int resultMapCount = resultMaps.size();
  // 校验ResultMap,如果该ResultMap名称没有配置，则抛出异常
  validateResultMapsCount(rsw, resultMapCount);
  // 如果指定了多个ResultMap，则对每个ResultMap进行处理
```

```
    while (rsw != null && resultMapCount > resultSetCount) {
      ResultMap resultMap = resultMaps.get(resultSetCount);
      // 3.调用 handleResultSet 方法处理结果集
      handleResultSet(rsw, resultMap, multipleResults, null);
      // 获取下一个结果集对象，需要 JDBC 驱动支持多结果集
      rsw = getNextResultSet(stmt);
      cleanUpAfterHandlingResultSet();
      resultSetCount++;
    }
    ...
  }
```

如上面的代码所示，在 DefaultResultSetHandler 类的 handleResultSets()方法中，为了简化对 JDBC 中 ResultSet 对象的操作，将 ResultSet 对象包装成 ResultSetWrapper 对象，然后获取 MappedStatement 对象对应的 ResultMap 对象，接着调用重载的 handleResultSet()方法进行处理。该方法代码实现如下：

```
  private void handleResultSet(ResultSetWrapper rsw, ResultMap resultMap,
  List<Object> multipleResults, ResultMapping parentMapping) throws
  SQLException {
    try {
      //  仅当指定了<select>标签的 resultSets 属性时，parentMapping 的值才不为 null
      if (parentMapping != null) {
        // 调用 handleRowValues()方法处理
        handleRowValues(rsw, resultMap, null, RowBounds.DEFAULT, parentMapping);
      } else {
        if (resultHandler == null) {
          // 如果未指定 ResultHandler，则创建默认的 ResultHandler 实现
          DefaultResultHandler defaultResultHandler = new
  DefaultResultHandler(objectFactory);
          // 调用 handleRowValues()方法处理
          handleRowValues(rsw, resultMap, defaultResultHandler, rowBounds,
  null);
          // 获取处理后的结果
          multipleResults.add(defaultResultHandler.getResultList());
        } else {
          handleRowValues(rsw, resultMap, resultHandler, rowBounds, null);
        }
      }
    } finally {
      closeResultSet(rsw.getResultSet());
    }
  }
```

在 handleResultSet()方法中做了一些逻辑判断，最终都会调用 DefaultResultSetHandler 类的 handleRowValues()方法进行处理。该方法的代码如下：

```
  public void handleRowValues(ResultSetWrapper rsw, ResultMap resultMap,
  ResultHandler<?> resultHandler,
        RowBounds rowBounds, ResultMapping parentMapping) throws SQLException {
    // 是否有嵌套 ResultMap
```

```
    if (resultMap.hasNestedResultMaps()) {
      // 嵌套查询校验 RowBounds，可以通过设置 safeRowBoundsEnabled=false 参数绕过校验
      ensureNoRowBounds();
      // 校验 ResultHandler，可以设置 safeResultHandlerEnabled=false 参数绕过校验
      checkResultHandler();
      // 如果有嵌套的 ResultMap，则调用 handleRowValuesForNestedResultMap 处理嵌套
ResultMap
      handleRowValuesForNestedResultMap(rsw, resultMap, resultHandler,
rowBounds, parentMapping);
    } else {
      // 如果无嵌套的 ResultMap，则调用 handleRowValuesForSimpleResultMap 处理简单非
嵌套 ResultMap
      handleRowValuesForSimpleResultMap(rsw, resultMap, resultHandler,
rowBounds, parentMapping);
    }
  }
```

如上面的代码所示，在 DefaultResultSetHandler 类的 handleRowValues()方法中判断 ResultMap 中是否有嵌套的 ResultMap，当使用<association>或<collection>标签通过 JOIN 查询方式进行级联映射时，hasNestedResultMaps()方法的返回值为 true。

如果有嵌套的 ResultMap，则调用 handleRowValuesForNestedResultMap()方法进行处理，否则调用 handleRowValuesForSimpleResultMap()方法。

我们先来看一下有嵌套 ResultMap 时的处理逻辑。handleRowValuesForNestedResultMap()方法的代码如下：

```
  // 处理嵌套的 ResultMap
  private void handleRowValuesForNestedResultMap(ResultSetWrapper rsw,
  ResultMap resultMap, ResultHandler<?> resultHandler, RowBounds rowBounds,
  ResultMapping parentMapping) throws SQLException {
    final DefaultResultContext<Object> resultContext = new
  DefaultResultContext<Object>();
    // 调用 skipRows()方法将 ResultSet 对象定位到 rowBounds 对象指定的偏移量
    skipRows(rsw.getResultSet(), rowBounds);
    // previousRowValue 为上一个结果对象
    Object rowValue = previousRowValue;
    // 遍历处理每一行记录
    while (shouldProcessMoreRows(resultContext, rowBounds) &&
  rsw.getResultSet().next()) {
      // 处理<discriminator>标签配置的鉴别器
      final ResultMap discriminatedResultMap =
  resolveDiscriminatedResultMap(rsw.getResultSet(), resultMap, null);
      final CacheKey rowKey = createRowKey(discriminatedResultMap, rsw, null);
      // 获取缓存的嵌套实体
      Object partialObject = nestedResultObjects.get(rowKey);
      if (mappedStatement.isResultOrdered()) {
        // 缓存的嵌套实体对象不为空
        if (partialObject == null && rowValue != null) {
          nestedResultObjects.clear();
          storeObject(resultHandler, resultContext, rowValue, parentMapping,
  rsw.getResultSet());
        }
```

```
      // 调用 getRowValue
      rowValue = getRowValue(rsw, discriminatedResultMap, rowKey, null,
partialObject);
    } else {
      rowValue = getRowValue(rsw, discriminatedResultMap, rowKey, null,
partialObject);
      if (partialObject == null) {
        storeObject(resultHandler, resultContext, rowValue, parentMapping,
rsw.getResultSet());
      }
    }
  }
  if (rowValue != null && mappedStatement.isResultOrdered() &&
shouldProcessMoreRows(resultContext, rowBounds)) {
    storeObject(resultHandler, resultContext, rowValue, parentMapping,
rsw.getResultSet());
    previousRowValue = null;
  } else if (rowValue != null) {
    previousRowValue = rowValue;
  }
}
```

上面的代码中，对结果集对象进行遍历，处理每一行数据。首先调用resolveDiscriminatedResultMap()方法处理<resultMap>标签中通过<discriminator>标签配置的鉴别器信息，根据字段值获取对应的ResultMap对象，然后调用DefaultResultSetHandler类的getRowValue()方法将结果集中的一行数据转换为Java实体对象。下面是getRowValue()方法的代码：

```
private Object getRowValue(ResultSetWrapper rsw, ResultMap resultMap, CacheKey
combinedKey,
      String columnPrefix, Object partialObject) throws SQLException {
    ...
    // ResultLoaderMap 用于存放懒加载 ResultMap 信息
    final ResultLoaderMap lazyLoader = new ResultLoaderMap();
    // 处理通过<constructor>标签配置的构造器映射
    rowValue = createResultObject(rsw, resultMap, lazyLoader, columnPrefix);
    // 判断结果对象是否注册对应的 TypeHandler
    if (rowValue != null && !hasTypeHandlerForResultObject(rsw,
resultMap.getType())) {
      final MetaObject metaObject = configuration.newMetaObject(rowValue);
      // 是否使用构造器映射
      boolean foundValues = this.useConstructorMappings;
      // 是否指定了自动映射
      if (shouldApplyAutomaticMappings(resultMap, true)) {
        // 调用 applyAutomaticMappings()方法处理自动映射
        foundValues = applyAutomaticMappings(rsw, resultMap, metaObject,
columnPrefix) || foundValues;
      }
      // 处理非<id>,<constructor>指定的映射
      foundValues = applyPropertyMappings(rsw, resultMap, metaObject,
lazyLoader, columnPrefix) || foundValues;
      putAncestor(rowValue, resultMapId);
      // 处理嵌套的映射
```

```
      foundValues = applyNestedResultMappings(rsw, resultMap, metaObject,
columnPrefix, combinedKey, true) || foundValues;
      ancestorObjects.remove(resultMapId);
      foundValues = lazyLoader.size() > 0 || foundValues;
      rowValue = foundValues || configuration.isReturnInstanceForEmptyRow() ?
rowValue : null;
    }
    if (combinedKey != CacheKey.NULL_CACHE_KEY) {
      nestedResultObjects.put(combinedKey, rowValue);
    }
  }
  return rowValue;
}
```

在getRowValue()方法中，主要做了以下几件事情：

（1）调用createResultObject()方法处理通过<constructor>标签配置的构造器映射，根据配置信息找到对应的构造方法，然后通过MyBatis中的ObjectFactory创建ResultMap关联的实体对象。

（2）调用applyAutomaticMappings()方法处理自动映射，对未通过<result>标签配置映射的数据库字段进行与Java实体属性的映射处理。该方法的具体实现代码如下：

```
private boolean applyAutomaticMappings(ResultSetWrapper rsw, ResultMap
resultMap,
    MetaObject metaObject, String columnPrefix) throws SQLException {
  // 未指定映射的数据库字段，自动映射
  List<UnMappedColumnAutoMapping> autoMapping = createAutomaticMappings(rsw,
resultMap, metaObject, columnPrefix);
  boolean foundValues = false;
  if (!autoMapping.isEmpty()) {
    for (UnMappedColumnAutoMapping mapping : autoMapping) {
      // 获取数据库记录中该字段的内容
      final Object value = mapping.typeHandler.getResult(rsw.getResultSet(),
mapping.column);
      if (value != null) {
        foundValues = true;
      }
      if (value != null || (configuration.isCallSettersOnNulls()
&& !mapping.primitive)) {
        // 调用MetaObject对象的setValue()方法为返回的实体对象赋值
        metaObject.setValue(mapping.property, value);
      }
    }
  }
  return foundValues;
}
```

如上面的代码所示，在applyAutomaticMappings()方法中，首先获取未指定映射的所有数据库字段和对应的Java属性，然后获取对应的字段值，通过反射机制为Java实体对应的属性值赋值。

（3）调用applyPropertyMappings()方法处理<result>标签配置的映射信息。该方法处理逻辑相对简单，对所有<result>标签配置的映射信息进行遍历，然后找到数据库字段对应的值，为Java实体属性赋值。applyPropertyMappings()方法的实现代码如下：

```
// 处理<result>标签配置的映射
private boolean applyPropertyMappings(ResultSetWrapper rsw, ResultMap
resultMap,
      MetaObject metaObject, ResultLoaderMap lazyLoader, String columnPrefix)
    throws SQLException {
  // 获取通过<result>标签指定映射的字段名称
  final List<String> mappedColumnNames = rsw.getMappedColumnNames(resultMap,
columnPrefix);
  // foundValues 变量用于标识是否获取到数据库字段对应的值
  boolean foundValues = false;
  final List<ResultMapping> propertyMappings =
resultMap.getPropertyResultMappings();
  // 对所有通过<result>标签配置了映射的字段进行赋值
  for (ResultMapping propertyMapping : propertyMappings) {
    // 获取数据库字段名称
    String column = prependPrefix(propertyMapping.getColumn(), columnPrefix);
    if (propertyMapping.getNestedResultMapId() != null) {
      column = null;
    }
    if (propertyMapping.isCompositeResult()
        || (column != null &&
mappedColumnNames.contains(column.toUpperCase(Locale.ENGLISH)))
        || propertyMapping.getResultSet() != null) {
      // 获取数据库字段对应的值
      Object value = getPropertyMappingValue(rsw.getResultSet(), metaObject,
propertyMapping, lazyLoader, columnPrefix);
      // 获取 Java 实体对应的属性名称
      final String property = propertyMapping.getProperty();
      if (property == null) {
        continue;
      } else if (value == DEFERED) {
        foundValues = true;
        continue;
      }
      if (value != null) {
        foundValues = true;
      }
      if (value != null || (configuration.isCallSettersOnNulls()
&& !metaObject.getSetterType(property).isPrimitive())) {
        // 调用 MetaObject 对象的 setValue()方法为返回的实体对象设置属性值
        metaObject.setValue(property, value);
      }
    }
  }
  return foundValues;
}
```

（4）调用 DefaultResultSetHandler 类的 applyNestedResultMappings()方法处理嵌套的结果集映射。applyNestedResultMappings()方法实现如下：

```
// 嵌套 ResultMap ，JOIN 查询映射
private boolean applyNestedResultMappings(ResultSetWrapper rsw, ResultMap
resultMap,
```

```
        MetaObject metaObject, String parentPrefix, CacheKey parentRowKey,
    boolean newObject) {
      boolean foundValues = false;
      for (ResultMapping resultMapping : resultMap.getPropertyResultMappings()) {
        final String nestedResultMapId = resultMapping.getNestedResultMapId();
        if (nestedResultMapId != null && resultMapping.getResultSet() == null) {
          try {
            final String columnPrefix = getColumnPrefix(parentPrefix,
    resultMapping);
            // 对所有 ResultMap 映射信息进行遍历，获取嵌套的 ResultMap，然后为嵌套 ResultMap
    对应的实体属性设置值
            final ResultMap nestedResultMap =
    getNestedResultMap(rsw.getResultSet(), nestedResultMapId, columnPrefix);
            if (resultMapping.getColumnPrefix() == null) {
              // 当未指定 columnPrefix 属性时，从缓存中获取嵌套的 ResultMap 对应的 Java 实体
    对象，避免循环引用问题
              Object ancestorObject = ancestorObjects.get(nestedResultMapId);
              if (ancestorObject != null) {
                if (newObject) {
                  // 调用 linkObjects 方法将外层实体对象和嵌套对象进行关联
                  linkObjects(metaObject, resultMapping, ancestorObject);
                }
                continue;
              }
            }
            final CacheKey rowKey = createRowKey(nestedResultMap, rsw,
    columnPrefix);
            final CacheKey combinedKey = combineKeys(rowKey, parentRowKey);
            Object rowValue = nestedResultObjects.get(combinedKey);
            boolean knownValue = rowValue != null;
            instantiateCollectionPropertyIfAppropriate(resultMapping,
    metaObject); // mandatory
            if (anyNotNullColumnHasValue(resultMapping, columnPrefix, rsw)) {
              // 调用 getRowValue()方法，根据嵌套结果集映射信息创建 Java 实体
              rowValue = getRowValue(rsw, nestedResultMap, combinedKey,
    columnPrefix, rowValue);
              if (rowValue != null && !knownValue) {
                linkObjects(metaObject, resultMapping, rowValue);
                foundValues = true;
              }
            }
            ...
            }
```

如上面的代码所示，在 applyNestedResultMappings()方法中，首先获取嵌套 ResultMap 对象，然后根据嵌套 ResultMap 的 Id 从缓存中获取嵌套 ResultMap 对应的 Java 实体对象，如果能获取到，则调用 linkObjects()方法将嵌套 Java 实体与外部 Java 实体进行关联。如果缓存中没有，则调用 getRowValue()方法创建嵌套 ResultMap 对应的 Java 实体对象并进行属性映射，然后调用 linkObjects()方法与外部的 Java 实体对象进行关联。

11.4　懒加载实现原理

MyBatis 支持通过<collection>或者<association>标签关联一个外部的查询 Mapper，当通过 MyBatis 配置开启懒加载机制时，执行查询操作不会触发关联的查询 Mapper，而通过 Getter 方法访问实体属性时才会执行一次关联的查询 Mapper，然后为实体属性赋值。本节我们就来了解 MyBatis 懒加载机制的实现原理。

在 DefaultResultSetHandler 类的 handleRowValues()方法中处理结果集时，对嵌套的 ResultMap 和非嵌套 ResultMap 做了不同处理，代码如下：

```
public void handleRowValues(ResultSetWrapper rsw, ResultMap resultMap,
ResultHandler<?> resultHandler,
      RowBounds rowBounds, ResultMapping parentMapping) throws SQLException {
  // 是否有嵌套 ResultMap
  if (resultMap.hasNestedResultMaps()) {
    // 嵌套查询校验 RowBounds，可以通过设置 safeRowBoundsEnabled=false 参数绕过校验
    ensureNoRowBounds();
    // 校验 ResultHandler，可以设置 safeResultHandlerEnabled=false 参数绕过校验
    checkResultHandler();
    // 如果有嵌套的 ResultMap，则调用 handleRowValuesForNestedResultMap 处理嵌套
ResultMap
    handleRowValuesForNestedResultMap(rsw, resultMap, resultHandler,
rowBounds, parentMapping);
  } else {
    // 如果无嵌套的 ResultMap，则调用 handleRowValuesForSimpleResultMap 处理简单非
嵌套 ResultMap
    handleRowValuesForSimpleResultMap(rsw, resultMap, resultHandler,
rowBounds, parentMapping);
  }
}
```

在介绍 ResultMap 时已经介绍过，当使用<association>和<collection>标签关联一个外部的查询 Mapper 时，ResultMap 对象的 hasNestedResultMaps 属性值为 false，hasNestedQueries 属性值为 true。因此，MyBatis 框架在开启懒加载机制后，handleRowValues() 方法会调用 handleRowValuesForSimpleResultMap()方法处理 ResultMap 映射。该方法实现如下：

```
private void handleRowValuesForSimpleResultMap(ResultSetWrapper rsw,
ResultMap resultMap, ResultHandler<?> resultHandler,
      RowBounds rowBounds, ResultMapping parentMapping)
    throws SQLException {
  DefaultResultContext<Object> resultContext = new
DefaultResultContext<Object>();
  skipRows(rsw.getResultSet(), rowBounds);
  // 遍历处理每一行记录
  while (shouldProcessMoreRows(resultContext, rowBounds) &&
rsw.getResultSet().next()) {
    // 对<discriminator>标签配置的鉴别器进行处理，获取实际映射的 ResultMap 对象
```

```
    ResultMap discriminatedResultMap =
resolveDiscriminatedResultMap(rsw.getResultSet(), resultMap, null);
    // 调用 getRowValue()把一行数据转换为 Java 实体对象
    Object rowValue = getRowValue(rsw, discriminatedResultMap);
    storeObject(resultHandler, resultContext, rowValue, parentMapping,
rsw.getResultSet());
  }
}
```

如上面的代码所示，在 handleRowValuesForSimpleResultMap()方法中，首先调用 skipRows()方法跳过 RowBounds 对象指定偏移的行，然后遍历结果集中所有的行，对<discriminator> 标签配置的鉴别器进行处理，获取实际映射的 ResultMap 对象，接着调用 getRowValue()方法处理一行记录，将数据库行记录转换为 Java 实体对象。getRowValue()方法实现如下：

```
// 处理非嵌套 ResultMap
private Object getRowValue(ResultSetWrapper rsw, ResultMap resultMap) throws
SQLException {
  // 创建 ResultLoaderMap 对象，用于存放懒加载属性信息
  final ResultLoaderMap lazyLoader = new ResultLoaderMap();
  // 创建 ResultMap 指定的类型实例，通常为<resultMap>标签的 type 属性指定的类型
  Object rowValue = createResultObject(rsw, resultMap, lazyLoader, null);
  // 判断该类型是否注册了 TypeHandler
  if (rowValue != null && !hasTypeHandlerForResultObject(rsw,
resultMap.getType())) {
    final MetaObject metaObject = configuration.newMetaObject(rowValue);
    boolean foundValues = this.useConstructorMappings;
    // 判断是否需要处理自动映射
    if (shouldApplyAutomaticMappings(resultMap, false)) {
      // 调用 applyAutomaticMappings()方法处理自动映射的字段
      foundValues = applyAutomaticMappings(rsw, resultMap, metaObject, null) ||
foundValues;
    }
    // 处理<result>标签配置映射的字段
    foundValues = applyPropertyMappings(rsw, resultMap, metaObject, lazyLoader,
null) || foundValues;
    foundValues = lazyLoader.size() > 0 || foundValues;
    rowValue = foundValues || configuration.isReturnInstanceForEmptyRow() ?
rowValue : null;
  }
  return rowValue;
}
```

如上面的代码所示，在 getRowValue()方法中主要做了下面几件事情：

（1）创建 ResultLoaderMap 对象，该对象用于存放懒加载的属性及对应的 ResultLoader 对象，MyBatis 中的 ResultLoader 用于执行一个查询 Mapper，然后将执行结果赋值给某个实体对象的属性。

（2）调用 createResultObject()方法创建 ResultMap 对应的 Java 实体对象，我们需要重点关注该方法的实现，代码如下：

```
// 初始化返回的实体对象，并处理构造方法映射
private Object createResultObject(ResultSetWrapper rsw, ResultMap resultMap,
```

```
    ResultLoaderMap lazyLoader, String columnPrefix) throws SQLException {
  this.useConstructorMappings = false; // reset previous mapping result
  final List<Class<?>> constructorArgTypes = new ArrayList<Class<?>>();
  final List<Object> constructorArgs = new ArrayList<Object>();
  // 调用 createResultObject()方法创建结果对象
  Object resultObject = createResultObject(rsw, resultMap, constructorArgTypes,
constructorArgs, columnPrefix);
  if (resultObject != null && !hasTypeHandlerForResultObject(rsw,
resultMap.getType())) {
    // 获取<result>结果集映射信息
    final List<ResultMapping> propertyMappings =
resultMap.getPropertyResultMappings();
    for (ResultMapping propertyMapping : propertyMappings) {
      // 如果映射中配置了懒加载，则创建代理对象
      if (propertyMapping.getNestedQueryId() != null &&
propertyMapping.isLazy()) {
        // 调用 ProxyFactory 实例的 createProxy()方法创建代理对象
        resultObject =
configuration.getProxyFactory().createProxy(resultObject, lazyLoader,
     configuration, objectFactory, constructorArgTypes, constructorArgs);
        break;
      }
    }
  }
  this.useConstructorMappings = resultObject != null
&& !constructorArgTypes.isEmpty(); // set current mapping result
  return resultObject;
}
```

如上面的代码所示，createResultObject()方法中，首先调用重载的 createResultObject()方法使用 ObjectFactory 对象创建 Java 实体对象，然后判断 ResultMap 中是否有嵌套的查询，如果有嵌套的查询并且开启了懒加载机制，则通过 MyBatis 中的 ProxyFactory 创建实体对象的代理对象。ProxyFactory 接口有两种不同的实现，分别为 CglibProxyFactory 和 JavassistProxyFactory。也就是说，MyBatis 同时支持使用 Cglib 和 Javassist 创建代理对象，具体使用哪种策略创建代理对象，可以在 MyBatis 主配置文件中通过 proxyFactory 属性指定。

（3）调用 applyAutomaticMappings()方法处理自动映射，该方法在介绍 MyBatis 级联映射原理时已经介绍过，读者可自行参考 MyBatis 源码。

（4）调用 applyPropertyMappings()方法处理<result>标签配置的映射字段，该方法中除了为 Java 实体属性设置值外，还将指定了懒加载的属性添加到 ResultLoaderMap 对象中。

当我们开启懒加载时，执行查询 Mapper 返回的实际上是通过 Cglib 或 Javassist 创建的动态代理对象。假设我们指定了使用 Cglig 创建动态代理对象，调用动态代理对象的 Getter 方法时会执行 MyBatis 中定义的拦截逻辑，代码如下：

```
private static class EnhancedResultObjectProxyImpl implements
MethodInterceptor {
  ...
  @Override
  public Object intercept(Object enhanced, Method method, Object[] args,
MethodProxy methodProxy) throws Throwable {
```

```
    final String methodName = method.getName();
    try {
      synchronized (lazyLoader) {
        if (WRITE_REPLACE_METHOD.equals(methodName)) {
          Object original;
          if (constructorArgTypes.isEmpty()) {
            original = objectFactory.create(type);
          } else {
            original = objectFactory.create(type, constructorArgTypes,
constructorArgs);
          }
          PropertyCopier.copyBeanProperties(type, enhanced, original);
          if (lazyLoader.size() > 0) {
            return new CglibSerialStateHolder(original,
lazyLoader.getProperties(),
                objectFactory, constructorArgTypes, constructorArgs);
          } else {
            return original;
          }
        } else {
          if (lazyLoader.size() > 0 && !FINALIZE_METHOD.equals(methodName)) {
            if (aggressive || lazyLoadTriggerMethods.contains(methodName)) {
              lazyLoader.loadAll();
            } else if (PropertyNamer.isSetter(methodName)) {
              final String property =
PropertyNamer.methodToProperty(methodName);
              lazyLoader.remove(property);
            } else if (PropertyNamer.isGetter(methodName)) {
              final String property =
PropertyNamer.methodToProperty(methodName);
              if (lazyLoader.hasLoader(property)) {
                lazyLoader.load(property);
              }
            }
          }
        }
      }
      return methodProxy.invokeSuper(enhanced, args);
    } catch (Throwable t) {
      throw ExceptionUtil.unwrapThrowable(t);
    }
  }
  ...
  }
```

如上面的代码所示，EnhancedResultObjectProxyImpl 是 CglibProxyFactory 类中的一个内部类，EnhancedResultObjectProxyImpl 的 intercept()方法中定义了调用动态代理对象方法的拦截逻辑。也就是说，当我们调用代理实体对象的 Getter 方法获取属性时，会执行 EnhancedResultObjectProxyImpl 类的 intercept()方法中的拦截逻辑。

在 EnhancedResultObjectProxyImpl 类的 intercept()方法中，获取 Getter 方法对应的属性名称，然后调用 ResultLoaderMap 对象的 hasLoader()方法判断该属性是否是懒加载属性，如果是，则调用 ResultLoaderMap 对象的 load()方法加载该属性，ResultLoaderMap 对象的 load()方法最终会调用

LoadPair 对象的 load()方法，代码如下：

```
public static class LoadPair implements Serializable {
  ...
    public void load(final Object userObject) throws SQLException {
      if (this.metaResultObject == null || this.resultLoader == null) {
        if (this.mappedParameter == null) {
          throw new ExecutorException("Property [" + this.property + "] cannot
be loaded because "
                  + "required parameter of mapped statement ["
                  + this.mappedStatement + "] is not serializable.");
        }
        final Configuration config = this.getConfiguration();
        final MappedStatement ms =
config.getMappedStatement(this.mappedStatement);
        if (ms == null) {
          throw new ExecutorException("Cannot lazy load property [" +
this.property
                  + "] of deserialized object [" + userObject.getClass()
                  + "] because configuration does not contain statement ["
                  + this.mappedStatement + "]");
        }

        this.metaResultObject = config.newMetaObject(userObject);
        this.resultLoader = new ResultLoader(config, new ClosedExecutor(), ms,
this.mappedParameter,
                metaResultObject.getSetterType(this.property), null, null);
      }
      if (this.serializationCheck == null) {
        final ResultLoader old = this.resultLoader;
        this.resultLoader = new ResultLoader(old.configuration, new
ClosedExecutor(), old.mappedStatement,
                old.parameterObject, old.targetType, old.cacheKey,
old.boundSql);
      }
      // 调用 ResultLoader 对象的 loadResult()方法加载属性
      this.metaResultObject.setValue(property,
this.resultLoader.loadResult());
    }
  ...
}
```

如上面的代码所示，该方法中创建了一个 ResultLoader 对象，然后 ResultLoader 对象的 loadResult()方法执行查询操作，将查询结果赋值给对应的 Java 实体属性。ResultLoader 类的 loadResult()方法实现如下：

```
public class ResultLoader {
  ...
  public Object loadResult() throws SQLException {
    List<Object> list = selectList();
    resultObject = resultExtractor.extractObjectFromList(list, targetType);
    return resultObject;
  }
```

```
  private <E> List<E> selectList() throws SQLException {
    Executor localExecutor = executor;
    if (Thread.currentThread().getId() != this.creatorThreadId ||
localExecutor.isClosed()) {
      localExecutor = newExecutor();
    }
    try {
      return localExecutor.<E> query(mappedStatement, parameterObject,
      RowBounds.DEFAULT, Executor.NO_RESULT_HANDLER, cacheKey, boundSql);
    } finally {
      if (localExecutor != executor) {
        localExecutor.close(false);
      }
    }
  }
  ...
}
```

如上面的代码所示，在 ResultLoader 类的 loadResult()方法中调用 selectList()方法完成查询操作，selectList()方法中最终会调用 Executor 对象的 query()方法完成查询操作。

最后我们来总结一下，MyBatis 中的懒加载实际上是通过动态代理来实现的。当我们通过 MyBatis 的配置开启懒加载后，执行第一次查询操作实际上返回的是通过 Cglig 或者 Javassist 创建的代理对象。因此，调用代理对象的 Getter 方法获取懒加载属性时，会执行动态代理的拦截方法，在拦截方法中，通过 Getter 方法名称获取 Java 实体属性名称，然后根据属性名称获取对应的 LoadPair 对象，LoadPair 对象中维护了 Mapper 的 Id，有了 Mapper 的 Id 就可以获取对应的 MappedStatement 对象，接着执行一次额外的查询操作，使用查询结果为懒加载属性赋值。

11.5 本章小结

关系型数据库可以通过外键维护一对一或一对多的关系，MyBatis 通过级联映射完成一对一或一对多级联查询。本章介绍了 MyBatis 级联映射的使用。通过本章的学习我们了解到，MyBatis Mapper 配置中通过<association>标签建立一对一映射，通过<collection>标签建立一对多映射。<association>和<collection>标签有两种映射方式，一种方式是为 Java 实体属性关联一个外部的查询 Mapper；另一种方式是为实体属性的每个字段配置映射，然后通过 JOIN 语句进行关联查询。接着本章还介绍了 MyBatis 的级联映射的源码实现。最后本章介绍了 MyBatis 懒加载机制的实现原理。MyBatis 懒加载是通过动态代理实现的，当开启懒加载配置时，调用 Mapper 查询的结果是通过 Cglib 或 Javassist 创建的代理对象，当调用代理对象的 Getter 方法获取属性值时，会执行动态代理相关的拦截逻辑，在拦截逻辑中判断实体属性是否配置了懒加载，如果是，则执行一次额外的查询来填充属性值。

第 2 篇　MyBatis Spring 源码

第 12 章

MyBatis 与 Spring 整合案例

在本书的第 1 篇，我们学习了 MyBatis 的基本使用，并通过对源码的解读介绍了 MyBatis 各个特性的实现原理。在大部分情况下，我们并非单独使用 MyBatis 框架，而是与目前主流的 IoC 框架 Spring 整合使用。本章我们就来学习一下 MyBatis 与 Spring 框架的整合原理。在介绍原理之前，我们先来了解一下 MyBatis 如何与 Spring 整合使用。

12.1 准备工作

本章以一个用户注册的 RESTful 接口演示如何将 MyBatis 与 Spring 框架整合使用。首先需要新建一张用户表，新建表语句如下：

```
drop table user if exists;
create table user (
  id int generated by default as identity,
  createTime varchar(20) ,
  name varchar(20),
  password varchar(36),
  phone varchar(20),
  nickName varchar(20),
  gender varchar(20),
  primary key (id)
);
```

新建表语句读者可参考本书随书源码 mybatis-chapter12 项目中的 create-table-c12.sql 文件。除此之外，我们还需要通过 init-data-c12.sql 脚本向用户表中初始化一些数据，初始化语句如下：

```
insert into user (createTime, name, password, phone, nickName, gender)
values('2010-10-23 10:20:30', 'User1', 'test', '18700001111',
'User1','male');
```

```
insert into user (createTime, name, password, phone, nickName, gender)
values('2010-10-24 10:20:30', 'User2', 'test', '18700001111', 'User2',
'male');
insert into user (createTime, name, password, phone, nickName, gender)
 values('2010-10-25 10:20:30', 'User3', 'test', '18700001111', 'User3',
'female');
```

另外，我们还需要一个 Java 实体与数据库表之间建立映射关系，User 类代码如下：

```
@Data
public class User {
   private Long id;
   private String name;
   private String createTime;
   private String password;
   private String phone;
   private String gender;
   private String nickName;
}
```

12.2 MyBatis 与 Spring 整合

准备工作完成后，我们就可以使用 MyBatis Spring 模块将 MyBatis 与 Spring 框架整合了。Bean 的配置如下：

```
@Configuration
@MapperScan(basePackages = {"com.blog4java.example.mapper"},
        sqlSessionTemplateRef="sqlSessionTemplate")
public class DataSourceConfiguration {
   @Bean(name = "dataSource")
   @Primary
   public DataSource setDataSource() {
       // 创建数据源 Bean，并执行数据库脚本
       return new EmbeddedDatabaseBuilder()
               .setType(EmbeddedDatabaseType.HSQL)
               .addScript("create-table-c12.sql")
               .addScript("init-data-c12.sql")
               .build();
   }

   @Bean(name = "sqlSessionFactory")
   public SqlSessionFactory setSqlSessionFactory(@Qualifier("dataSource")
DataSource dataSource) throws Exception {
       // 通过 Mybatis Spring 模块提供的 SqlSessionFactoryBean
       // 创建 MyBatis 的 SqlSessionFactory 对象
       SqlSessionFactoryBean bean = new SqlSessionFactoryBean();
       bean.setDataSource(dataSource);
       bean.setMapperLocations(new PathMatchingResourcePatternResolver()
               .getResources("classpath:com/blog4java/example/mapper/*.xml")
);
```

```
        return bean.getObject();
    }

    @Bean(name = "sqlSessionTemplate")
    @Primary
    public SqlSessionTemplate
setSqlSessionTemplate(@Qualifier("sqlSessionFactory") SqlSessionFactory
sqlSessionFactory)
        throws Exception {
        // 创建Mybatis Spring模块中的SqlSessionTemplate对象
        return new SqlSessionTemplate(sqlSessionFactory);
    }
}
```

如上面的代码所示，Spring配置Bean的方式有多种，例如XML文件、Java注解以及JavaConfig等方式。这里我们使用JavaConfig方式配置Bean，步骤如下：

（1）配置数据源对象

为了便于演示，我们使用HSQLDB嵌入式数据库。上面的代码中通过EmbeddedDatabaseBuilder构建了一个EmbeddedDatabase实例，然后通过create-table-c12.sql和init-data-c12.sql脚本创建表并初始化数据。

（2）配置SqlSessionFactory对象

我们知道SqlSession是MyBatis提供的与数据库交互的接口，而SqlSession的创建依赖于SqlSessionFactory对象，因此我们需要创建SqlSessionFactory对象，并通过Spring来管理SqlSessionFactory对象的生命周期。上面的代码中，我们使用了MyBatis Spring模块中提供的SqlSessionFactoryBean来构建SqlSessionFactory对象。

（3）配置SqlSessionTemplate对象

在使用MyBatis时，我们可以通过SqlSessionFactory对象的openSession()方法获取一个SqlSession对象，然后调用SqlSession对象提供的方法就可以与数据库进行交互了。每次调用SqlSessionFactory对象的openSession()方法返回的是一个新的实例，MyBatis Spring模块提供了SqlSessionTemplate用于完成数据库交互，在整合Spring容器中只存在一个SqlSessionTemplate实例。

（4）通过MapperScan注解扫描Mapper接口

在MyBatis中，Mapper对象是通过动态代理生成的，调用SqlSession对象的getMapper()方法每次返回的是一个新的代理对象。MyBatis Spring模块提供了一个MapperScan注解，用于扫描特定包下的Mapper接口，并创建Mapper代理对象，然后将Mapper对象添加到Spring容器中。需要注意的是，每个Mapper在Spring容器中只有一个实例。

完成MyBatis整合Spring相关的Bean配置后，我们就可以通过如下代码启动Spring容器了。为了便于演示，这里使用Spring Boot来启动项目。

```
@SpringBootApplication
@EnableAutoConfiguration(exclude={DataSourceAutoConfiguration.class})
public class Application {
    public static void main(String[] args){
        SpringApplication.run(Application.class, args);
    }
}
```

12.3 用户注册案例

12.2 节我们完成了 MyBatis 与 Spring 框架的整合。本节在此基础上，基于 Spring MVC 完成一个用户注册和获取所有用户信息的 RESTful 接口。

首先新增一个 UserController，代码如下：

```
@RestController
@RequestMapping("user")
public class UserController {
    @Resource
    private UserService userService;

    @RequestMapping("register")
    public String userRegister(@Validated UserRegisterParam param)
            throws Exception {
        User user = new User();
        BeanUtils.copyProperties(user,param);
        if(userService.userRegister(user)) {
            return "注册成功";
        }
        return "注册失败";
    }

    @RequestMapping("getAllUser")
    public List<User> getAllUserInfo() {
        return userService.getAllUserInfo();
    }
}
```

如上面的代码所示，UserController 中定义了两个方法，分别为 userRegister()和 getAllUserInfo()，其中 userRegister()方法用于处理用户注册请求，getAllUserInfo()方法用于处理查询所有用户信息请求。

userRegister()方法接收一个 UserRegisterParam 实体，该实体封装了请求参数信息，并通过注解进行参数校验。UserRegisterParam 代码如下：

```
@Data
public class UserRegisterParam {
    @NotNull(message = "用户名不能为空")
    private String name;
    @NotNull(message = "密码不能为空")
    private String password;
    @NotNull(message = "手机号不能为空")
    private String phone;
    @NotNull(message = "性别不能为空")
    @Pattern(regexp = "(male|female)" ,message = "性别输入不合法")
    private String gender;
    private String nickName;
}
```

在 UserController 中通过@Resource 注解注入了一个 UserService 对象，userRegister()和 getAllUserInfo()方法中的逻辑委托给 UserService 对象处理。UserService 实现类代码如下：

```
@Service
public class UserServiceImpl implements UserService {
   @Resource
   private UserMapper userMapper;
   @Override
   public boolean userRegister(User user) {
      String createTime = DateTimeFormatter.ofPattern("yyyy-MM-dd HH:mm:ss")
            .format(LocalDateTime.now());
      user.setCreateTime(createTime);
      if(userMapper.insert(user)>0) {
         return true;
      }
      return false;
   }
   @Override
   public List<User> getAllUserInfo() {
      return userMapper.getAllUserInfo();
   }
}
```

如上面的代码所示，在 UserService 实现类中，我们通过@Resource 注解将 UserMapper 对象注入 UserServiceImpl 对象中，然后通过 UserMapper 对象完成与数据库的交互。UserMapper 接口代码如下：

```
public interface UserMapper {
   @Insert("insert into user(createTime, name, password, phone, nickName,
gender) " +
         "values (#{user.createTime}, #{user.name}, #{user.password},
#{user.phone}, #{user.nickName}, #{user.gender})")
   int insert(@Param("user") User user);

   @Select("select * from user")
   List<User> getAllUserInfo();
}
```

我们知道，Spring 管理的是对象之间的依赖关系，UserMapper 的实例是通过 MyBatis 动态代理产生的。MyBatis 动态代理产生的 Mapper 对象是如何添加到 Spring 容器的呢？将在后面的章节中介绍。

接下来我们可以分别编写测试用例，对 RESTful 接口进行测试。测试用例代码如下：

```
public class UserControllerTest extends ApplicationTest {

   @Test
   public void testUserRegister() throws Exception {
      String response = mockMvc.perform(
            get("/user/register")
                  .contentType(MediaType.APPLICATION_FORM_URLENCODED)
                  .param("name", "jack")
```

```
                .param("password", "12323")
                .param("phone", "189000000")
                .param("gender", "male")
                .param("nickName", "mack")
        ).andExpect(status().isOk())
            .andDo(print())
            .andReturn().getResponse().getContentAsString();
        System.out.println("返回数据 = " + response);
    }

    @Test
    public void testGetAllUser() throws Exception {
        String response = mockMvc.perform(
            get("/user/getAllUser")
                .contentType(MediaType.APPLICATION_FORM_URLENCODED)
        ).andExpect(status().isOk())
            .andDo(print())
            .andReturn().getResponse().getContentAsString();
        System.out.println("返回数据 = " + response);
    }
}
```

分别运行上面的测试用例，testUserRegister()方法返回的内容如下：

```
MockHttpServletResponse:
        Status = 200
        Error message = null
        Headers = {Content-Type=[text/plain;charset=UTF-8],
Content-Length=[12]}
        Content type = text/plain;charset=UTF-8
        Body = 注册成功
        Forwarded URL = null
        Redirected URL = null
        Cookies = []
```

testGetAllUser()方法返回的内容如下：

```
MockHttpServletResponse:
        Status = 200
        Error message = null
        Headers = {Content-Type=[application/json;charset=UTF-8]}
        Content type = application/json;charset=UTF-8
        Body = [{"id":0,"name":"User1","createTime":"2010-10-23
10:20:30","password":"test",
      "phone":"18700001111","gender":"male","nickName":"User1"},
      {"id":1,"name":"User2","createTime":"2010-10-24
10:20:30","password":"test",
      "phone":"18700001111","gender":"male","nickName":"User2"},
      {"id":2,"name":"User3","createTime":"2010-10-25
10:20:30","password":"test",
      "phone":"18700001111","gender":"female","nickName":"User3"}]
        Forwarded URL = null
        Redirected URL = null
```

```
Cookies = []
```

MyBatis 整合 Spring 实现用户注册 RESTful 接口的完整代码可参看 mybatis-chapter12 项目。

12.4　本章小结

在很多情况下，我们并不是单独使用 MyBatis 框架，而是与目前主流的 IoC 框架 Spring 框架进行整合。MyBatis 框架与 Spring 框架整合需要用到 MyBatis Spring 模块。本章介绍了 MyBatis 框架与 Spring 框架的整合步骤，并以一个用户注册案例介绍了 MyBatis 与 Spring 框架整合的最佳实践。学习 MyBatis 源码时，我们了解到，MyBatis 的 Mapper 实例是通过动态代理创建的。

与 Spring 框架整合后，MyBatis 中的 Mapper 动态代理对象会作为 Spring 框架中的 Bean 注册到 Spring 容器中。第 13 章开始介绍 MyBatis 框架与 Spring 框架的整合原理。

第13章

MyBatis Spring 的实现原理

13.1 Spring 中的一些概念

第 12 章，我们学习了 MyBatis 整合 Spring 框架的具体实践，MyBatis 与 Spring 框架整合需要借助于 MyBatis Spring 模块。本章我们就来了解一下 MyBatis Spring 模块的实现原理。在此之前，我们需要先了解一下 Spring 中的一些概念。

1．BeanDefinition

BeanDefinition 用于描述 Spring Bean 的配置信息，Spring 配置 Bean 的方式通常有 3 种：

（1）XML 配置文件，例如：

```
<?xml version="1.0" encoding="UTF-8"?>
<beans xmlns="http://www.springframework.org/schema/beans"
      xmlns:xsi="http://www.w3.org/2001/XMLSchema-instance"
      xsi:schemaLocation="http://www.springframework.org/schema/beans
  http://www.springframework.org/schema/beans/spring-beans-4.0.xsd">
   <bean id="executor"
class="org.springframework.scheduling.concurrent.ThreadPoolTaskExecutor">
       <property name="corePoolSize" value="200"/>
       <property name="maxPoolSize" value="500"/>
       <property name="queueCapacity" value="1000"/>
   </bean>
</beans>
```

（2）Java 注解，例如@Service、@Component 等注解。Java 注解的本质是一种轻量级的配置信息。

（3）Java Config 方式，Spring 从 3.0 版本开始支持使用@Configuration 注解，通过 Java Config 方式配置 Bean，这种方式在 Spring Boot 项目中比较流行，例如：

```
@Configuration
public class DataSourceConfiguration {
    @Bean(name = "dataSource")
    @Primary
    public DataSource setDataSource() {
        // 创建数据源Bean，并执行数据库脚本
        return new EmbeddedDatabaseBuilder()
                .setType(EmbeddedDatabaseType.HSQL)
                .addScript("create-table-c12.sql")
                .addScript("init-data-c12.sql")
                .build();
    }
}
```

Spring 容器在启动时，首先会对 Bean 的配置信息进行解析，把 Bean 的配置信息转换为 BeanDefinition 对象。BeanDefinition 是一个接口，通过不同的实现类来描述不同方式配置的 Bean 信息。BeanDefinition 接口实现类如图 13-1 所示。

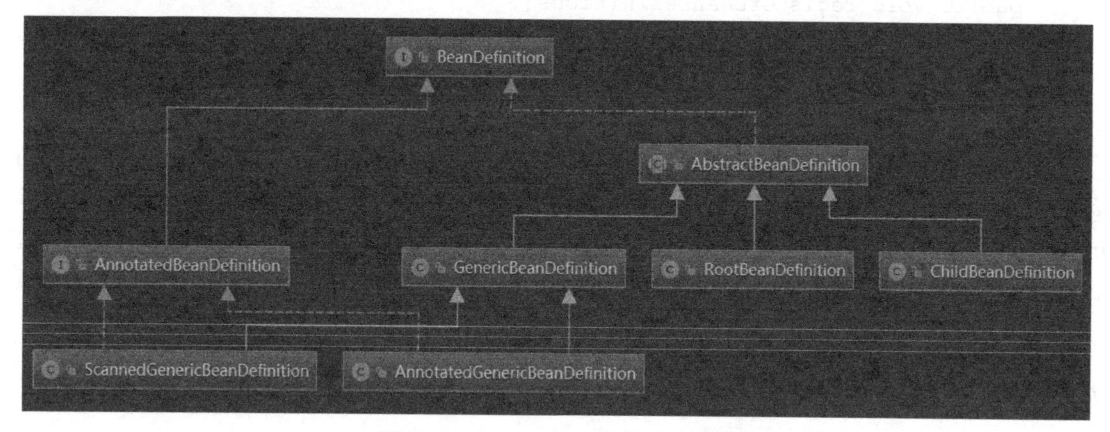

图 13-1　BeanDefinition 接口实现类

2. BeanDefinitionRegistry

BeanDefinitionRegistry 是 BeanDefinition 容器，所有的 Bean 配置解析后生成的 BeanDefinition 对象都会注册到 BeanDefinitionRegistry 对象中。Spring 提供了扩展机制，允许用户在 Spring 框架启动时，动态地往 BeanDefinitionRegistry 容器中注册 BeanDefinition 对象。

3. BeanFactory

BeanFactory 是 Spring 的 Bean 工厂，负责 Bean 的创建及属性注入。它同时是一个 Bean 容器，Spring 框架启动后，会根据 BeanDefinition 对象创建 Bean 实例，所有的单例 Bean 都会注册到 BeanFactory 容器中。

4. BeanFactoryPostProcessor

BeanFactoryPostProcessor 是 Spring 提供的扩展机制，用于在所有的 Bean 配置信息解析完成后修改 Bean 工厂信息。例如，向 BeanDefinitionRegistry 容器中增加额外的 BeanDefinition 对象，或者修改原有的 BeanDefinition 对象。BeanFactoryPostProcessor 是一个接口，该接口中只有一个方法，具体如下：

```
public interface BeanFactoryPostProcessor {
  void postProcessBeanFactory(ConfigurableListableBeanFactory beanFactory)
throws BeansException;
}
```

当我们配置的 Bean 实现该接口时，Spring 解析 Bean 配置完成后，就会调用所有 BeanFactoryPostProcessor 实现类的 postProcessBeanFactory()方法。

5. ImportBeanDefinitionRegistrar

ImportBeanDefinitionRegistrar 是一个接口，该接口的实现类作用于 Spring 解析 Bean 的配置阶段，当解析@Configuration 注解时，可以通过 ImportBeanDefinitionRegistrar 接口的实现类向 BeanDefinitionRegistry 容器中添加额外的 BeanDefinition 对象。ImportBeanDefinitionRegistrar 接口定义如下：

```
public interface ImportBeanDefinitionRegistrar {
  public void registerBeanDefinitions(
      AnnotationMetadata importingClassMetadata, BeanDefinitionRegistry
registry);
}
```

ImportBeanDefinitionRegistrar 接口实现类的 registerBeanDefinitions()方法会在 Spring 解析@Configuration 注解时调用。ImportBeanDefinitionRegistrar 接口需要配合@Import 注解使用，importingClassMetadata 参数为@Import 所在注解的配置信息，registry 参数为 BeanDefinition 容器。

6. BeanPostProcessor

Bean 的后置处理器，在 Bean 初始化方法（init-method 属性指定的方法或 afterPropertiesSet()方法）调用前后，会执行 BeanPostProcessor 中定义的拦截逻辑。BeanPostProcessor 接口定义如下：

```
public interface BeanPostProcessor {
   @Nullable
   default Object postProcessBeforeInitialization(Object bean, String beanName)
throws BeansException {
     return bean;
   }
   @Nullable
   default Object postProcessAfterInitialization(Object bean, String beanName)
throws BeansException {
     return bean;
   }
}
```

BeanPostProcessor 接口中定义了两个方法，postProcessBeforeInitialization()方法会在所有 Bean 初始化方法调用之前执行，postProcessAfterInitialization()方法会在所有 Bean 的初始化方法调用之后执行。BeanPostProcessor 通常用于处理 Spring Bean 对应的 Java 类中的注解信息或者创建 Bean 的代理对象。

7. ClassPathBeanDefinitionScanner

ClassPathBeanDefinitionScanner 是 BeanDefinition 扫描器，能够对指定包下的 Class 进行扫描，将 Class 信息转换为 BeanDefinition 对象注册到 BeanDefinitionRegistry 容器中。

ClassPathBeanDefinitionScanner 支持自定义的过滤规则，例如我们可以只对使用某种注解的类进行扫描。Spring 中的 @Service、@Component 等注解配置 Bean 都是通过 ClassPathBeanDefinitionScanner 实现的。MyBatis Spring 模块中 Mapper 接口的扫描使用到了 ClassPathBeanDefinitionScanner 类，后面章节中会有详细的介绍。

8. FactoryBean

FactoryBean 是 Spring 中的工厂 Bean，通常用于处理 Spring 中配置较为复杂或者由动态代理生成的 Bean 实例。实现了该接口的 Bean 不能作为普通的 Bean 使用，而是作为单个对象的工厂。当我们通过 Bean 名称获取 FactoryBean 实例时，获取到的并不是 FactoryBean 对象本身，而是 FactoryBean 对象的 getObject()方法返回的实例。例如如下 Bean 配置：

```
<bean id="sqlSessionFactory"
class="org.mybatis.spring.SqlSessionFactoryBean">
  <property name="dataSource" ref="dataSource" />
</bean>
```

SqlSessionFactoryBean 是一个 FactoryBean，通过名称 sqlSessionFactory 从 Spring 容器中获取 Bean 时，获取到的实际上是 SqlSessionFactoryBean 对象的 getObject()方法返回的对象。

13.2　Spring 容器启动过程

13.1 节介绍了 Spring 框架中的一些概念，这些概念对我们理解 MyBatis Spring 模块的实现原理非常重要。除了要了解这些概念外，我们还需要熟悉一下 Spring 框架的启动过程。

如图 13-2 所示，Spring 框架的启动过程大致可以分为以下几步：

（1）对所有 Bean 的配置信息进行解析，其中包括 XML 配置文件、Java 注解以及 Java Config 方式配置的 Bean。将 Bean 的配置信息转换为 BeanDefinition 对象，注册到 BeanDefinitionRegistry 容器中。

（2）从 BeanDefinitionRegistry 容器中获取实现了 BeanFactoryPostProcessor 接口的 Bean 定义，然后实例化 Bean，调用所有 BeanFactoryPostProcessor 对象的 postProcessBeanFactory()方法，在 postProcessBeanFactory()方法中可以对 Bean 工厂的信息进行修改。

（3）根据 BeanDefinitionRegistry 容器中的 BeanDefinition 对象实例化所有的单例 Bean，并对 Bean 的属性进行填充。

（4）执行所有实现了 BeanPostProcessor 接口的 Bean 的 postProcessBeforeInitialization()方法。该方法中可以对原始的 Bean 进行包装。

（5）执行 Bean 的初始化方法，初始化方法包括配置 Bean 时通过 init-method 属性指定的方法，或者通过实现 InitializingBean 接口重写的 afterPropertiesSet()方法。

（6）执行所有实现了 BeanPostProcessor 接口的 Bean 的 postProcessAfterInitialization()方法。

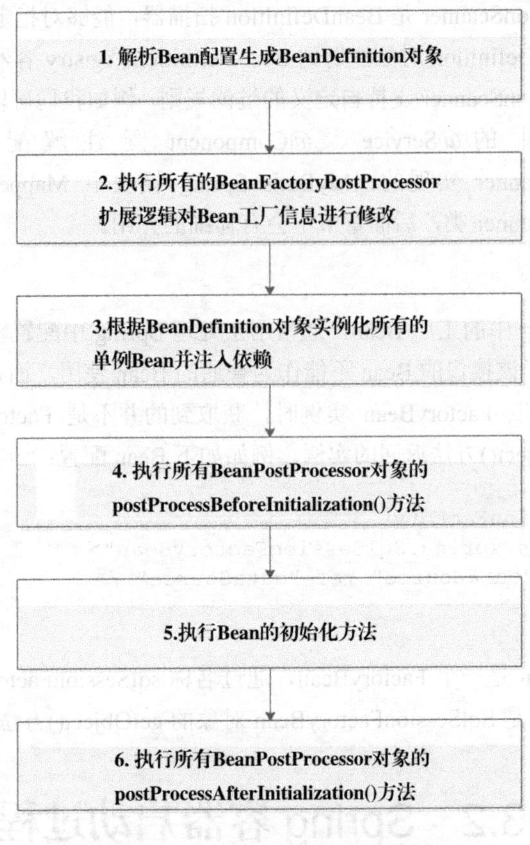

图 13-2　Spring 容器的启动过程

13.3　Mapper 动态代理对象注册过程

前面两节介绍了 Spring 框架中的一些概念以及 Spring 框架的启动过程。本节我们就来了解一下 MyBatis 中动态代理创建的 Mapper 对象是如何与 Spring 容器进行关联的。

MyBatis 与 Spring 框架整合需要借助 MyBatis Spring 模块，该模块中提供了一个 MapperScan 注解，该注解用于扫描指定包中的 Mapper 接口并创建 Mapper 动态代理对象。该注解的使用方式如下：

```
@Configuration
@MapperScan(basePackages = {"com.blog4java.example.mapper"},
    sqlSessionTemplateRef="sqlSessionTemplate")
public class DataSourceConfiguration {
  ...
  @Bean(name = "sqlSessionTemplate")
  @Primary
```

```
    public SqlSessionTemplate
setSqlSessionTemplate(@Qualifier("sqlSessionFactory") SqlSessionFactory
sqlSessionFactory)
       throws Exception {
         // 创建 Mybatis Spring 模块中的 SqlSessionTemplate 对象
         return new SqlSessionTemplate(sqlSessionFactory);
    }
    ...
}
```

如上面的代码所示，MapperScan 注解的使用非常简单，只需要通过 basePackages 属性指定 Mapper 接口所在的包路径，然后使用 sqlSessionTemplateRef 属性指定 SqlSessionTemplate 对应的 Bean 名称即可。

为了揭开谜团，我们不妨看一下 MapperScan 注解的定义，代码如下：

```
@Retention(RetentionPolicy.RUNTIME)
@Target(ElementType.TYPE)
@Documented
@Import(MapperScannerRegistrar.class)
@Repeatable(MapperScans.class)
public @interface MapperScan {
  // 扫描包路径
    String[] value() default {};
    // 扫描包路径
    String[] basePackages() default {};
    // 扫描 Mapper 接口对应的 Class 对象
    Class<?>[] basePackageClasses() default {};
    // Bean 名称生成策略
    Class<? extends BeanNameGenerator> nameGenerator() default
BeanNameGenerator.class;
    // 只扫描使用某种注解修饰的类或接口
    Class<? extends Annotation> annotationClass() default Annotation.class;
    // 只扫描某种类型的子类型
    Class<?> markerInterface() default Class.class;
    // 指定使用哪个 SqlSessionTemplate 对象
    String sqlSessionTemplateRef() default "";
    // 指定使用哪个 SqlSessionFactory 对象
    String sqlSessionFactoryRef() default "";
    // 指定使用自定义的 MapperFactoryBean 返回 Mybatis 代理对象作为 Spring 的 Bean
    Class<? extends MapperFactoryBean> factoryBean() default
MapperFactoryBean.class;
  }
```

MapperScan 注解通过@Import 注解导入了一个 BeanDefinition 注册类 MapperScannerRegistrar，MapperScannerRegistrar 类实现了 ImportBeanDefinitionRegistrar 接口。在 13.1 节有提到过，Spring 中的 ImportBeanDefinitionRegistrar 用于在 Spring 解析 Bean 的配置阶段往 BeanDefinitionRegistry 容器中注册额外的 BeanDefinition 对象。

接下来我们看一下 MapperScannerRegistrar 类的实现，关键代码如下：

```
public class MapperScannerRegistrar implements ImportBeanDefinitionRegistrar,
ResourceLoaderAware {
  ...
  @Override
  public void registerBeanDefinitions(AnnotationMetadata
importingClassMetadata, BeanDefinitionRegistry registry) {
    AnnotationAttributes mapperScanAttrs = AnnotationAttributes
        .fromMap(importingClassMetadata.getAnnotationAttributes(MapperScan.c
lass.getName()));
    if (mapperScanAttrs != null) {
      // 调用 registerBeanDefinitions()方法注册 BeanDefinition 对象
      registerBeanDefinitions(mapperScanAttrs, registry);
    }
  }

  void registerBeanDefinitions(AnnotationAttributes annoAttrs,
BeanDefinitionRegistry registry) {
    // ClassPathMapperScanner 是 Mybatis Spring 模块自定义的 BeanDefinition 扫描器
    ClassPathMapperScanner scanner = new ClassPathMapperScanner(registry);
    ...
    // 获取 MapperScan 注解的属性信息

scanner.setSqlSessionTemplateBeanName(annoAttrs.getString("sqlSessionTempla
teRef"));

scanner.setSqlSessionFactoryBeanName(annoAttrs.getString("sqlSessionFactory
Ref"))
        List<String> basePackages = new ArrayList<>();
        ...
        // 添加需要扫描的包
        basePackages.addAll(
            Arrays.stream(annoAttrs.getClassArray("basePackageClasses"))
                .map(ClassUtils::getPackageName)
                .collect(Collectors.toList()));
        // 注册扫描过滤规则
        scanner.registerFilters();
        // 对包中的类进行扫描生成 BeanDefinition 对象
        scanner.doScan(StringUtils.toStringArray(basePackages));
    }
```

如上面的代码所示，MapperScannerRegistrar 类实现了 ImportBeanDefinitionRegistrar 接口的 registerBeanDefinitions()方法，该方法调用了重载的 registerBeanDefinitions()进行处理。在重载方法中，首先创建了一个 ClassPathMapperScanner 对象，然后获取 MapperScan 注解的属性信息，根据 MapperScan 的 annotationClass 和 markerInterface 属性对扫描的 Class 进行过滤，最后调用 ClassPathMapperScanner 对象的 doScan()方法进行扫描。

ClassPathMapperScanner 是 Spring 中 ClassPathBeanDefinitionScanner 的子类，用于扫描特定包下的 Mapper 接口，将 Mapper 接口信息转换为对应的 BeanDefinition 对象。下面是 ClassPathMapperScanner 类 doScan()方法的实现：

```
public class ClassPathMapperScanner extends ClassPathBeanDefinitionScanner {
  ...
```

```
    @Override
    public Set<BeanDefinitionHolder> doScan(String... basePackages) {
      // 调用父类的doScan()方法，将包中的Class转换为BeanDefinitionHolder对象
      Set<BeanDefinitionHolder> beanDefinitions = super.doScan(basePackages);
      if (beanDefinitions.isEmpty()) {
        LOGGER.warn(() → "No MyBatis mapper was found in '" +
Arrays.toString(basePackages)
     + "' package. Please check your configuration.");
    } else {
      // 对BeanDefinitionHolder进行处理
      processBeanDefinitions(beanDefinitions);
    }
    return beanDefinitions;
  }

  private void processBeanDefinitions(Set<BeanDefinitionHolder>
beanDefinitions) {
    GenericBeanDefinition definition;
    for (BeanDefinitionHolder holder : beanDefinitions) {
      // 获取BeanDefinition对象
      definition = (GenericBeanDefinition) holder.getBeanDefinition();
      String beanClassName = definition.getBeanClassName();
      ...
      // 将BeanDefinition对象的beanClass属性设置为MapperFactoryBean
      definition.setBeanClass(this.mapperFactoryBean.getClass());
      // 修改BeanDefinition对象的propertyValues属性，将sqlSessionFactory注入
MapperFactoryBean中
      definition.getPropertyValues().add("addToConfig", this.addToConfig);
      ...
      definition.getPropertyValues().add("sqlSessionFactory", new
RuntimeBeanReference(this.sqlSessionFactoryBeanName));
      ...
      definition.getPropertyValues().add("sqlSessionTemplate",
this.sqlSessionTemplate);
      ...
  }
  ...
}
```

如上面的代码所示，在ClassPathMapperScanner 类的doScan()方法中，首先调用父类的doScan()方法，将指定包下的Mapper接口信息转换为BeanDefinitionHolder 对象，BeanDefinitionHolder 中持有一个BeanDefinition对象及Bean的名称和所有别名。

所有的 Mapper 接口转换为 BeanDefinitionHolder 对象后，接着调用 processBeanDefinitions()方法，对所有BeanDefinitionHolder 对象进行处理。

在processBeanDefinitions()方法中，对所有 BeanDefinitionHolder 对象进行遍历，获取BeanDefinitionHolder 对象中持有的BeanDefinition对象。然后对BeanDefinition对象的信息进行修改，将BeanDefinition对象的beanClass属性设置为MapperFactoryBean，并向BeanDefinition对象中增加几个PropertyValue对象，对应MapperFactoryBean的addToConfig和sqlSessionTemplate等属性。

将BeanDefinition对象的beanClass属性设置为MapperFactoryBean这一步很重要，当Spring

将所有的Bean配置信息转换为BeanDefinition对象后，就会根据BeanDefinition对象来实例化Bean。由于 BeanDefinition 对象的 beanClass 属性被设置为 MapperFactoryBean，因此 Spring 在创建 Bean 时实例化的是 MapperFactoryBean 对象。Spring 会根据 BeanDefinition 对象中的 PropertyValues 对象对 MapperFactoryBean 对象进行属性填充，因此 MapperFactoryBean 对象的 addToConfig 和 sqlSessionTemplate 属性会被自动注入。

MapperFactoryBean 实现了 FactoryBean 接口。13.1 节介绍了 Spring 中的 FactoryBean，FactoryBean 是单个 Bean 的工厂 Bean，当我们根据 Mapper 类型从 Spring 容器中获取 FactoryBean 时，获取到的并不是 FactoryBean 本身，而是 FactoryBean 的 getObject()方法返回的对象。我们可以关注一下 MapperFactoryBean 的 getObject()方法的实现，代码如下：

```
public class MapperFactoryBean<T> extends SqlSessionDaoSupport implements
FactoryBean<T> {
  ...
  @Override
  public T getObject() throws Exception {
    return getSqlSession().getMapper(this.mapperInterface);
  }
  ...
}
```

这里我们找到了想要的答案，在 MapperFactoryBean 的 getObject()方法中，调用 SqlSession 对象的 getMapper()方法返回一个 Mapper 动态代理对象。

13.4 MyBatis 整合 Spring 事务管理

Spring 框架提供了比较完善的事务管理机制，MyBatis 与 Spring 框架整合后，我们依然可以使用 Spring 的事务管理机制进行事务管理。

Spring 框架的事务管理方式有两种，分别为编程式事务管理和声明式事务管理。编程式事务管理利用 Spring 中提供的 TransactionTemplate 来完成。而声明式事务管理则是通过 AOP 声明一个切面实现的。具体细节读者可以参考 Spring 相关图书，这里只简单介绍一下 Spring 编程式事务管理。下面是使用 Spring 编程式事务管理的一个案例，代码如下：

```
transactionTemplate.execute(new TransactionCallback<Integer>() {
    @Override
    public Integer doInTransaction(TransactionStatus status) {
        User user = buildUser();
        userService.userRegister(user);
        return 0;
    }
});
```

通过上面的代码，MyBatis 操作数据库的事务就可以生效了。MyBatis 框架是如何整合 Spring 事务管理的呢？下面就来揭开这个秘密。

在前面的章节中介绍MyBatis源码时，读者可能会注意到，MyBatis中本来就提供了事务管理器的实现。MyBatis中的Transaction接口定义了事务管理器的行为，代码如下：

```
public interface Transaction {
  // 获取连接对象
    Connection getConnection() throws SQLException;
    // 提交事务
    void commit() throws SQLException;
    // 回滚事务
    void rollback() throws SQLException;
    // 关闭连接
    void close() throws SQLException;
    // 获取超时时间
    Integer getTimeout() throws SQLException;
  }
```

MyBatis中的事务管理器有两个作用，获取JDBC中的Connection对象和对事务进行提交或者回滚操作。Executor组件就是通过Transaction对象获取JDBC的Connection对象，进而完成与数据库的交互。

MyBatis中的Transaction 接口有两个实现类，分别为JdbcTransaction和ManagedTransaction。JdbcTransaction实现类提供了通过JDBC方式进行简单的事务提交和回滚操作，需要我们自己处理程序中的异常。ManagedTransaction表示MyBatis不进行事务管理，事务由其他框架来管理。

MyBatis整合Spring事务管理器，比较关键的部分就是如何保证执行数据库操作和事务管理器中提交或回滚事务时使用的是同一个Connection对象。

Spring事务管理器中，Connection对象的获取和释放都是通过spring-jdbc模块中的一个工具类DataSourceUtils来完成的。接下来我们可以关注一下DataSourceUtils工具类获取Connection对象的过程，代码如下：

```
public static Connection getConnection(DataSource dataSource) throws
CannotGetJdbcConnectionException {
   try {
      return doGetConnection(dataSource);
   }
   catch (SQLException ex) {
      throw new CannotGetJdbcConnectionException("Failed to obtain JDBC
Connection", ex);
   }
   catch (IllegalStateException ex) {
      throw new CannotGetJdbcConnectionException("Failed to obtain JDBC
Connection: " + ex.getMessage());
   }
}
```

DataSourceUtils类提供了一个静态的getConnection()方法获取Connection对象，该方法调用doGetConnection()进行处理，代码如下：

```
public static Connection doGetConnection(DataSource dataSource) throws
SQLException {
```

```
    Assert.notNull(dataSource, "No DataSource specified");
    // 首先调用 TransactionSynchronizationManager 的 getResource()方法获取一个
 ConnectionHolder 对象
    // ConnectionHolder 对象中持有一个 Connection 对象
    ConnectionHolder conHolder = (ConnectionHolder)
 TransactionSynchronizationManager.getResource(dataSource);
    if (conHolder != null && (conHolder.hasConnection() ||
 conHolder.isSynchronizedWithTransaction())) {
       conHolder.requested();
       if (!conHolder.hasConnection()) {
          logger.debug("Fetching resumed JDBC Connection from DataSource");
          conHolder.setConnection(fetchConnection(dataSource));
       }
       // 如果获取，则返回 ConnectionHolder 对象中持有的 Connection 对象
       return conHolder.getConnection();
    }
    logger.debug("Fetching JDBC Connection from DataSource");
    // 如果获取不到，则从数据源对象的连接池中申请一个 Connection 对象
    Connection con = fetchConnection(dataSource);
    // 将 Connection 对象包装成 ConnectionHolder 对象与
 TransactionSynchronizationManager 进行绑定
    if (TransactionSynchronizationManager.isSynchronizationActive()) {
       logger.debug("Registering transaction synchronization for JDBC
 Connection");
       ConnectionHolder holderToUse = conHolder;
       if (holderToUse == null) {
          holderToUse = new ConnectionHolder(con);
       }
       else {
          holderToUse.setConnection(con);
       }
       holderToUse.requested();
       TransactionSynchronizationManager.registerSynchronization(
             new ConnectionSynchronization(holderToUse, dataSource));
       holderToUse.setSynchronizedWithTransaction(true);
       if (holderToUse != conHolder) {
          TransactionSynchronizationManager.bindResource(dataSource,
 holderToUse);
       }
    }
    return con;
 }
```

如上面的代码所示，在 doGetConnection()方法中，首先调用 TransactionSynchronizationManager 类的 getResource()方法获取一个 ConnectionHolder 对象，如果能获取到，则返回 ConnectionHolder 对象中持有的 Connection 对象，如果获取不到，则从数据源对象的连接池中获取一个 Connection 对象，然后将 Connection 对象包装成 ConnectionHolder 对象与 TransactionSynchronizationManager 进行绑定。

接下来，我们再来了解一下 TransactionSynchronizationManager 绑定 ConnectionHolder 对象的过程。下面是 TransactionSynchronizationManager 类的 bindResource()方法的实现，代码如下：

```
public static void bindResource(Object key, Object value) throws
IllegalStateException {
   // 获取实际的 Key 对象
   Object actualKey =
TransactionSynchronizationUtils.unwrapResourceIfNecessary(key);
   Assert.notNull(value, "Value must not be null");
   // 从 ThreadLocal 中获取 Map 对象
   Map<Object, Object> map = resources.get();
   // 若获取不到，则初始化 Map 对象
   if (map == null) {
      map = new HashMap<>();
      resources.set(map);
   }
   // 将资源对象放到 Map 对象中
   Object oldValue = map.put(actualKey, value);
   if (oldValue instanceof ResourceHolder && ((ResourceHolder)
oldValue).isVoid()) {
      oldValue = null;
   }
   if (oldValue != null) {
      throw new IllegalStateException("Already value [" + oldValue + "] for key
[" +
            actualKey + "] bound to thread [" + Thread.currentThread().getName()
+ "]");
   }
   if (logger.isTraceEnabled()) {
      logger.trace("Bound value [" + value + "] for key [" + actualKey + "] to
thread [" +
            Thread.currentThread().getName() + "]");
   }
}
```

如上面的代码所示，resources 是一个 ThreadLocal 类型的变量，ThreadLocal 对象中存放的是一个 HashMap 对象。下面是 resources 变量的定义：

```
private static final ThreadLocal<Map<Object, Object>> resources =
      new NamedThreadLocal<>("Transactional resources");
```

在 TransactionSynchronizationManager 类的 bindResource()方法中首先获取 ThreadLocal 对象中的 Map 对象，如果获取不到，则对 ThreadLocal 中的 Map 对象进行初始化，然后将 bindResource()方法参数中的对象存放到 ThreadLocal 中。

在 TransactionSynchronizationManager 的 getResource()方法中，直接根据 Key 从 ThreadLocal 对象中获取对应值。这样就保证了在同一个线程中，使用 DataSourceUtils 工具的 getConnection()方法获取到的始终是同一个 Connection 对象。

MyBatis Spring 模块中对 MyBatis 中的 Transaction 接口定义了一个新的实现，即 SpringManagedTransaction。该类的 getConnection()方法代码如下：

```
@Override
public Connection getConnection() throws SQLException {
  if (this.connection == null) {
```

```
    openConnection();
  }
  return this.connection;
}
private void openConnection() throws SQLException {
  // 通过 Spring 中的 DataSourceUtils 工具类获取 Connection 对象
  this.connection = DataSourceUtils.getConnection(this.dataSource);
  this.autoCommit = this.connection.getAutoCommit();
  this.isConnectionTransactional =
DataSourceUtils.isConnectionTransactional(this.connection,
this.dataSource);
  ...
}
```

如上面的代码所示，在 SpringManagedTransaction 类的 getConnection()方法中，间接使用 Spring 中的 DataSourceUtils 工具类获取 Connection 对象。

另外，MyBatis Spring 模块还提供了 SpringManagedTransactionFactory 工厂类用于创建 SpringManagedTransaction 对象。在 SqlSessionFactoryBean 类的 buildSqlSessionFactory()方法构建 SqlSessionFactory 对象时，指定 Environment 对象的 transactionFactory 属性为 SpringManagedTransactionFactory 对象，代码如下：

```
protected SqlSessionFactory buildSqlSessionFactory() throws IOException {
  Configuration configuration;
  ...
  if (this.transactionFactory == null) {
   // 指定 transactionFactory 属性值为 SpringManagedTransactionFactory 实例
      this.transactionFactory = new SpringManagedTransactionFactory();
    }

    configuration.setEnvironment(new Environment(this.environment,
this.transactionFactory, this.dataSource));
    ...
    return this.sqlSessionFactoryBuilder.build(configuration);
  }
```

这样就保证了 MyBatis 的 Executor 组件通过 Transaction 对象的 getConnetion()方法获取到的 Connection 对象和 Spring 事务管理器中获取到的 Connection 对象是同一个对象。例如，我们使用编程式事务管理时：

```
public void testTrans() {
   transactionTemplate.execute(new TransactionCallback<Integer>() {
      @Override
      public Integer doInTransaction(TransactionStatus status) {
          User user = buildUser();
          userService.userRegister(user);
          return 0;
      }
   });
}
```

Spring 事务管理器中，调用 commit()或者 rollback()方法提交或者回滚事务使用的 Connection 对象和 MyBatis 操作数据库使用的 Connection 对象是同一个对象。

13.5　本章小结

MyBatis 框架在大部分情况下会和目前主流的 IoC 框架 Spring 整合使用，而 MyBatis 框架与 Spring 框架的整合需要借助于 MyBatis Spring 模块。为了便于读者理解 MyBatis 与 Spring 框架整合的原理，本章首先介绍了 Spring 框架中的一些概念及 Spring 框架的启动过程。接着介绍了 MyBatis 中的 Mapper 动态代理对象是如何整合到 Spring 容器中的。通过本章的学习我们了解到，MyBatis 与 Spring 框架整合后，Spring 框架启动时，会扫描指定路径下的 Mapper 接口，将 Mapper 接口转换为 Spring 中的 BeanDefinition 对象，然后将 BeanDefinition 对象的 beanClass 属性修改为 MapperFactoryBean，这样 Spring 框架在所有的 Bean 配置转换为 BeanDefinition 对象后，就会根据 BeanDefinition 对象的 beanClass 属性创建 Bean 的实例。所以 Spring 框架启动后，就会为每个 Mapper 接口创建一个 MapperFactoryBean 对象，当我们通过 Mapper 接口获取 Bean 时，获取到的是 MapperFactoryBean 对象的 getObject()方法返回的对象。MapperFactoryBean 对象的 getObject()方法中会调用 SqlSession 对象的 getMapper()方法创建一个 Mapper 代理对象。最后，本章介绍了 MyBatis 整合 Spring 事务管理的实现原理，Spring 框架通过 Java 中的 ThreadLocal 机制保证同一个线程中获取到的始终是同一个 Connection 对象。